超级PPT

让PPT脱颖而出的制作密码

陈魁 著

電子工業出版社
Publishing House of Electronics Industry
北京 · BEIJING

内容简介

本书会颠覆你对PPT的认知，深刻揭示了PPT的本质。PPT不仅是像Word、Excel一样用来办公的软件工具，更是用来进行营销的道具。一旦悟透这一点，你就如同打通了任督二脉，立刻破解了那些价值几万元、几十万元的PPT制作密码，彻底突破制作PPT的瓶颈，让你的PPT制作技艺实现从办公级、平面级到电影级的跃升，从此一鸣惊人。

本书针对已经掌握了PPT基本操作技能的读者，从准备、框架、文字、风格等13个维度进行解剖，帮助你在各个维度达到近乎完美的水准。让你像策划师一样思考，像设计师一样设计，像动效师一样制作动画，像导演一样把控品质，从而全面突破PPT制作的思维局限、审美瓶颈和能力限制。

此外，本书附赠大量超值资源：170+视频解说、100+视频素材、300+案例源文件、500+原创PPT图示、700+配色示例……希望你站在巨人的肩膀上，掌握PPT的制作密码。

图书在版编目（CIP）数据

超级PPT ：让PPT脱颖而出的制作密码 / 陈魁著.
北京 ：电子工业出版社，2025. 1. -- ISBN 978-7-121
-49074-3

Ⅰ. TP391.412

中国国家版本馆CIP数据核字第2024J2S092号

责任编辑：张慧敏
印　　刷：北京宝隆世纪印刷有限公司
装　　订：北京宝隆世纪印刷有限公司
出版发行：电子工业出版社
　　　　　北京市海淀区万寿路173信箱　邮编：100036
开　　本：720×1000　1/16　印张：22.5　字数：396千字
版　　次：2025年1月第1版
印　　次：2025年1月第3次印刷
定　　价：119.00元

凡所购买电子工业出版社图书有缺损问题，请向购买书店调换。若书店售缺，请与本社发行部联系，联系及邮购电话：（010）88254888，88258888。

质量投诉请发邮件至zlts@phei.com.cn，盗版侵权举报请发邮件至dbqq@phei.com.cn。

本书咨询联系方式：faq@phei.com.cn。

重新认识PPT

为什么你看了很多制作PPT（PowerPoint）的书，学了很多关于PPT制作技艺的课程，制作的PPT作品仍然平淡无奇？因为你没有真正学到制作PPT的精髓。

大多数关于制作PPT的书，都在讲软件怎么操作、效率怎么提升、技巧怎么使用、素材怎么获得，即便这些你全都学会了，你也只能做出60分的PPT作品。这些教程只能让你在低水平上重复学习。

一个人PPT设计水平的“天花板”，就是对PPT的认知。

曾经和大家一样，我初接触PPT时，也认为PPT很简单，是一款普通的办公软件，只是我很努力地把PPT的展现效果设计得更美观、更震撼罢了。

随着服务的客户越来越多，我逐渐意识到，PPT的本质是用来做营销的道具。

所有PPT都是用来做“营销”的。

企业介绍PPT，是为了“卖形象”；

产品发布PPT，是为了“卖产品”；

工作汇报PPT，是为了“卖业绩”；

竞标PPT，是为了“卖方案”；

年会PPT，是为了“卖梦想”；

招商PPT，是为了“卖场地”；

培训PPT，是为了“卖知识”；

演讲PPT，是为了“卖观点”；

融资PPT，是为了“卖项目”；

……

这是我对PPT认知的一个根本改变。不同层次的认知，决定了对PPT的重视程度，也决定了PPT的效果和品质。基于大家对PPT的认知层次，我把PPT作品分为3个等级：办公级、平面级和电影级。

PPT作品的3个等级

办公级

如果你把PPT当作普通的办公工具，那么只要把内容说清楚就可以了，这类PPT属于办公级。只需直接把文字和图片放在空白的幻灯片中，或者套用一个模板，结构平铺直叙，无须考虑美感、故事、动画、特效，也很少考虑观众的感受。现实中大多数的PPT都属于这个等级。

扫码观看示例点评

这是招商推介用的PPT，营销属性很强，但制作者却将其定性为办公级的PPT，采用了一套商务感的模板，文字多、图片少，版式单调，缺少个性和美感，这会让推介效果大打折扣。

平面级

平面级的PPT已经比较注重形象了。当PPT制作人员具有一定的审美能力，会使用Ps（Photoshop）、Ai（Illustrator）这些平面设计软件时，PPT的设计感就会明显加重，风格更加个性，每个页面都比较精美，甚至像画册、海报一样。现在市面上很多PPT设计公司的作品基本都属于这个等级。

扫码观看示例点评

这是某企业对外宣传的PPT，每个页面都根据主题进行专门设计，独一无二，设计精美，让观众赏心悦目。

电影级

PPT只有美感是不够的，还要像电影一样精彩，能够让观众沉浸其中、真正打动观众。在形式上，这类PPT不仅会用到图片、文字、图示、图表，还会用到3D模型、视频、声音等，旨在全面打造PPT的感染力。

扫码观看示例点评

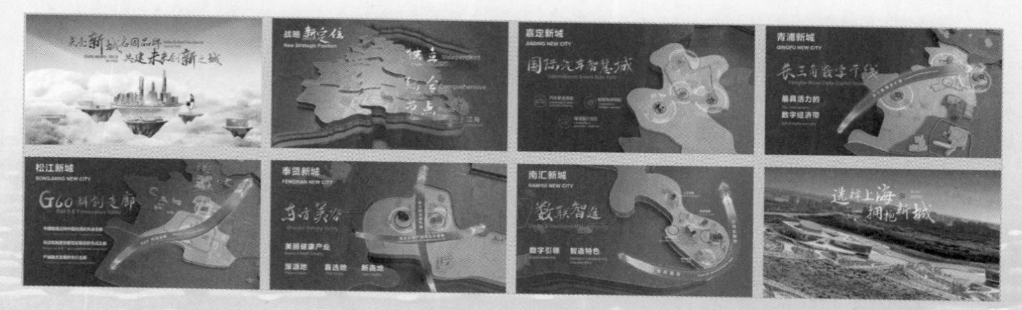

这是新城推介的PPT。观看放映的幻灯片，就会感觉看的并不是PPT，而是在看电影，全3D动画、无缝衔接，并且可以由观众自由操控，即便停留在某个页面时，也不是静止的，画面会一直微运动，带给观众极强的沉浸感。

你希望自己的PPT设计
能达到哪个等级？

本书针对已经掌握了PPT基本操作技能的读者，从准备、框架、文字、风格等13个维度进行解剖，帮助你的PPT设计在各个维度达到近乎完美的水准。让你像策划师一样思考，像设计师一样设计，像动效师一样制作动画，像导演一样把控品质，从而全面突破PPT制作的思维局限、审美瓶颈和能力限制，制作出电影级PPT作品。

本书中所有的经验都是从长期商业实践中总结而来的，所有的示例都是我们公司所服务的企业和党政机构的真实范例。本书所分享的技巧，皆经过无数次实践验证，证明可以快速提升效果和效率。此外，所有的思路均获得了客户认可并能够让观众耳目一新。你需要做的，就是站在这些巨人的肩膀上，把这些经验变成自己的利器。

本书不仅仅是一本书
更是一套PPT解决方案

随书附赠

170+ 视频解说，
每个步骤都带着你操作

100+ 视频素材，
轻松做出电影级的效果

300+ 案例源文件，
方便你解剖和借鉴

500+ 原创PPT图示，
张张都是精品

700+ 配色示例，
各种配色，一“吸”搞定

1000+ 常用图形，
随取随用的素材百宝箱

3000+ 三维模型，
让PPT突破二维限制

50000+ 矢量图标，
从此图标不求人

......

添加图书微信助理，
领取35GB随书素材
扫码回复：49074

2007年，当我看到大部分PPT普遍停留在办公级水平时，我提出了平面级PPT的概念，并教授很多学员掌握了平面级PPT的技术，其中一些学员创建了公司，一个PPT的售价可达几千元，甚至几万元；还有一些学员凭借自己的PPT技能，在职场中脱颖而出，从此平步青云。

如今，又迎来一个新的拐点，PPT已经进入电影级时代。通过故事化的表述、极具美感的画面、特效级的动画，这些PPT给观众带来超强的吸引力、说服力和感染力。目前，我们公司一个PPT的售价可达十万元，甚至几十万元。这将是另一个巨大的商业机会，让你的PPT“脱颖而出”的机会。仔细阅读本书，你就能率先找到开启这个机会的钥匙。

作者：

2024年9月

目录
CONTENTS

第1章 做准备

PPT水平高不高，关键就看第一招。

小白第一招是找模板；高手第一招是理思路。

01
干什么用

制作任何PPT，首先要思考的就是其目的和目标。

按照目的来划分，PPT可以分为以下九大类别。虽然都是PPT，但仔细分析就会发现，每种PPT的底层逻辑和要求都会大不相同。

工作汇报

表层是讲事实：目标是什么？做了哪些事？成绩怎么样？困难有哪些？未来怎么做？

底层是讲观点：你对公司的忠诚，对工作的专业，对技能的熟练，对未来的掌控。

在形式上，一般都会采用商务、简洁、朴素的风格，内容清晰，证据丰富。太过精致会让领导觉得虚头巴脑、华而不实。

这是某项目汇报的PPT，画面简洁、朴素，去除不必要的元素，观点鲜明，数据翔实，图片真实、准确。

企业介绍

表层是讲形象：公司的愿景、使命、价值观、规模、组织结构、发展历程、产品、服务、文化、规划等。

底层是讲方案：对方的痛点是什么？如何满足用户需求？如何给用户创造价值？如何保障服务品质？如何降低用户风险？如何提升用户竞争力？

在形式上，要符合企业的视觉系统，更强调企业的个性、专业、精美，案例要丰富、方案要有针对性。

这是某电气公司的企业介绍PPT。银灰色背景很有科技感，半透明的青绿色取自该公司VI，半透明光效更符合电气的属性；每个页面都是按照海报标准设计的，高度定制，原创设计，贴合主题，更能彰显企业的专业和实力。

产品发布

表层是讲产品：产品的外观、材料、参数、功能、价格等。

底层是讲营销：发布会的本质是热点营销，要制造热点，造成短时间爆发式传播。产品背后的故事，产品内在的情感属性，与竞争对手的比较，给用户带来的价值，产品在使用场景中的表现，等等，都是在发布会中需要挖掘的点。

在形式上，要简约、动感、充满创意，产品图片和视频要精美，一般采用超宽屏幕，打造超强沉浸感，让观众产生消费的冲动。

这是某电动汽车公司的产品发布PPT。超宽的屏幕，使观众就像看电影一样，完全沉浸其中；产品始终都是最醒目的，立体、逼真、动感，不断强化产品在观众心目中的地位；所有的产品都放在特定的场景中，把产品的性能呈现给观众，而不是让观众自己想象。

招商推介

表层是讲城市：城市的位置、交通、产值、人口、历史、产业、文化、载体、政策、愿景等。

底层是讲产业：城市汇聚了哪些产业和企业？怎样提升企业的竞争力？能给企业带来多少收益？怎样为企业做好服务？有哪些成功的案例？

在形式上，多用高清大图、醒目数据，少用通用图片、卡通元素，要精美、大气、震撼、真实。

这是对外投资推介的PPT。从封面到内页，每个页面都是大图衬底，大气磅礴，赏心悦目；版式借鉴了画册式排版，分隔、装饰都很到位；字体考究、色彩舒适、层次分明、画面精美。这些都可以唤起观众对该城区的向往，增强了该城区的魅力。

项目报奖

表层是讲成果：立项背景、研究思路、课题成员、研究过程、创新点、知识产权、发表论文、应用推广、经济效益、社会效益等。

底层是讲方向：是否符合国家的大政方针？是否符合国家的产业政策？是否能为国家的发展带来长远影响？是否有利于提升国家或社会的地位？

在形式上，要简洁、朴素、专业、大方，避免使用各种华丽的装饰，避免让人觉得弄虚作假、哗众取宠。

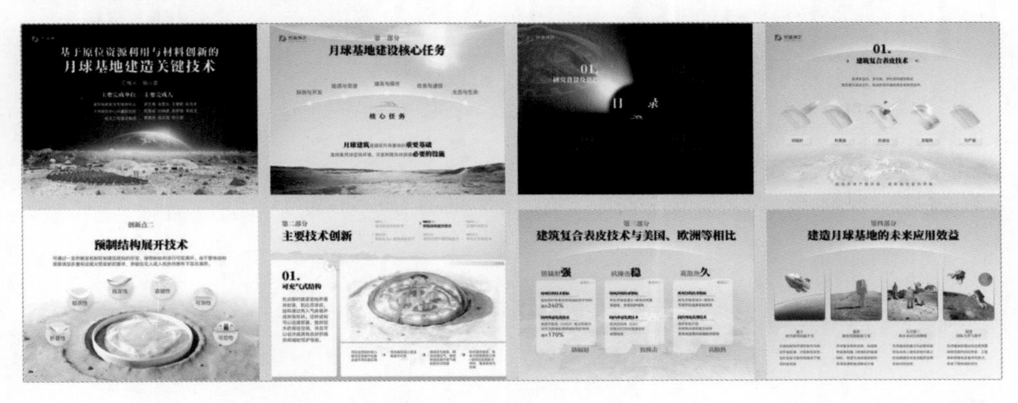

这是月球基地建造相关的报奖PPT。整体上采用素雅的色彩、传统4：3的尺寸、比较简洁的版式，并去除所有不必要的装饰；但在有关技术的介绍上却用足了“料”，尽可能用3D画面模拟出各种细节，让各位评审专家快速、轻松理解该课题。

培训课件

表层是教知识：是什么？为什么？怎么样？怎么用？

底层是提兴趣：学生更在乎的是情绪价值，课件不仅要有料，更要有趣、有戏、有效。通过课件的趣味性、生动性，讲授者可以提升学员学习的积极性，从而由表及里，由外及内，举一反三，触类旁通。

在形式上，要形象、生动、趣味、易懂。

这是某企业文化培训的课件PPT。画面整体偏向商务风，一切为培训效果服务，不拘泥于形式的完全统一，各个页面色调差别较大；观点醒目，金句、谚语、名言较多，朗朗上口，容易记忆；添加大量视频、动画，生动形象；还有大量的提问、互动悬念等，提升学习兴趣。

培训课件还可以做成卡通风格。

这是某企业在线课程的课件PPT。采用MG动画（图形动画）的形式，扁平式卡通风格，使学生感到轻松愉悦；把复杂的逻辑变成卡通动画片，加上互联网式的幽默配音，轻松、活泼，很容易理解和记忆。

企业年会

表层是总结：形势分析、工作总结、奖励先进、惩罚落后、公布计划、部署工作等。

底层是激励：聚焦团队目标，激发团队斗志，让团队再创佳绩。

在形式上，要动感，要激情，要震撼，要直接，要明确。

这是某地产公司年会上董事长讲话的演示PPT。以“创变·十问”为标题，分别从10个方面回答该公司员工所关心的10个问题，在问答中诠释公司的理念、业绩、瓶颈、战略等，以凝聚人心、促进业务的发展。

融资路演

表层是融资：一般都要讲明行业痛点、解决方案、用户画像、市场验证、市场规模、核心团队、发展战略等。

底层是相信：投资人每天面对众多项目，始终都以审视的态度考察每一个项目。故事怎么样？市场怎么样？团队怎么样？回报怎么样？谁能赢得信任谁就能赢得投资。

在形式上，要做到专业、直接、准确、细致，不能过度包装、画蛇添足。

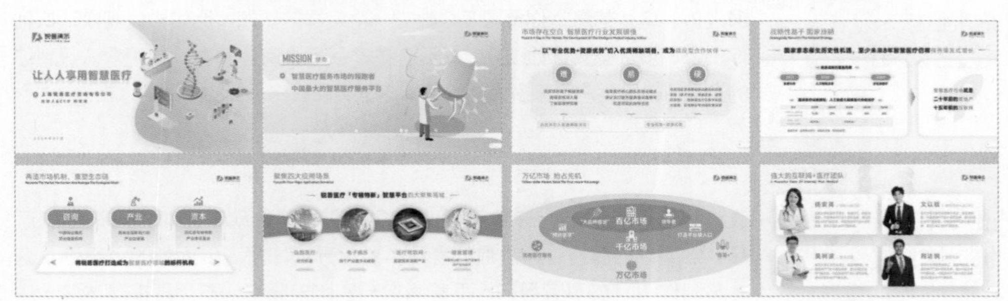

这是某医疗企业的融资路演PPT。采用医疗相关的浅蓝色背景，画面清爽、干净，减少一切不必要的装饰；所有的观点都需要论据的支撑，资料翔实、数据精准，经得起推敲；整体结构遵循商业计划书的常规顺序，方便投资人理解。

个人演讲

表层是观点：场景是什么？结论是什么？论据是什么？号召是什么？一一道来。

底层是影响：更形象、更创意、更新颖、更有趣的形式，使演讲者在观众中产生说服力和影响力。

形式上，要做到个性、生动、趣味。

这是某企业家个人演讲的PPT。不拘泥于企业的标准视觉，也不拘泥于内容的条条框框，可以随心所欲展现自己的个性，抒发自己的真情实感。

仅仅了解总体的目的还不够，我们还要明确制作PPT的具体目标。总体上，每个PPT的制作目标都可以分为3个层次。

表层目标
传递信息

你的观点是什么？论据是什么？论证过程是怎样的？这些都要让观众明白无误地接收到。比如，在制作企业介绍PPT时，要明确传递的基本信息：你的公司是做什么的？生产哪些产品？服务了哪些客户？带来了哪些价值？这些信息一定要清晰表达。

底层目标
建立认知

通过传递这些信息，你希望观众建立一个怎样的认知？比如，让观众认识到你的公司多么强大，让观众认识到你的产品多么有竞争力，让观众认识到你的产品可以给客户带来多大的价值。这是实现最终目标的前提。

最终目标
促进行动

通过建立以上认知，你希望促使观众采取哪些行动？比如，采购你的产品、购买你的服务、通过你的考评、给你升职加薪、传播你的名声等，这才是制作PPT的真实目标。尽管我们一般比较隐晦，不会直接表达这一最终目标，但你要明确知道这才是根本目标。

通常，我们设定的PPT目标，需要遵循5个原则。

一是底层的。如果只是抓住了前面所说的表层目标，那么并不算真正把握住了目标。一定要挖掘到最终目标，也就是说你要明确让观众采取什么行动。

比如：

通过这次汇报，我们的成果得到领导和专家的一致认可，顺利通过成果验收。（√）

顺利完成这次汇报，让观众了解我们的工作情况。（×）

二是具体的。目标要很明确，不能模糊不清或模棱两可，最好能够设定具体的数字。

比如：

通过这次在营销大会的分享，观众看到了我们在某方面的独特解决方案和公司实力，至少吸引20个潜在的企业客户添加我们的微信。（√）

通过这次在营销大会的分享，与一些观众建立联系。（×）

三是简短的。目标要单一，不要太多，越简单的目标越精准，实现的机会越大；最好用一句话概括，字越多说明思路越乱。

比如：

通过这次路演，企业能够得到1000万元人民币的融资。（√）

通过这次路演，企业能够得到200万~1000万元人民币的融资；品牌能得到现场观众的了解和认可，产品最好能在现场有所销售，并有机会认识一些渠道商，为后续建立线下渠道做准备；我们也会邀请一些粉丝来参加，通过这场活动也能提升粉丝的忠诚度。（×）

四是相关的。目标要与主题直接相关，而不要关注那些无关的，或者额外可能带来的效果。

比如：

通过这次年终汇报，领导认可我们的工作能力和工作方法，并顺利批准明年的

工作计划。（√）

通过这次年终汇报，领导看到我在制作PPT动画方面的天赋。（×）

五是可行的。这个目标是一场演示能够实现的，而非不切实际的。这里的不切实际，可能是目标太高够不着，也可能目标太低，太容易实现，没有意义。

比如：

通过这次推介，客户看到我们产品的独特优势，顺利加入客户的供应商体系。（√）

这次推介，惊掉客户的下巴，挤掉客户所有的供应商，从此垄断对客户的供应。（×）

“干什么用”是制作PPT的核心要义，它决定了PPT的结构设计、色彩选择、风格定位、版式布局、文字编排、图片裁剪、图形应用、动画效果等各个方面。PPT中的所有内容元素都务必围绕其目标展开，凡是与目标无关的，全部删除。

02
怎么用

PPT的制作方法还取决于演示的方式。根据演示方式的不同，PPT可以分为以下3个类型。

阅读式

阅读式PPT不需要与客户当面讲解，主要通过微信、电子邮件发送或打印出来，由观众自己翻页、自行阅读。阅读式PPT需要添加较多的解释性文字，不用或少用动画效果，在排版方式上更接近画册形式，一般是在完成PPT后将其导出为PDF格式。此外，受传统习惯影响，有不少咨询公司的PPT、内部汇报的PPT也常常被制作成阅读式PPT，实际上这种方式可能会影响演示的效果。

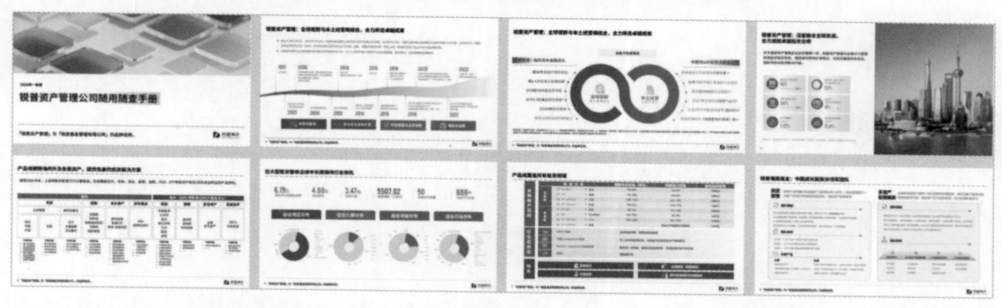

这是某资产管理公司的使用手册PPT。这个手册是打印出来供工作人员随用随查或由工作人员在电脑上自行查看的，只是偶尔会在大屏幕上供多人观看，所以做得更像画册，每个页面中数据翔实，信息量丰富，文字又多又小，版式紧凑。

播放式

播放式PPT是把PPT制作成自动播放的形式，在展厅里、会议室、网络上播放，无须人工操作即可循环播放。播放式PPT接近视频，主要通过动态画面来呈现，并通常包含配音、字幕或背景音乐的展示效果，文字部分则相对较少或省略。为了保证播放的流畅度，这类PPT一般会转成视频格式进行播放。

这是某互联网公司的产品介绍PPT。这个PPT主要用于网上宣传和线下活动播放，因此采用了卡通动画的形式，旨在让观众在轻松愉悦的氛围中了解产品的特点和价值，带来很好的反响和传播效果。

讲解式

讲解式PPT是最主流的类型，通常由演讲者在屏幕前对着观众讲解PPT的内容，通过演讲者、PPT和观众联合营造信息传播场景。这类PPT作为演讲者视觉表达的辅助工具，其页面主要包含图片、图表、视频，以及关键的文字信息，可适当添加动画效果。

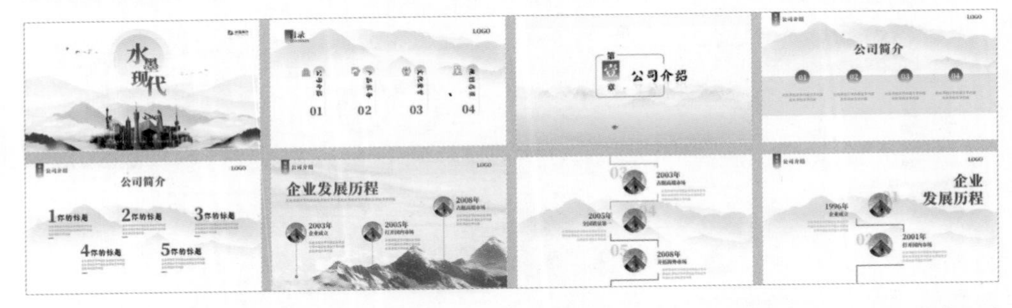

这是某国有企业的介绍PPT。从封面到目录，从章节页到详情页，随着演讲者的讲解逐页翻动，内容一页页依次展开。

下面表格详细对比了上述3类PPT的特点，请读者在制作前明确，以避免因定位不明而导致的返工。

	阅读式	播放式	讲解式
展示场景	邮件、微信、打印	展台、网页	投影、LED屏
放映方式	观众自己控制	自动播放	演讲者控制
图文要求	文字多而小	文字少或没有	文字少而大
动画要求	以静态为主	多动画效果、页面连贯	可添加逻辑动画
配音要求	无配音、无配乐	有配音或配乐	无配音、无配乐
放映格式	PDF	视频格式	PPT

经常有客户问：能不能只制作一个PPT，既能用来给人讲解，还能打印出来让观众自己观看呢?

答案是否定的！

用于打印和用于讲解的PPT，是两类PPT，如果两者兼顾，那么两者都不能达到理想的效果。所以，如果有两种需求，笔者一般建议直接制作两个版本，或者以讲解版为基础，再修改成阅读版。

03
谁来讲

优秀的演讲者，即使没有PPT的辅助也能让观众情绪高涨；糟糕的演讲者，即使拥有设计精良的PPT也可能因缺乏吸引力与互动性，难以激发观众的兴趣。

我们不能选择演讲者，但我们必须让PPT适应演讲者，根据演讲者的风格制作PPT。演讲者大体上有3个类型的风格。

念稿型

有的演讲者日理万机，没有时间熟悉PPT；有的演讲者生性怯场，上台后大脑一片空白。有的演讲者缺少演讲经验和技巧；这种情况就应以PPT为主、演讲者为辅，演讲者只需在台上宣读或背诵讲稿，台下工作人员操控PPT翻页。观众看这样的PPT，就像是在观看一部电影，只是配音为演讲人。由于念稿型的演讲者与观众缺少互动，所以PPT必须足够出彩以吸引观众注意力。我们通常将文字详细拆解，一段文字对应一页PPT，每段文字都有相对应的画面支撑，每个页面都要做得形象、大气、生动，且富有吸引力。

这是某市新区建设情况汇报的PPT。演讲者为新区领导，领导读文字稿，助理会为其操控PPT翻页。每个页面都做得大气磅礴，文字少、图片大、留白多，让观众像看电影一样，目不转睛。

发挥型

有的演讲者思维敏捷、神采飞扬、口若悬河，对着空白屏幕也能侃侃而谈。针对这种发挥型的演讲者，PPT只要起到提醒和辅助的作用就可以，每个页面的内容要少而简，只用关键词、全图、数字、图表等作为演讲的证据，尽量减少装饰、动画等元素。

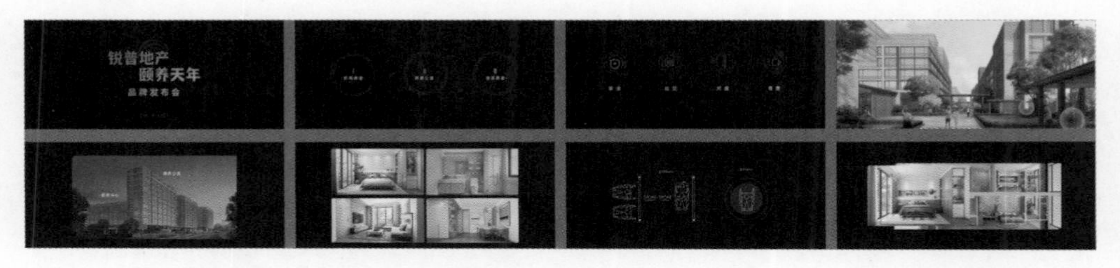

这是某地产公司品牌发布的PPT。该公司领导拥有一套全新的地产养老理念，只需在PPT上放置关键词和照片，无须复杂的装饰和设计，该领导就能如数家珍般地进行讲解，使其充满吸引力。PPT只需要做到简洁、精美即可。

融合型

大部分的演讲者，既没有助理给写好稿子，也不是可以自由发挥的演讲高手。针对这类演讲者，就需要演讲者本身既要重视PPT，也要熟悉PPT的逻辑和内容。根据演讲者的性格、气质、语气、声音、互动等特点，量身定制每一页PPT。让演讲者和PPT能够相互配合、融为一体，确保演讲者所说、PPT所展示、观众所看和所听的内容能够完全同步。在演示过程中，演讲者的每个手势、每个表情、每个声调变化、每次停顿，都能与PPT完美配合，从而更好地调动观众情绪。

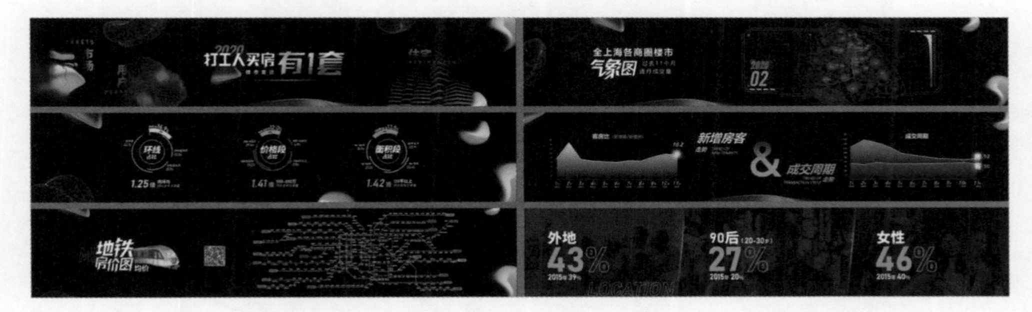

这是某信息咨询公司在论坛的演讲PPT。演讲者是行业专家，对各类数据了如指掌，所以，设计师与演讲者一起共创了整个PPT的结构及每页的内容，做出的PPT每页都很翔实，每个元素都必不可少。在需要阐述的地方，能够娓娓道来；在需要互动的地方，演讲者也可以自如操控。

04 给谁讲

观众决定了PPT的结构、风格、版式、动画、文字等样式。在制作PPT前，我们需要对观众进行画像，明确观众的年龄、性别、知识、职位等特征，对观众了解越多，演示的针对性越强，效果才能越好，否则就容易变成对牛弹琴、事倍功半。

		结构	风格	版式	动画	文字	图片	图表	打动点
年龄	老年	常规	简单暗淡	规矩	少	大而多	冲击力弱	大	情感+利益
	中年	缜密	商务清爽	简洁	适度	适度对比	冲击力强	多	道理+情感
	青少年	跳跃	活泼明亮	多变	多	少而精	冲击力强	少	情感
性别	男	层层推理	阳刚商务	硬朗	适度	层次分明	冲击力强	多	道理+利益
	女	情感诉说	明亮柔和	柔美	适度	层次分明	冲击力强	少	情感+利益
知识	专业	逻辑严密	商务低调	简单	少	精简	大图	多	道理
	业余	容易理解	明亮丰富	复杂	多	稍多	多图	少	情感+利益
职位	管理	逻辑严密	商务低调	简单	少	精简	大图	多	道理+利益
	基层	容易理解	丰富多彩	复杂	多	稍多	多图	少	情感+利益

下面两个PPT是上海市某区投促机构用于对外展示形象的，分别面向汽车行业的企业家和高校毕业青年，完全是两种结构、两种风格，但都获得了较好的效果。

这是面向企业家推介的PPT。在颜色上采用"专业蓝+活力橙"的搭配，给观众留下专业的印象；在内容上直奔主题，从概述、定位，到产业、优势、政策……娓娓道来，符合企业家接收信息的习惯；在形式上更多展现数字，用实景图证明数字，更有说服力。

这是面向青年学生推介的PPT。在颜色上，采用饱和度高、丰富多彩的色彩搭配，更有活力；在内容上，先设定一个禾小赛的角色，以这个角色为主线，围绕青年关心的主题展开，更有代入感；在形式上，借鉴了游戏的互动方式，打怪升级，更能引起青年观众的共鸣。

除了了解观众特点，更重要的是要明确观众的需求。在制作PPT前要了解下面3个问题。

1. 观众为什么而来?

可能是为了学习知识，可能是为了获得信息，可能是因为有迫切的问题需要解决，也有可能是慕名而来，甚至有可能是被公司要求被迫前来。这决定了你演示的意义。

比如：你要去一家公司进行分享，而观众是因领导要求而到场的，他们就会心不在焉。这就要求你的分享除了有足够的实质性内容，还要妙趣横生。

比如：你要给一批专家做汇报，观众都是拿着放大镜在审核你的成果。这时任何的幽默、搞笑都会显得画蛇添足，你需要确保你的每个证据、每个论点都经得起推敲。

2. 观众有什么痛点?

每个人只关心与自己有关的东西，跟自己的切身利益越密切，就会越感兴趣。认真思考观众的痛点——那些让观众夜不能寐的东西，比如：是否遇到了职场困境？希望提升自己的竞争力？希望给公司省钱？希望提高公司的效益？希望提升公司形象？希望为公司开辟新的思路……挖得越深越能吸引观众。这决定了你演示的切入点。

3. 观众持有什么观点?

我们要明白，观众的认知是分层次的。首先，知道观众了解了哪些事实，我们不要过多重复观众所了解的事实；然后，了解基于这些事实观众是什么态度、持有什么观点，我们是要强化观众的观点还是改变观众的观点？之后还要弄清观点背后观众的立场、利益是什么？以及观众的信仰、价值观是什么？这决定了你演示的路径。

观众认知层次

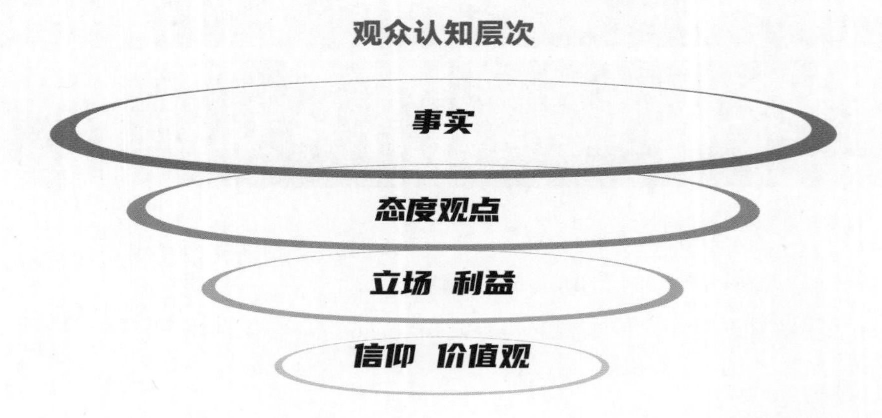

人们只相信自己愿意相信的事情。即便大家看到的是同一个事实，因为立场、利益、信仰、价值观的不同，大家的态度和观点也可能会截然相反。所以，我们要抽丝剥茧，认清观众的立场、观点等。同时，我们也要明白，PPT的力量是有限的，最多只能通过PPT展示一些事实、阐述一些观点，不要去指望改变观众的立场、观点等，相反，我们应该站在观众的角度来制作PPT。

05
在哪儿讲

PPT还受到演示媒介、尺寸和工具的制约。

目前主流的演示媒介主要有电脑、电视、手机、投影幕布、LED大屏等，针对不同的演示媒介，PPT的制作要求也会不同。

电脑：电脑屏幕较小，适合两人之间面对面交流。因为观看距离较近，一般会面场合灯光较亮，所以色彩以浅色为宜，文字和图片都不宜过大。

电视：电视屏幕大小居中，适合在小型和中型会议室播放，观看距离稍远，因为亮度有限，容易反光，所以PPT的色彩以浅色和亮色为宜，文字和图片都较大。

手机：手机屏幕较小，使用场合比较随机，可能很暗也可能很亮，观看距离很近，所以色彩以浅色为宜，画面比例也可以用竖版，文字和图片可以稍小。

投影幕布：投影幕布一般用在中型或大型会议室，但如今投影设备的使用越来越少了。由于投影的亮度较低，所以在设计PPT时色彩要稍明亮，但也要避免使用满屏鲜艳的背景色，为避免视觉上的遮挡，画面重心一般略靠上。

LED大屏：大型的会议一般都是采用LED大屏。屏幕本身亮度极高，所以在色彩上以深色为宜。避免使用纯白、纯红、纯绿等大面积纯度较高的颜色，这种颜色特别刺眼，让演讲者显得弱小和暗淡。

PPT的制作一般会兼顾以上几类演示媒介，但在设计时，要以某一种最常用的演示媒介为主要依据。

基本原则：确保每个角落的观众都能看清；根据屏幕实现最佳的视觉冲击力；

使观众拥有最佳的舒适度。

PPT页面的比例主要根据演示屏幕的比例而调整，使用何种比例的屏幕，就制作相应比例的PPT。普通的工作汇报，通常采用16：9甚至4：3的屏幕比例；但对于发布会、技术大会、招商推介会等场合，一般采用更宽的屏幕比例，营造更强的沉浸感。

人眼的视野极限范围：左右190°，上下120°，比值约等于1.58。

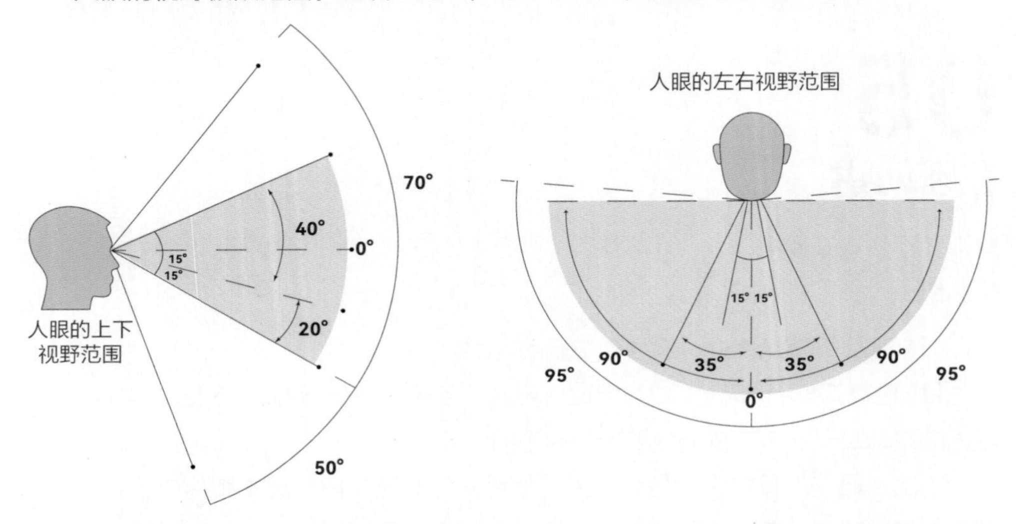

屏幕的尺寸比大于1.58时，观看体验比较舒服，且数值越大，沉浸感越强。16：9的屏幕比例，其比值是1.78，所以观看起来就非常舒服；而4：3的屏幕比例，其比值是1.33，观看时就比较别扭。发布会中常用的25：9（比值为2.78）、36：9（比值为4.0）、48：9（比值为5.33）等屏幕比例，则可以让人深处其中，带来很强的沉浸感。

如果需要调整屏幕比例，那么在“设计”选项卡的“幻灯片大小”命令中选择相应选项进行设置即可。

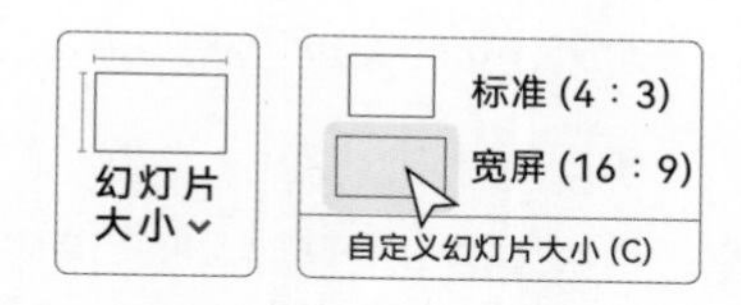

在制作超宽屏幕的PPT时，还要考虑现场观众的观看体验。

首先，避免造成遮挡。演讲者、讲台、前面观众都可能遮挡PPT页面的底部，所以关键信息一般都要放在页面中间偏上的位置。

其次，避免让观众“摇头晃脑”。无论是发布会、重要汇报还是招商推介会，重要的观众一般都坐在前排中间的位置。所以超宽屏幕PPT中内容的分布原则是中心屏幕（约占1/3）放重要观点，次中心区域（约占1/3）放观点和证据，辅助性和氛围性元素放在两侧外围区域（约占1/3）。如果重要内容放在页面两侧，中间的观众就会不断左右摇头，导致观看体验大打折扣，同样两侧的观众观看时也会感到非常不便。

软件版本也是制约PPT设计的一个重要因素。推荐使用微软Office 2016以上版本，包括Office 365、Office 2016/2019/2021版本。它们在功能上非常强大。

WPS Office也是一个替代方案，只是其与视频的兼容性稍差，且不支持缩放定位、3D模型等功能。

如果最终用来演示的软件是微软Office 2010及以下版本或者WPS Office，在制作PPT时要注意以下两点。

一是避免插入视频，如果插入视频，则需要提前检查以防视频卡顿、节奏错乱。

二是不要使用平滑切换、缩放定位、3D模型等功能，这些在老版本PPT软件中均无法显示。

用于播放PPT的电脑配置也很重要。PPT是即时渲染工具，边演示边渲染，所以相比视频的播放，对电脑配置要求更高。如果PPT中图片相对较多、动画相对复杂、分辨率相对较高，则一般要求电脑处理器为i5及以上，内存至少为4GB，这样播放PPT才不会发生卡顿现象。如果是发布会级的演示，屏幕尺寸十几米，甚至几十米，则需要顶级配置的电脑才行。

我们公司曾给一家房地产公司制作商业地产发布会的PPT，发布会现场为55米超宽怀抱屏，且PPT中采用了非常复杂的3D动画，在使用该公司提供的高配笔记本电脑（配置：i7处理器，内存8GB，集成显卡）播放时存在明显的卡顿现象。当时客户就面临选择，是牺牲效果还是更换设备？最终客户做出了英明的决定，租一台顶配的台式电脑（配置：i9处理器，内存32GB，独立显卡RTX4090），演示时非常流畅。最终，发布会取得了巨大的成功，现场观众及记者们都被深深震撼了。

如果用于演示的电脑配置较差，又不能更换电脑，就尽量采用简单的动画效果或者不设置动画效果，甚至将各个页面都转化为图片，纯图片的PPT在播放时一般不会出现卡顿现象。

06 哪些资料

任何一场演示，都需要大量的资料作为基础。这些资料从形式上包括画册、视频、网站、PPT、图片、文章、讲稿、录音等。面对这些庞杂的资料，该怎样梳理呢?

一般来说，先把这些资料整体熟悉一遍，围绕演示主题，按照以下3个板块进行分类。

资料分类法

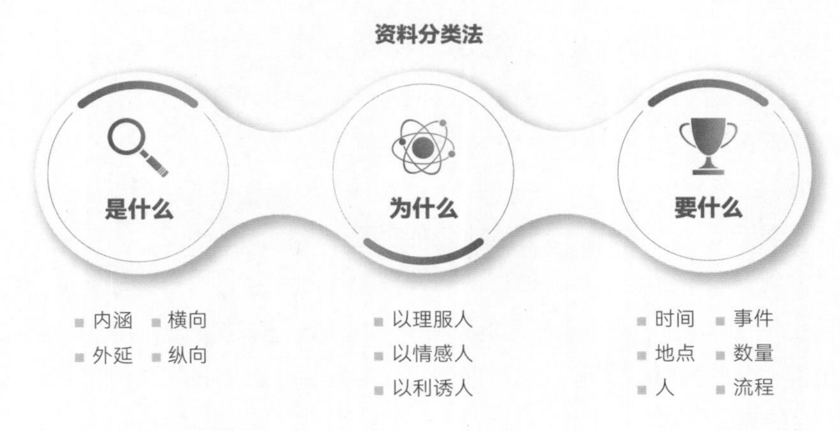

- 内涵 ■ 横向
- 外延 ■ 纵向

- 以理服人
- 以情感人
- 以利诱人

- 时间 ■ 事件
- 地点 ■ 数量
- 人 ■ 流程

是什么—— 基于事实的素材

◎内涵

定义/定位/使命/愿景/价值观。

◎外延

建筑/交通/团队/产品/服务/技术。

◎横向

供应商/客户/粉丝/市场/竞争/社会责任。

◎纵向

发展历程/未来规划。

这部分资料是PPT的出发点，也是整个PPT的根基。这部分资料都是基于事实的，务求真实、详尽。

为什么—— 基于分析的素材

◎以理服人

基于道理的素材。这些素材是基于事实材料所引申出来的逻辑关系。这些逻辑关系包括因果关系、递进关系、对比关系、冲突关系、并列关系等；这部分素材通常有数字、模型、引言、故事、证书、奖杯等。

◎以情感人

基于情感的素材。据统计，90%的行动都是被非理性和情感所驱动的，所以这部分内容是演示成功的关键。这些素材包括对国家和民族的热爱，对亲情的依赖，对弱者的怜悯，对不确定事件的恐惧，对背离集体的孤独，对自我成就的骄傲，对轻松舒适生活的向往，对违背公德的憎恶，对他人关爱的感动，对熟悉物品的思念，对长远利益的担忧，等等。了解你的观众最在乎什么？挖掘你的产品、服务最能触动观众的哪些情感？

◎以利诱人

基于利益的素材。人都具有现实性，即便是小额的红包也可以激发大脑皮层的快速活动，有些富人也会因为几元钱的差价而货比三家。关键时刻，只有一小部分利益刺激就能促使人们做出重大决策。即时的、限量的、神秘的利益最能触动大脑的兴奋点。所以，一定清晰地说明观众能够从中获得的利益。

这部分资料是制作PPT的重点。这部分资料要围绕观点进行整理，很多资料不是现成的，需要制作者深入挖掘、分析、提炼才能得到，这是资料梳理的重点。

要什么——基于动机的素材

也就是，你希望观众做什么？包括

◎什么时间?

◎什么地点?

◎什么人?

◎做什么事情?

◎数量多少?

◎按照什么流程来做?

这部分资料是PPT的落脚点。在PPT里一定要呈现的，不要遮遮掩掩。

比如，你要让观众加你微信，就大大方方把二维码放在页面上，并明确告诉观众加微信可以得到的好处。

比如，你要让观众现在购买，就把购买链接摆在页面上，并明确告诉观众，现在购买可以立即优惠多少钱，如果不买，就是白白损失了多少钱。

比如，你要让领导批准你的计划，就明确告诉领导现在是最佳的时机，你可以给领导带来多少价值。

07
怎么做

制作一个PPT要花多少时间?

制作PPT的步骤有哪些?

制作PPT的时间又是怎么分配的?

经常会有学员告诉我：老师，老板让我制作PPT的时间就一个晚上，哪能考虑那么多?

错!

越是时间短，越要有科学的流程。下面是普通人制作PPT的时间分配方案。

遵循这样的流程，一般会出现几个问题。

一是多头并进效率低。一边收集资料，一边构思内容，一边找模板。等构思好了，发现找的模板不对，又要重新找；等资料收集好了，发现内容构思出了问题，又要重新构思；整个PPT都做完了，才发现资料不全，还要去找资料。反反复复，不断推倒重来，甚至到了最后一天，还在收集资料，还会推翻构思和模板。

二是缺少确认易反复。因为制作流程混乱，领导没办法对你的每个步骤进行确认，当你把PPT都做完后再给领导确认，很容易被全盘推翻。比如，演示的目标、主题、时间节点、演讲人、观众、场合等在没有得到领导确认的情况下，后面所有的步骤都可能是错误的；比如，在构思不清晰的情况下，领导实际上是没办法确认你的模板是否合适的……没有得到领导的确认，就会导致你反复修改。

三是只重制作没演练。把大量的时间都花在制作和修改上，缺少了演练环节，就会在演示时磕磕巴巴、错漏频出、缺少惊喜。

四是草草结束不完美。反复修改的结果，就是不确定性太多，可能都到最后一秒了，发现还有很多问题，最终的PPT往往都是草草收场。我们经常听演讲人说“来不及改了，就这样吧！”这样的PPT一定不会达到理想的效果。

那么专业的PPT设计团队是怎样分配时间的呢?

下面是我们公司长期服务客户所总结出的专业团队制作PPT的时间分配方案。

专业团队制作 PPT 的时间分配

序号	环节	时间
1	资料收集	2
2	内容构思	3
3	找模板	2
4	内页设计	4
5	动画	1
6	修改	1
7	排练	1

0 1 2 3 4 5 6 7 8 9 10

收集资料

在准备阶段，要对项目进行深入调研，通过与领导、主办方等沟通，对演示的目标、主题、演讲人、观众、场合、时间节点等明确界定，并形成“项目需求表”和资料包，确保后续的工作不出现偏差。

本书附赠有空白的项目需求表

内容策划

在内容策划阶段，专业策划师会搭建合适的框架结构，并把所需资料填充进去，形成策划稿。这个策划稿可以看到完整的演讲逻辑、内容及每个页面大概的样子，方便给领导审核。

这是某区对外推介PPT的策划稿。所有的内容都放置在PPT中，每页的逻辑结构也比较清晰，但并没有进行设计，方便领导对框架和内容进行判断，有些页面还缺少素材，可以根据策划稿寻找素材或拍照片。

风格设计

风格设计不是套用模板，而是根据主题和要求进行专属的个性化定制。即便使用现有模板，也需要结合企业形象或演讲主题进行调整修改。一般一套风格由片头动画、封面页、目录页、图片样页、图表样页、文字样页等组成。为方便决策，有时需要提供两套不同的风格供领导进行比较和选择。

风格一　　风格二

内页设计

根据选定的风格和策划稿，就可以对内页进行深入设计了。这部分的主要工作是把文字转化成图示、图表、图片、图标、视频等可视化元素，并进行配色和排版设计。在制作PPT的过程中，要给这个阶段预留足够的时间，可以确保每个页面、每个细节都做到精美和充满创意。

在选定了风格二后，根据风格和策划稿，就可以对整个PPT进行美化设计了，这样的PPT丰富又精美，方便领导做进一步决策。

动画制作

如果熟练掌握PPT动画技巧，制作动画的时间并不需要太多。之所以建议在完成所有页面设计后再进行动画制作，是为了避免添加动画效果，从而减少修改工作量。

修改完善

一般人都认为，制作PPT最花时间的是内页设计。其实，那些流程混乱的PPT，大部分时间都用在修改上了，甚至是没完没了地修改，让领导和制作者都身心俱疲。专业流程与非专业流程的最大区别在于，前者在每一阶段完成后都独立提交给领导确认，及时修改，完成后再进入下一阶段。到了最后的修改阶段，主要是检查错漏和对整体进行完善，所需时间并不多。

彩排演练

无论PPT制作得多完美，没有演练很容易功亏一篑。演练，在PPT制作流程里至关重要。

一定要在会议室，尽可能模拟真实场景，尽可能最大化暴露问题。

一定要用大屏幕，用大屏幕展示，更容易发现错误。例如，与软件的兼容性、字体错误、翻译错误、演示效果、动画的节奏等，都要逐页检查。

一定要真人演示，只有最终的演讲人亲自演练，才能达到最佳的效果。

一定要有观众，可以让同事或家人充当观众，站在客观的角度找出问题。

一定要从头到尾，那些最可怕的错漏可能就在你认为不会出问题的那一页。

本书也是按照PPT制作的流程进行撰写的，我会带着你从头到尾深入每一个细节，直至你也能做出电影级的PPT。

在专业PPT设计公司，每一个PPT、每一个页面都会在大屏幕上反复核对，特别是数字、翻译、设计细节等，要精益求精。

第2章 搭框架

框架是PPT的骨骼，

骨骼坚固，整个PPT才有力。

01
标题三原则

在搭建PPT的框架之前，要先确定演示的主题。

主题是PPT的灵魂。框架要围绕主题搭建，所有的内容也都要围绕主题展开，所有的设计也都是为了突出主题。要确保这个主题一直在观众内心萦绕，即便离开了，他还会念念不忘。

如果一边制作PPT一边构思主题，就会本末倒置。PPT制作了一半，才发现主题不对，或者偏离了主题，不得不推翻重来，这都会大大影响PPT的效率。

主题的直接表现，就是标题。能否吸引观众，能否让观众记住，都跟标题有很大的关系。拟定标题需遵循以下原则。

紧扣演示目的

PPT演示的本质是“营销”，标题一定要围绕你要“营销”的内容来写，让观众明确你做什么、你给什么、你要什么。

可以直接亮明观点。例如：年终总结用《稳份额 寻突破 压力面前不示弱》就比《某某部门工作总结》更有力。

可以强调产品卖点。例如：发布楼盘用《让人人住上有智慧的房子》就比《某某楼盘盛大开业》更有力。

可以触发观众痛点。例如：美容讲座用《半小时教你拥有婴儿般的肌肤》就比《树立皮肤护理新观念》更有力。

可以解答观众疑点。例如：平台招商用《为什么淘宝卖家都入驻某平台》就比《某平台招商政策介绍》更有力。

可以揭示对手弱点。例如：产品推介用《电动汽车时代你还买燃油车吗》就比《某某电动汽车功能介绍》更有力。

值得注意的是，虽然演示的本质是“营销”，但其表现形式却必须是分享。人们对广告和推销是天然排斥的。所有的演示，我们都可以将其定义为分享，所有的标题，也可以包装为分享。培训，是分享知识；汇报，是分享成果；年会，是分享感受；融资路演，是分享机会；企业介绍，是分享解决方案；产品发布，是分享更好的工具……

表达观点明晰

标题就要语气肯定、立场鲜明、铿锵有力，不要用中性的、模棱两可的、含混不清或者晦涩难懂的。

修改前：西安市公安信息系统建设汇报

修改后：智慧公安　守护西安

修改前：锐普药业公司推介

修改后：创新驱动的锐普药业

修改前：新一代疏浚造岛船天鲲号简介

修改后：大国重器 疏浚旗舰——天鲲号

引发观众注意

这是一个注意力稀缺的时代，标题千万不能平铺直叙，而是需要寻找新颖的角度，采用各种修辞手法，引发观众的好奇和关注。

反差型标题：通过两个相反词语的对比，带来反差效果，给观众强烈的冲击。

例如：
《同样的朝九晚五，为什么你的年薪只是别人的月薪》——某科技公司在论坛上的演讲
《有担当的青春不迷茫》——某税务系统内部演讲
《以主角精神做好配角》——某电力公司内部竞赛

数字型标题：在标题中包含数字，提醒分享内容的数量，或者提醒观众注意某一个数字，引发观众的好奇或震惊。例如：
《创变10问》——某地产公司年会演讲
《保持创意的28个习惯》——锐普设计师讲座

悬念型标题：人们天生拥有好奇心，特别是对于自己不了解的，以及跟自己利益攸关的问题。在标题里提出问题或留下悬念，就是开启观众好奇心的钥匙。例如：
《为什么上海没诞生淘宝》——上海某机关内部演讲
《品牌营销的变与不变》——某品牌公司在营销大会的演讲

押韵型标题：朗朗上口的标题，是最容易阅读和记忆的。例如：
《峰回路转　行稳致远》——某金融公司工作汇报
《在上海　遇未来》——上海全球投资促进大会
《非同凡想　乘风破浪》——某互联网科技公司年会
《三色华能　卓然天成》——华能天成公司介绍
《牵手自贸烟台　拥抱无限未来》——烟台市自贸区推介大会

双关型标题：用专属文字代替词语或成语中的一部分，一语双关，带给观众回味无穷。例如：
《数据驱动　易码当先》——易码科技品牌推介
《以芯片应万变》——某芯片公司开发者大会
《轻春有你　拾光正好》——某地产公司拾光产品发布会
《别开生面》——别克新品牌发布会
《举氢若重　守护安全》——国家电投氢能平台介绍

对仗型标题：标题一分为二，字数相等、结构相同、平仄相对，显得规整而庄

重，这是政府机构和国有企业常用的一种标题手法。例如：

《与徐汇　共卓越》——上海市徐汇区投资促进大会

《恒久在线　共筑未来》——某科技公司产品介绍

《共筑特色新高地　成就产业新梦想》——上海市投资促进大会

《打造国之重器　铸就镇国之宝》——宝武集团企业介绍

《飞享新航季　缤纷山航游》——山东航空公司介绍

《合心同筑美好　携手迎战未来》——某乳业公司经销商大会

《释放厨师热情　破解增长密码》——某餐饮企业品牌推介大会

《农耕发祥地　农科创新城》——杨凌投资环境推介会

《贵宾至　喜临门》——喜临门企业介绍

排比型标题：单个字或词多次重复，能够强化观点，并赋予主题更强的感情色彩。例如：

《有电　有良信》——良信电器企业介绍

《新征程　新气象　新奇迹》——上海城市推介大会

《工程共建　品质共铸》——某投资集团产品发布会

《新时代　新服务　新体验》——国家电网新品发布会

愿景型标题：把企业愿景、梦想直接作为标题，可以提升企业的形象和高度，在企业介绍、品牌介绍、校园招聘中经常使用。例如：

《勇敢新世界》——华为企业介绍PPT

《创享改变生活》——宝钢企业介绍PPT

需要注意的是，PPT演示一般都是公开的、严肃的、商业性的行为，它不同于自媒体的随意性，即便我们希望用标题引起注意，但切忌“标题党”，切忌使用夸大、虚假和哗众取宠的标题。

02 叙述式结构

尽管PPT框架千变万化，但从演示角度来划分，主要包括3类，或者也可以说分为3种结构：叙述式、剖析式和洞见式。

叙述式结构，即站在自己的角度，分别介绍我们是谁？我们提供什么？为什么选我们？怎样跟我们合作？我们未来有什么规划？等等。具体又可分为以下6种形式。

总分式

总分式即先介绍总体，再对几个重点板块进行详解。之所以首先进行总体介绍，是考虑到有的观众对该机构并不熟悉，通过概览式的介绍可以先给观众留下一个大概的印象，然后对特定领域进行重点介绍，更容易被观众理解和接受。这种框架模式，在通用的企业介绍、产品介绍、项目介绍中经常被采用。

示例一：某医院的介绍PPT

这个PPT共分成5个部分，分别是医院概况、绿色医院、智慧医院、人文医院、创新医院，这5个部分组成了目录页。

总体介绍中一般描述的是地理位置、关键数据、组织机构、核心团队、定位、愿景、使命、价值观、发展历程、重大事件等。让观众对机构有一个大概的印象。本示例中主要介绍医院简介、机构设置、专家人才等。

对几个重点板块进行详细介绍时，一般会讲解产品和服务、主要特色、核心优势、发展规划等。示例中的医院是全国领先的综合医院，所以没有像普通医院一样，介绍科室、团队、服务等，而是着重介绍了该院独具特色的理念、技术和优势，即绿色医院、智慧医院、人文医院、创新医院，从而树立了领先、前卫、高端的形象。

示例二：某央企的公司介绍PPT

因为这个PPT主要用于迎接领导视察、合作伙伴参观，所以内容比较全面。

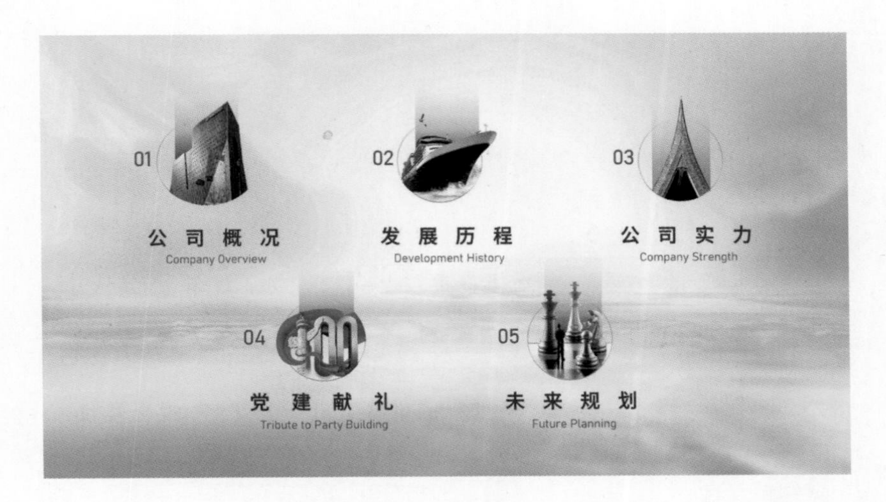

在第1部分介绍公司概况。第2部分着重介绍了发展历程，这种大型央企都有辉煌的历史及强烈的社会使命，所以会单独介绍。第3部分展示了公司实力，包括制造基地、核心产品、营销网络、经营业绩等信息，这是PPT的核心内容。适逢中国共产党成立100周年，所以在第4部分着重介绍了公司的党建情况。第5部分强调了未来规划，这是领导和合作伙伴都会特别关注的内容。

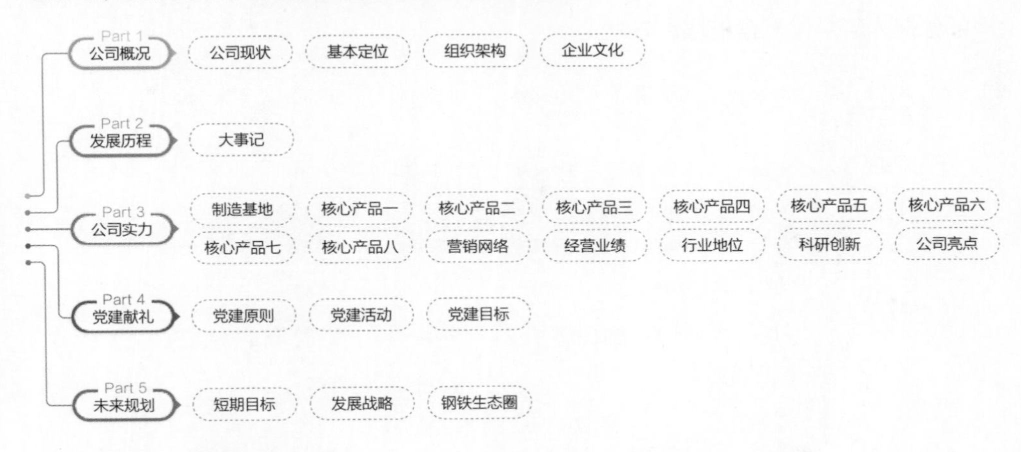

示例三：某招商推介PPT

这个PPT是在世界制造业大会上进行推介用的，因为现场有一部分观众是随机进来的，对该地并不熟悉，所以也采用了总分式结构。

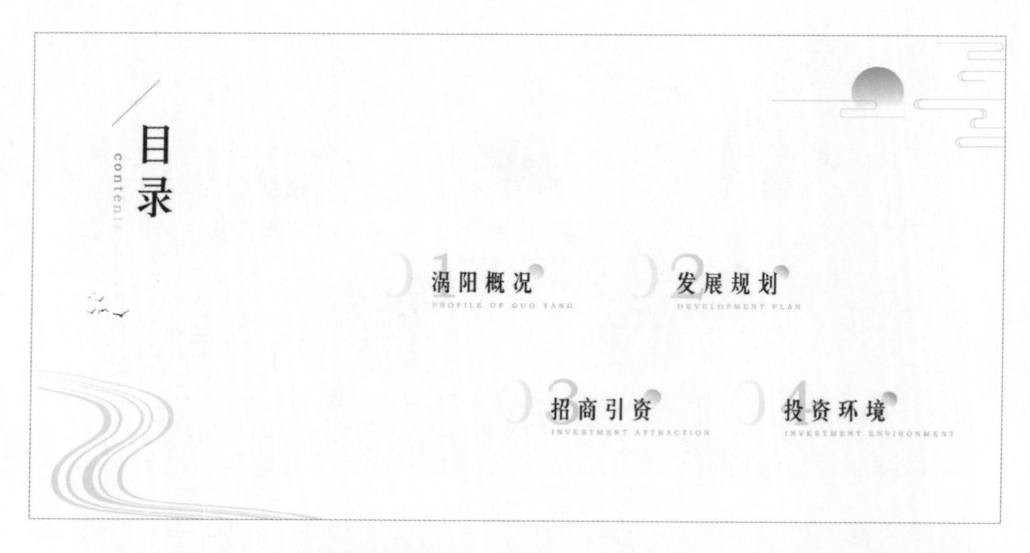

涡阳概况部分，对该县进行总体介绍，给观众留下一个大概印象。但这部分内容并不是重点，所以要少而精，只展示最具特色的内容。

后面3个部分紧扣厂商最关心的内容展开。发展规划部分是为了给观众明确的方向和信心；招商引资部分相当于介绍产品和服务，是整个PPT的核心内容；投资环境部分是为了解除观众的后顾之忧。

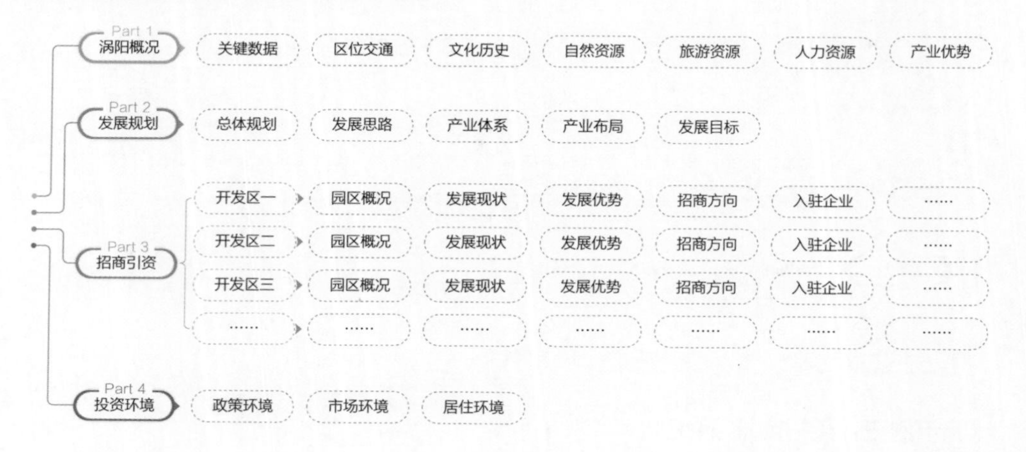

时间式

人们最熟悉的故事线索就是按时间顺序发展的。PPT采用时间式介绍，观众的理解成本是最低的。这种框架模式，在城市推介、企业简介、人物介绍中经常使用。

示例：某市城市推介大会PPT

这个PPT一共分为3个部分：第1部分，强调历史上的优势——走在改革开放最前沿；第2部分，强调现实的优势——彰显高质量发展活力；第3部分，强调未来的优势——率先形成新发展格局。

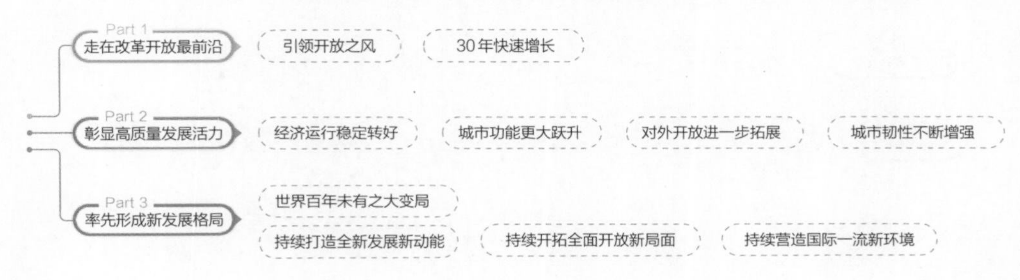

空间式

对于城市、场馆、楼宇等空间场所的介绍，直接用空间的转换作为线索，是一种非常容易被理解的方式。

示例：合肥市蜀山区的推介PPT

这个PPT是按照空间转移的顺序进行介绍的，从合肥市，到蜀山区，再到天鹅湖中央商务区、蜀山经济开发区、运河新城。很容易在观众心中形成清晰的地图。

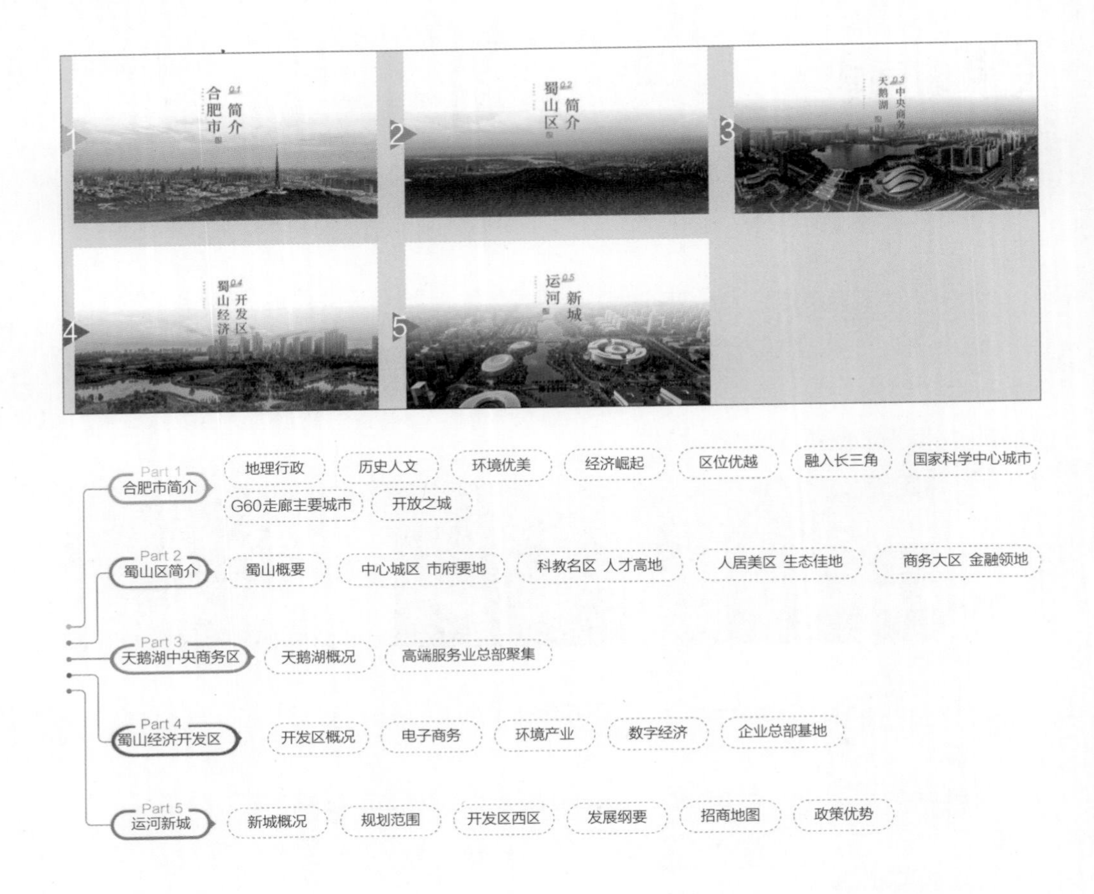

层进式

当讲解的内容比较抽象和复杂，理解起来有一定难度时，我们往往会采用由大到小、由实到虚、由外到内、由简到繁的讲解方式，抽丝剥茧、层层推进。这种框架模式常常用在培训课件、工作汇报等场合。

示例：某公司企业文化的培训课件PPT

这个PPT中，先泛泛介绍企业文化的定义（为什么要重视企业文化），然后介绍该公司新的企业文化（是什么），再介绍企业文化怎样落地（怎么做）。

总结式

在企业年会、阶段总结会、项目总结会中，常使用一种特殊的结构——总结式，在内容上一般包括过去的经验、成绩、教训，当前的形势，未来的计划。根据演讲者角度不同，又可分为鼓励型、鞭策型和汇报型。

鼓励型，其结构为“形势—措施—成绩—希望”，可以理解为“虽然整体形势很不好，但我们采取的措施很给力，所以取得的成绩很突出，希望接下来更努力”。这种结构会带给观众很强的激励作用。

示例一：某汽车品牌的企业年会PPT

第1部分介绍了市场的剧烈变化；第2部分介绍了企业的应对策略及所取得的成绩；第3部分重申了企业的初心并激发观众的斗志。

鞭策型，其结构为“成绩—经验—形势—希望”，可以理解为“虽然我们已经取得很突出的成绩，积累了很多经验，但整体形势很严峻，希望接下来更加努力”。这种结构更强调接下来形势严峻，给观众带来的压力会更大一些，更适合偏狼性的团队。

示例二：某餐饮品牌的企业年会PPT

这个PPT没用目录，每1~3页共用一个标题，这些标题连起来就是一篇总结稿。即便如此，整个PPT的脉络大概可以分为“成绩—经验—形势—目标—号召”几个部分。

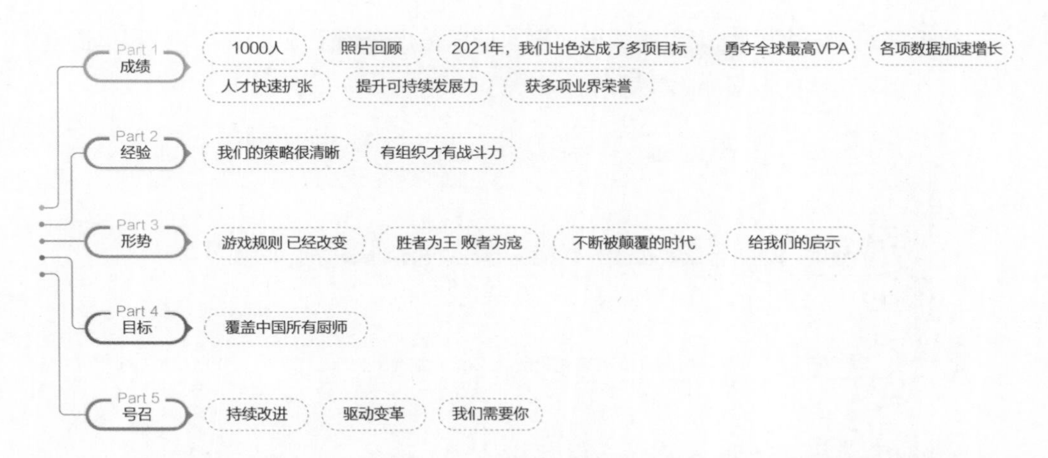

为了增强演示的冲击力，这种PPT在形式上也比较简单、直接，多采用大图、大字，看起来干净、直白。

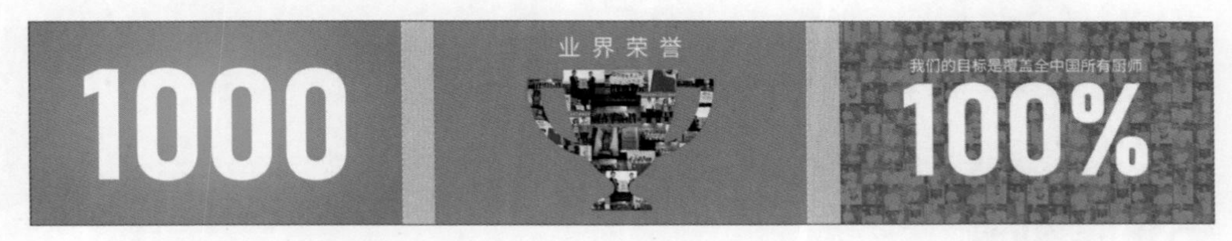

汇报型，其结构为“背景（缘由、形势、目标、计划）—措施（原则、组织、步骤、方案）—效果（行业应用、经济效益、社会效益）—经验（经验、教训、建议）—希望（肯定、批评、需要支持、愿景、后续计划）”，这些内容不一定面面俱到，需要根据实际情况有所侧重。鼓励型和鞭策型主要用于向下层面的总结，汇报型更多用于向上层面的总结。

示例三：某单位EDA专项汇报PPT

这个PPT首先介绍了项目的重要性和形势的严峻性，然后引出项目的组织和实施过程，再介绍项目所取得的成果，并展示了应用效果，提出发展的展望。

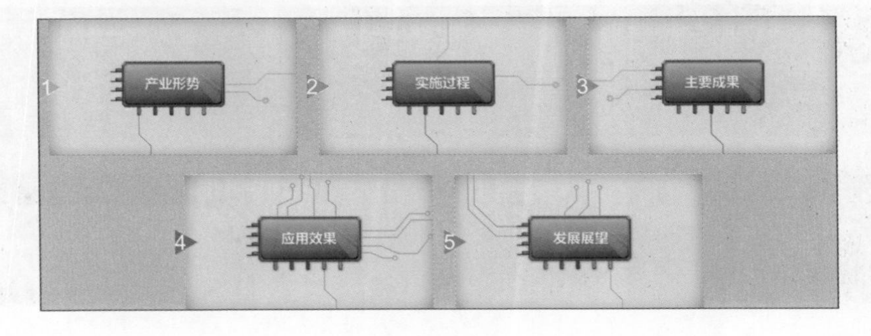

这个PPT用于项目结束后的成果汇报，所以重点介绍了成果和应用效果，而对经验、教训等过程的汇报就比较简略。

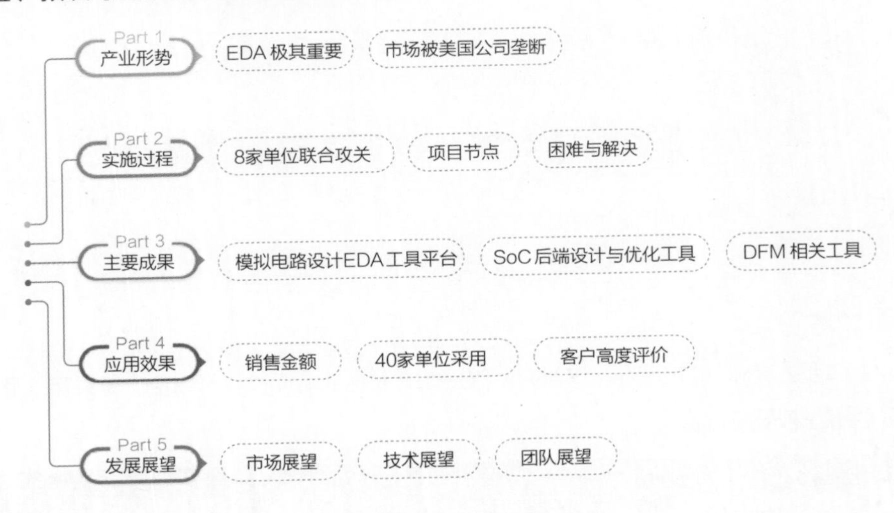

罗列式

并非所有PPT都需要设置二级标题、三级标题，在培训课件、咨询报告、企业介绍、融资路演、产品说明中，常用到一种极其简单的逻辑结构——罗列式。这种结构没有目录和章节页，每页只有一个标题，每个标题就是一个结论；这些标题连在一起，就能构成一篇文章；标题之间的逻辑关系较为简单，通常为并列关系、递进关系、因果关系等。

示例一：某地产公司的产品发布会PPT

这个PPT重点介绍了其地产项目的12个特点，每个特点一页，直接罗列。

示例二：某地产公司的年会PPT

这个PPT中，该公司领导针对行业、公司、个人等提出了10个热点问题，并分别解答，以此统一思想、提振士气。

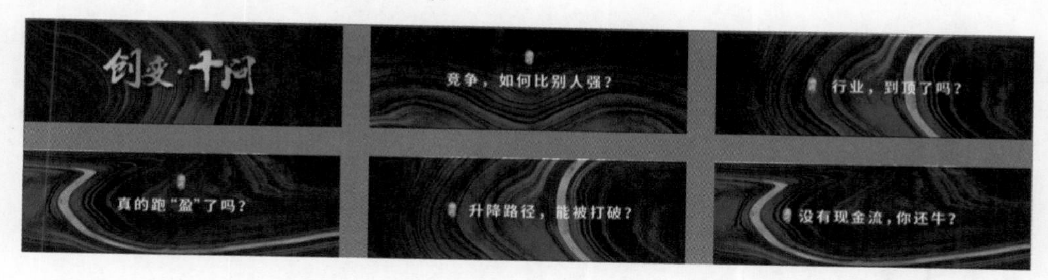

罗列式结构的优点很明显：结构清晰，容易理解。缺点也很突出：条目太多，不容易记忆。所以，一般建议在结尾加一页回顾内容。

总的来说，叙述式结构是最常规且易于操作的框架模式。演讲者只需从自身出发，站在自己最舒适且易于掌控的角度进行讲解。这种结构的优点是直接明了，易于理解，通常用于面对普通大众、没有特定需求和特定分类的对象。但这种结构较为单向，有点自我推销的感觉，其冲击力和感染力较弱，跟观众自身的需求关联不大，因而观众经常会质疑：你讲的这些话跟我有什么关联？所以，观众在聆听过程中容易失去注意力。

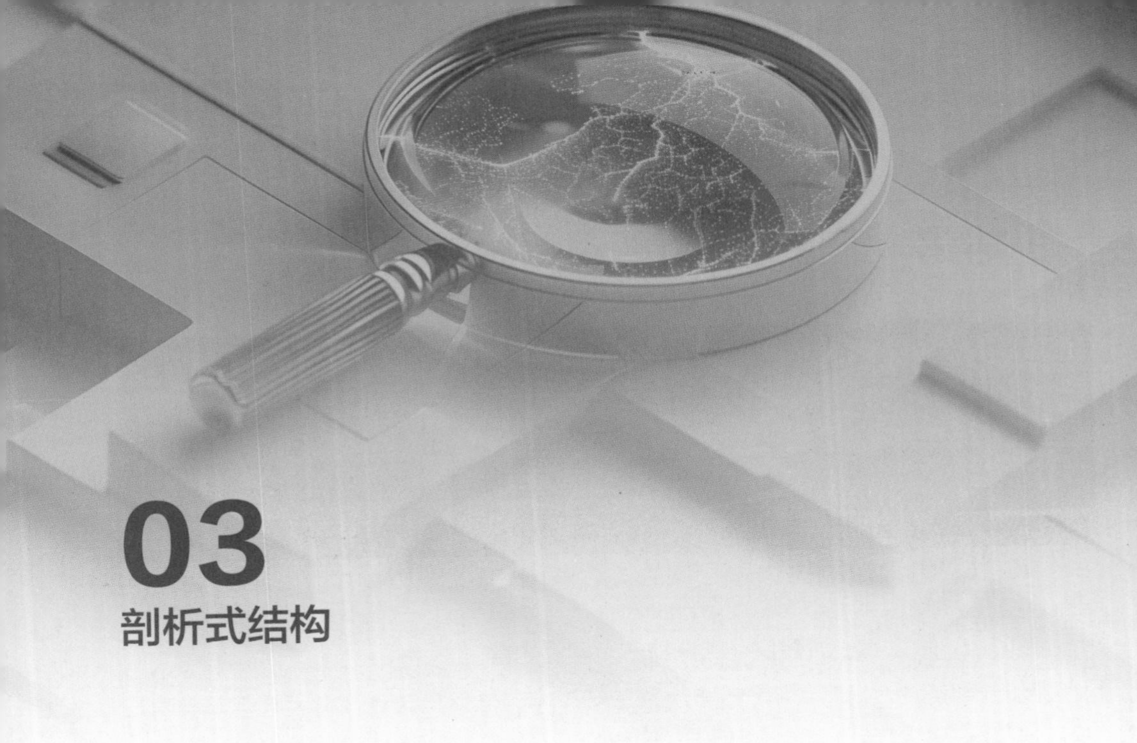

03 剖析式结构

一般来说，观众不会对你是谁、你是做什么的这类问题感兴趣，他们更关注自己的问题、自己的利益。如果你能站在观众角度，有针对性地帮助观众剖析问题、解决问题，必然更能引起观众的关注和共鸣。

剖析式结构的基本思路：你遇到了什么问题？这些问题造成了什么后果？现有的解决方案有哪些弊端？我们提供什么解决方案？我们的方案有哪些好处？我们的方案有哪些成功的案例？需要做什么？

示例一：某跨境电商平台的招商PPT

这个PPT主要面向淘宝、拼多多、京东等平台的电商从业者。因为观众群体明确且集中，所以PPT在结构上直截了当。

PPT开篇即提出一个问题：你从事传统电商时遇到了哪些问题？这一提问直击观众痛点，并逐一列举问题，确保至少有一个能引起观众的共鸣。

然后，当观众陷入困惑时，“跨境电商正当时”这样一个明确的结论给观众带来希望，随后通过几个肯定性的标题，进一步强化观众对开展跨境电商的信心。

然而，对观众来说，跨境电商仍是一个相对陌生的领域，该怎么做呢？接下来就直接告诉观众解决方案——跨境电商就选速卖通。用一系列的论据证明，速卖通就是最佳的跨境电商平台选择。

最后，强调该平台所提供的周到服务，以解决观众可能还存在的其他疑虑，并促使观众立刻采取行动。

这个PPT从观众的痛点出发，抽丝剥茧、层层推进，逐步剖析观众的各种困惑，并提供精准的解决方案，最终获得观众的认可。

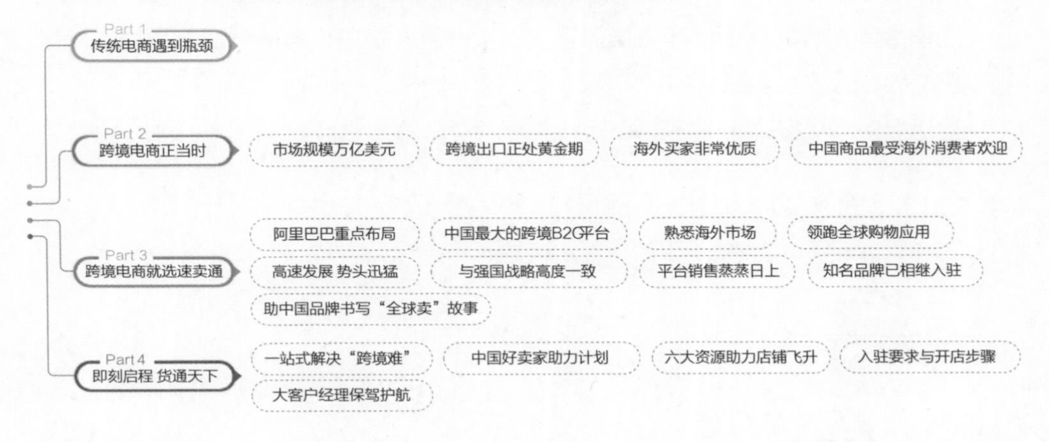

部分页面：

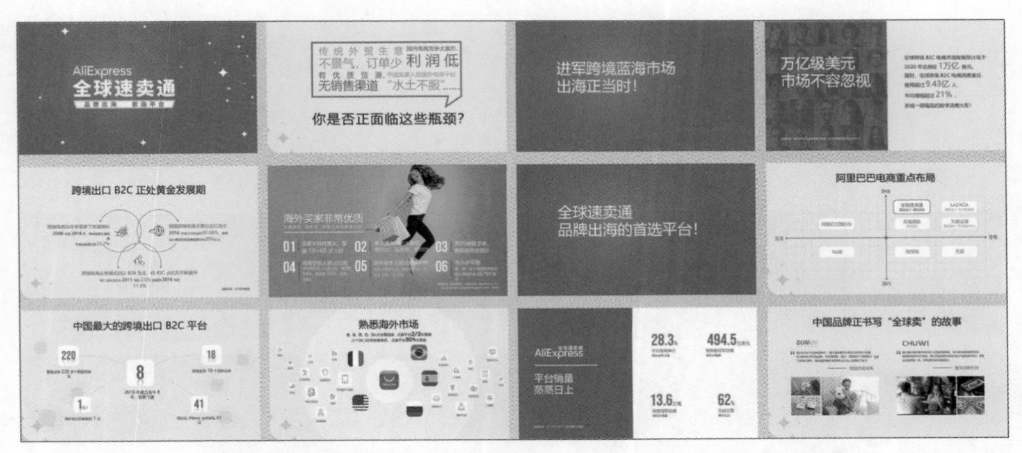

示例二：某积分卡公司的产品推介PPT

这个PPT所面向的对象是曾经或正在使用普通积分卡的消费者。

PPT开篇即揭示了传统积分卡的问题——不增值、不方便、不能换钱。

随后提出解决方案——史上最超值的积分卡，并给出五大优势。

为消除消费者的疑虑，还直接揭示了该卡能具备这些优势的背后的逻辑，以增强说服力为什么这么实惠。

最后促使观众行动——扫码领卡。

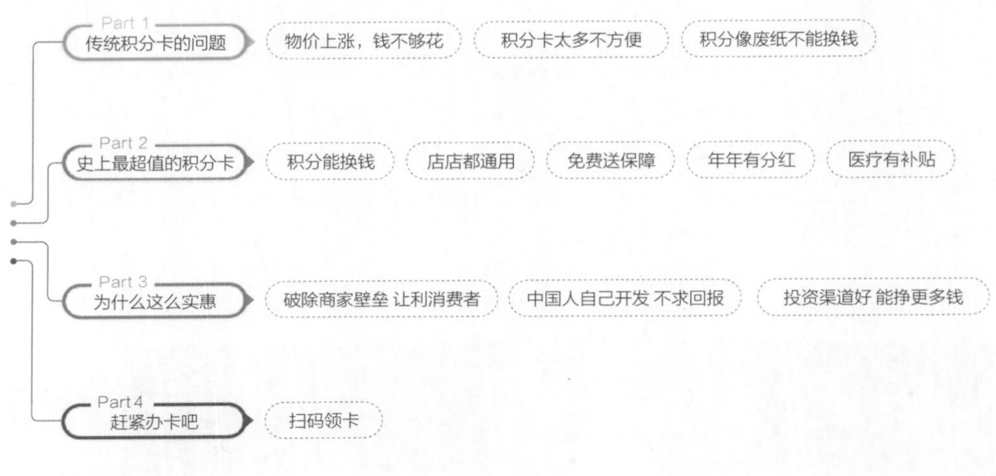

部分页面：

剖析式结构的制作难度明显大于叙述式结构。除了了解自己所要讲述的内容，更重要的是深入了解观众，层层剖析观众的困惑，并能够提供具有竞争力的解决方案。

剖析式结构一般用于对特定观众群体的演示，这些观众具有共同的痛点、共同的诉求。这种结构具有较强的营销力，多用于产品推介、服务推介、招商推介、技术推介等场合。

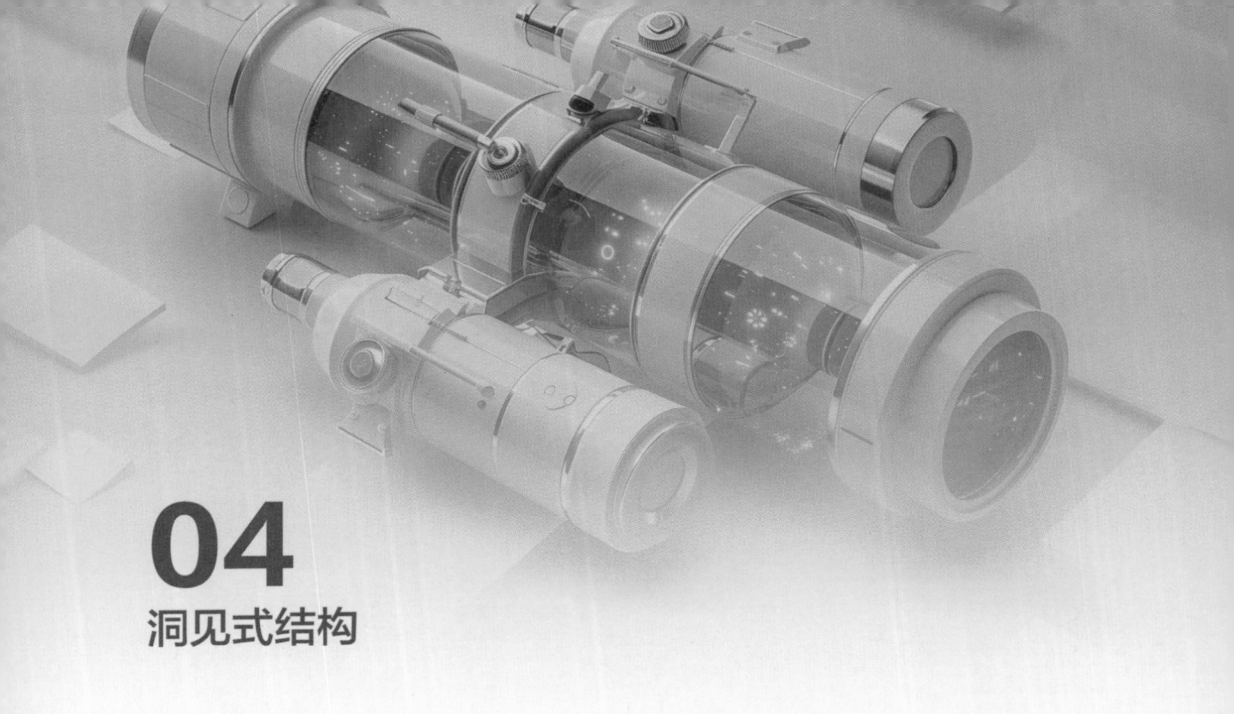

04
洞见式结构

人们或许会拒绝被推销，但没有人能拒绝对未来的好奇。

每个人内心都怀有对不确定的恐惧、对未知的好奇、渴望领先他人的优越感、与周围人同步的从众心理，所以，人们对于新鲜的、有价值、具有预见性的分享会充满兴趣，也更容易受到影响。

所谓洞见式结构，就是站在人类、社会、行业的角度，预见未来的趋势，并基于这个趋势，对自己进行定位，对客户提出问题，同时提供符合未来趋势的产品或解决方案。

洞见式结构的基本思路：未来的趋势是什么？未来的需求是什么？我们的解决方案是什么？当下需要采取什么行动？

示例一：某公司校园招聘PPT

校园招聘PPT面向的对象是学生。对于那些对未来充满向往的学生来说，如果在开始时就谈自己的公司和业务，未免显得格局很低，缺乏吸引力。所以，这个PPT从人类发展的趋势入手，开篇以一句宏大的判断展开——人类将进入智能世界。这引导学生们想象未来世界。

接下来，PPT描述该公司在智能时代的定位——构建万物互联的智能世界，聚焦ICT技术，让连接无处不在，为应用生态提供普惠算力，做智能世界的“黑土地”，打造全场景智慧生活体验……每一项定位，都是从人类、社会、行业的高度来定义，每一页内容都充满了对未来世界的期待，让学生们心潮澎湃。

在此基础上，PPT提出公司所需要的人才标准及其所能给人才带来的价值。一切都顺理成章。

这样的PPT，仿佛带着学生们穿越到未来，并让学生们看到了未来的自己。这是一次虚拟的旅行，一场充满挑战和希望的预演。这样的邀请，又有哪个学生能拒绝呢?

部分页面：

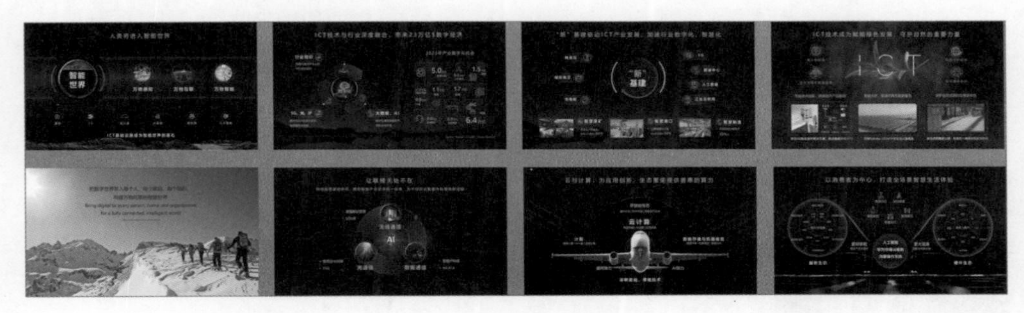

示例二：某公司在行业论坛的演讲PPT

作为一名行业领袖，在行业论坛进行公开演讲时，不应一开场便推广自己的公司，而要充分展现个人的格局和高度，站在行业、社会、人类的角度展望未来，体现前瞻性和预见性。同时，做事业并不是做公益，还是要把对未来趋势的判断落实到公司的战略之中。于是，这次演示的主题定为“长寿时代 泰康方案”。

第1部分，首先明确一个被广泛认同的结论“人类正在进入长寿时代”。但这句话不是重点，重点在于引出长寿时代的主要特征，每一个特征都让观众感到耳目一新。

第2部分，进一步探讨长寿时代的特征所带来的挑战，并引出由此催生的长寿经济，揭示其中蕴含的机会。这些挑战和机会对现场的观众也会很有启发。

第3部分，提出本公司针对长寿时代的应对方案。以自己公司为例，一方面，给现场观众提供了直接可落地的参考方案，带给观众实实在在的启发；另一方面，凸显了自己公司在长寿经济中的标杆地位，宣传了公司形象，一举两得。

整个PPT在结构上层层推进，严丝合缝。

部分页面：

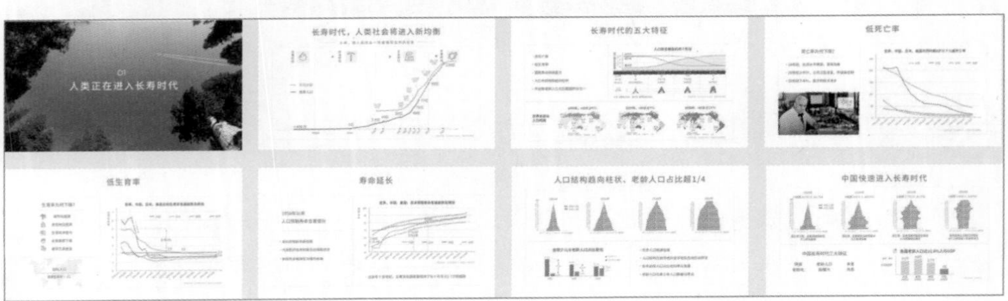

洞见式结构因其格局更高、预见性更强，关乎人类与行业的利益，更能调动观众情绪，具有更强的说服力，在公开演讲、发布会、招商推介、校园招聘、融资路演等场合中展现出广阔的应用前景。

洞见式结构的运用效果很好，但其难度也很大。

首先，要求格局高远、涉猎广泛、思考深入，不要讲众人皆知的常识。这对PPT制作人的要求特别高，不仅需要了解自己、客户，更要了解行业、社会乃至人类的发展规律，甚至要上升到哲学层面，具备卓越的洞察能力。

其次，在PPT中应多用肯定性的结论。要态度坚定、语气坚决，不要含糊其词、模棱两可。

最后，预测与业务之间要有密切的关联。从根本上来说，PPT还是为营销服务的，对未来趋势的判断，都是为了更好地宣传自己公司的定位、战略和形象，所以在预测和业务之间需构建严谨的逻辑链条，层层推进、一丝不苟。

05 创意目录十五式

一套良好的目录系统，可以让PPT的逻辑结构更清晰，也能大大降低观众的理解成本。现在比较流行的目录系统大概分为以下几种样式。

条目式

条目式目录是将所有章节标题按照序号在一页PPT中罗列。这是一种较为传统且最常见的目录样式。这种目录样式没有错，只是略显死板，它适用于标题较长的情况，常用于工作汇报、科研报告、培训课件等场合。在设计时，我们一般通过彩色和灰色标题的对比来强调某一标题。

扫码观看示例点评

示例一：某律师事务所向政府汇报用的PPT目录

这个PPT中的目录采用长标题的形式。

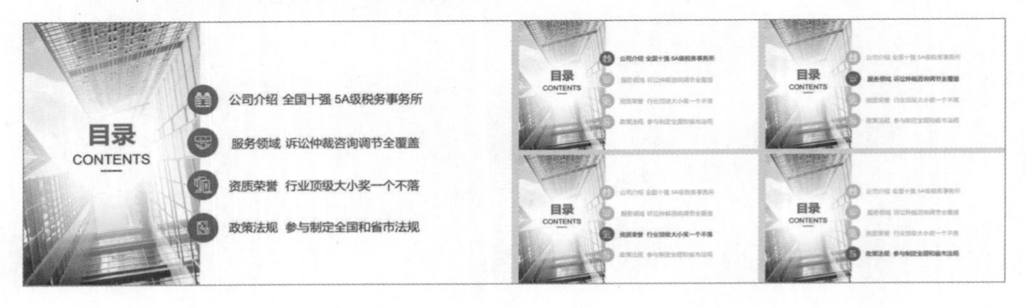

示例二：某检察机关工作汇报用的PPT目录

这个PPT中的目录采用方方正正的元素，比较规范。

扫码观看
示例点评

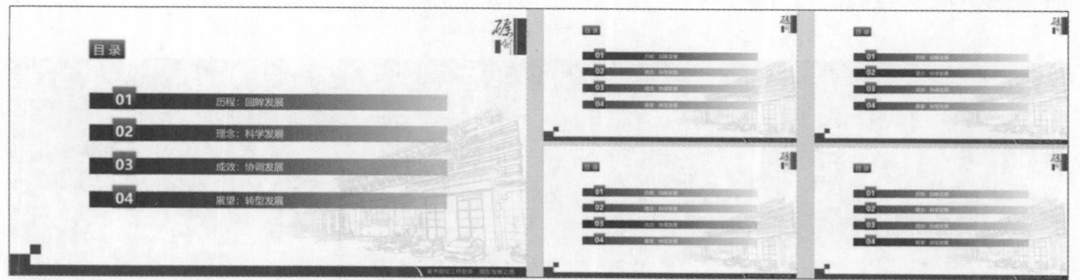

示例三：某机关工作汇报用的PPT目录

这个PPT中的目录标题比较短，但在标题下放置了解释性文字，所以把横条改成了竖方块，可以放置更多层次。

扫码观看
示例点评

分割式

分割式目录，就是在篇章页采用大面积色块或冲击力强的图片作为背景，让篇章页与普通正文页形成强烈的反差和对比，从而把PPT内容区分开来。分割式目录具有新颖、形象、冲击力强及信息承载量大的特点，越来越受到客户的欢迎，特别是在一些对外展示形象的场合，如企业介绍、发布会、招商推介会等中的应用越来越广泛。

示例一：某化纤企业PPT目录

扫码观看示例点评

该公司的主题色为红色，在每个篇章页，把红色圆作为画面焦点，突出篇章标题；背景则采用与该篇章相关的图片衬底。每个篇章页都异常醒目，给予观众强烈的提示。

示例二：某园区的招商PPT目录

扫码观看示例点评

因为篇章较多，所以在普通分割式目录前加了一个条目式目录，首先让观众对整个PPT的内容有一个大概的了解，然后对每个篇章都做了醒目的提示。

示例三：某银行的PPT目录

扫码观看示例点评

这个目录也是条目式和分割式目录的结合，只是条目里用的不是传统的长条，而是采用了圆环的形式，与各篇章页中的圆环在形状上保持一致。

示例四：某水务集团的PPT目录

这个目录比前几个示例更形象。在总目录里突出标题，将图片作为背景（这里的图片跟后面篇章页的图片相呼应）；在篇章页里，则突出图片，将标题作为说明（因为标题在总目录里已经强调了），打造更强的视觉冲击力和可视化效果。

大字式

大字式目录是分割式目录的升级版本：让标题大、大、大，甚至占到篇章页的1/3或1/2，一个页面就一两个字，让观众铭记于心。大字式目录多用于产品发布会、企业年会、公开演讲等观众多、屏幕大的场合，可以营造较强的氛围感。

示例：某电网公司的PPT目录

整个PPT讲述了该产品的诞生背景——源起，创作和迭代的过程——蜕变，产品主要特点——智享，产品对企业和社会的意义——赋能，以及市场前景——展望。每个篇章就两个字，并配有冲击力很强的模糊缩放动

画，让观众记忆深刻。

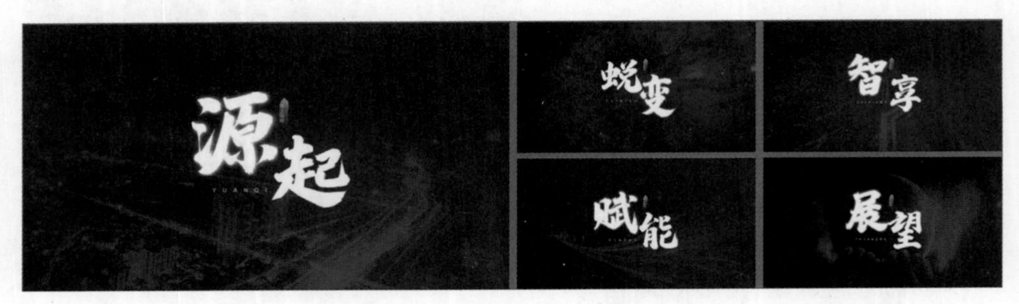

漂移式

漂移式目录先在目录页里罗列所有的标题，然后保留或放大其中一个，其他的漂移退出或缩小。这种目录样式的好处是既能展示所有标题，有整体感，又能突出某一个标题，同时还能展示变化的过程，让页面更有连续性。这类目录多用于工作汇报、年终总结、学术交流、培训课件等更强调演示逻辑的场合。

扫码观看示例点评

示例一：某金融公司的PPT目录

这个PPT目录中，先展示要汇报的4个标题，然后将第1个标题移动到中间位置，其他3个标题则飞出页面。

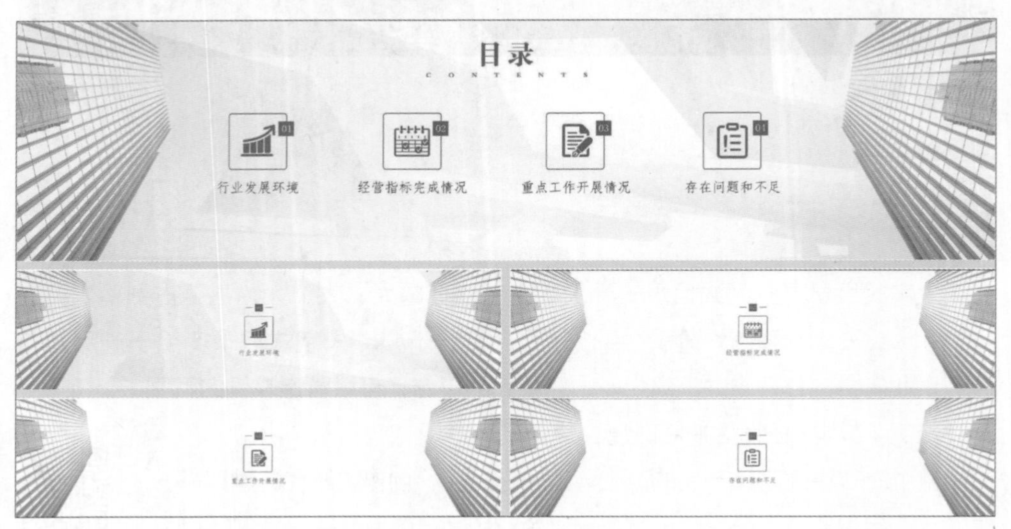

示例二：某制造企业的PPT目录

在一个抽象空间里，7个圆形标题顺着圆环旋转而出，鼠标单击某一个标题，这个标题即放大进入圆环中部，其他标题则旋转退出。（这组动画效果非常好，读者可以在阅读动画章节后再练习制作）

放大式

放大式目录是一种相对简单直接的目录样式——放大要强调的标题及其对应元素（包括标题、序号、图形等），使其与别的标题形成对比。这主要适用于简约的设计风格。

示例：某地产管理公司的PPT目录

扫码观看
示例点评

这个PPT目录中，讲到哪个章节时，相应的章节标题（包括图形和序号）会被放大，并使用闪烁的动画效果加以强调。

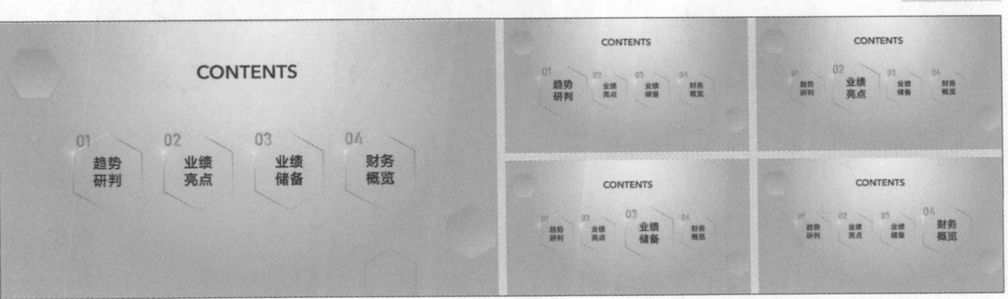

折叠式

折叠式即先展示所有篇章标题，然后将其像折纸一样折叠并隐藏起来，在进入具体篇章前再伸展出该篇章的标题，其他标题则继续保持隐藏状态。这种目录样式更活泼、更有个性、更有创意，但制作难度也较大。一般用于企业介绍、产品介绍、培训课件等场合。

示例一：某化工公司的PPT目录

扫码观看示例点评

这个PPT一共分为“单位介绍”“技术实力”“创新成果”3个部分，在总目录页，3个标题和图片都强调显示，而且采用折纸层叠的动画效果；在每个具体的章节前，只有该章节的标题醒目、图标放大、区域放大，其他章节的内容则折叠隐藏。这种目录配上PPT的平滑切换动画，显得特别顺畅和自然。

示例二：这是某硅片公司的PPT目录

扫码观看示例点评

这个PPT一共分为5个部分，每部分提炼出1个字，更醒目、易记。当介绍第1部分内容时，第1条向左拉开，完整的目录和图片被展示出来，当介绍第2部分内容时，第1部分标题被关闭，第2部分标题和对应的图片露出。

数字式

如果说哪种文字全球最通用，那就是阿拉伯数字了。为了强调章节的转换，有时我们会把章节序号放得特别大，让它成为观众瞩目的焦点，甚至超越标题的视觉效果。这样，观众的第一反应就是章节即将切换，随后注意章节的具体名称。

示例一：某钢结构公司的PPT目录

扫码观看示例点评

在每个章节页，色彩艳丽、占据1/2版面的序号异常醒目，让人一眼就识别出这是新的章节。

示例二：某医院的PPT目录

这个目录的序号不仅醒目，还做了艺术化处理，数字中部切开，标题放在切口处，与数字融为一体。数字填充了彩色背景，与整体灰白色的背景形成对比。这样的篇章页设计，更有创意。

多彩式

色彩是最容易被识别和区分的属性。多彩式目录即给不同的篇章赋予不同的主色调，使整个PPT的章节区分格外明显。由于色彩都有约定俗成的内涵，比如，红色代表激情、奋斗，绿色代表自然、环保，蓝色代表商务、科技，所以每个篇章页所选用的色彩要与其主题相吻合。

示例：某县招商推介的PPT目录

在总目录里，4个标题分别对应了红、蓝、橙、绿4种颜色的圆；在后面每个篇章页及对应的内页里，则仅使用各自对应的颜色。这里的色彩选择是有讲究的：红色，对应“涡阳概况”的标题，传递出朝气和热情；蓝色，对应“发展规划”的标题，体现理性和科学；橙色，对应“招商引资”的标题，象征丰收和希望；绿色，对应“投资环境”的标题，传达环保和可持续发展的理念。

菜单式

当内容复杂、层次较多时，我们还会建立类似菜单的多级导航体系，这就是菜单式目录。比如，在篇章页，除了放置一级标题，还会展示二级标题；在每个页面，除了醒目展示本页的标题，也会在顶部或侧边放置类似的菜单栏，以指示当前的位置。有了这样的体系结构，观众可以随时知道当前所讲的内容位于哪一章、哪一节，从而避免迷失方向。

示例一：某课件的PPT目录

首先在目录页展示整个PPT的一级标题，然后将这些一级标题通过动画效果设置到左侧菜单栏，当演示至某一章节内容时，相应的标题变为红色；二级标题、三级标题则在正文区域的顶部展示。

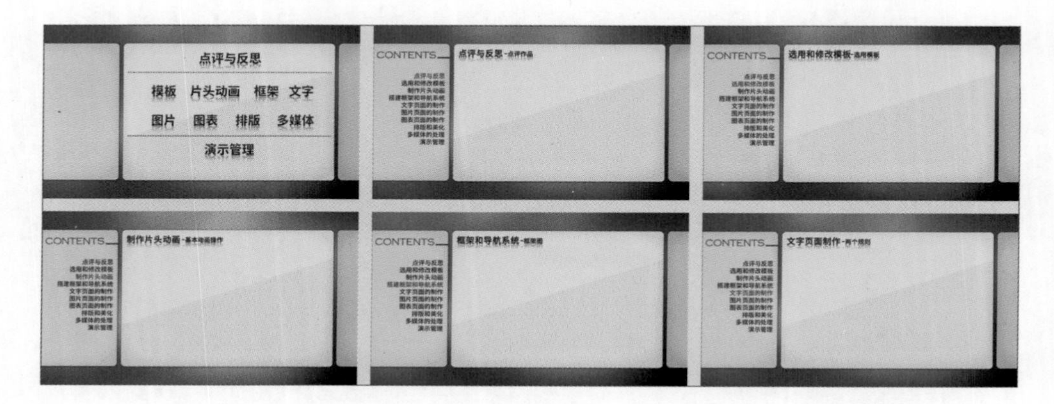

示例二：某科技集团PPT目录

扫码观看示例点评

在每个篇章页的首页，除了醒目标注一级标题，还在下面放置了二级标题，让观众对篇章内容有大概的了解；在每个正文内页，除了放置本页大标题，还在右上方放置了本篇章的3个二级标题，并用色块强调本页所归属的二级标题，逻辑非常清晰。

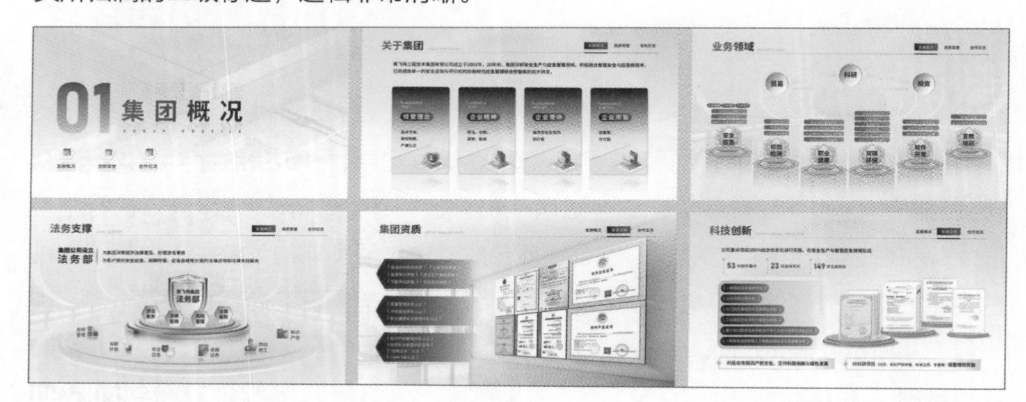

菜单式目录会给人以严谨、规矩的感觉，更适合用在培训课件、咨询报告、项目报奖、科技公司介绍等正式、专业、内容繁多的场合。

形意式

有的企业会生产一些具体的产品，而且这些产品有比较好的寓意和外形，这时我们就可以借用这些产品或延展图形来作为目录的形状，即形意式目录。形意式目录的效果更有个性，更容易记忆。

示例：某香料制造公司的PPT目录

因为这个公司所生产的产品是香料，所以借用花瓣的造型来制作目录。每1个标题就是1片花瓣，6片花瓣构成完整的目录，当讲到某一章节时，写着该标题的花瓣在页面上放大居中，其他的花瓣则随风飘落。

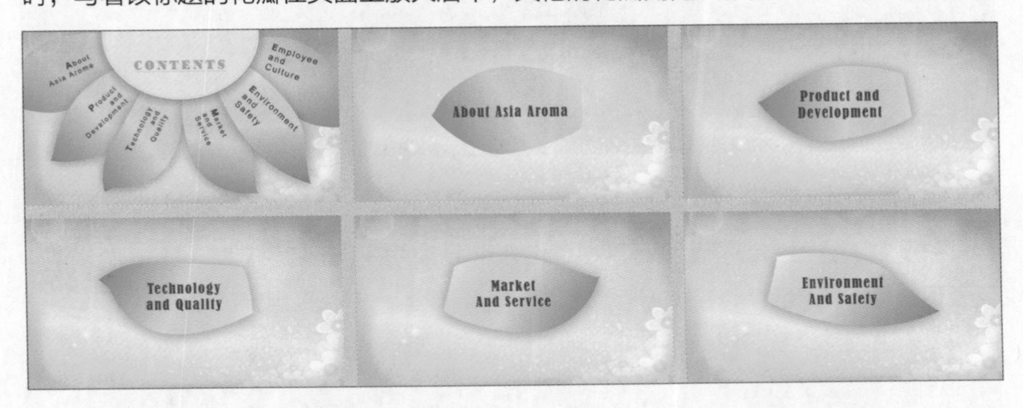

需要注意的是，所选用的图形要相对抽象，多采用图形的轮廓，忽略细节，否则太具象的产品会分散观众注意力，让画面显得杂乱。

情景式

我们还可以打造一些情景，比如舞台、建筑、教室、办公室、操场等，把标题置于这些情景中，画面会更加生动，更有吸引力，这就是情景式目录。

示例一：某科技集团的PPT目录

在蓝色的舞台上，科技之光源源不断地冒出，形成一个光球，并照亮了周围的标题，象征着科技灵感生生不息。当展示某一篇章页时，光球会照亮本篇章的标题，让标题更加突出。

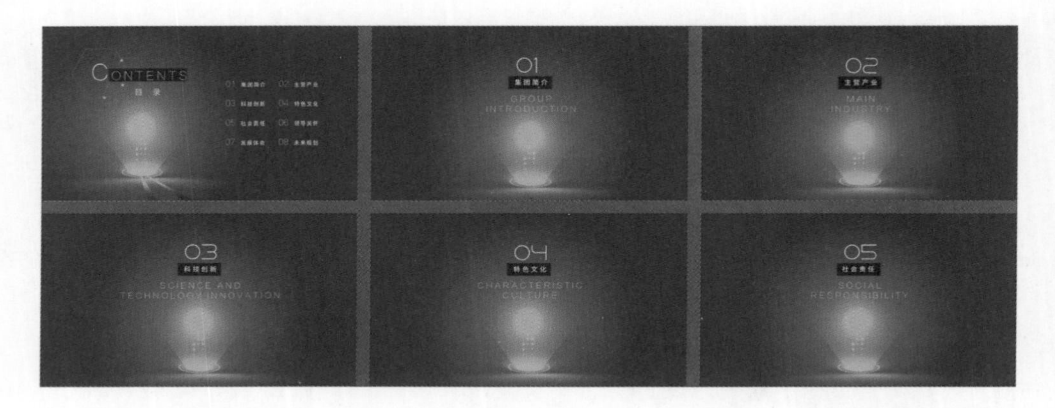

示例二：某物流集团的PPT目录

扫码观看示例点评

对于物流人员来说，大型标牌是他们非常敏感的指引元素。于是，把目录设计为4个大型标牌，把序号和标题置于标牌上，标牌采用升降动画的效果，讲到某个章节时，对应的标牌升到高点，其他的则降到低点。

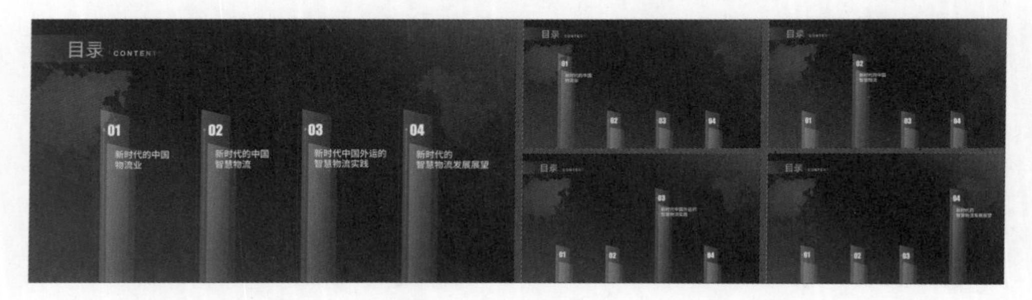

打造情景式目录需要注意两点：一是情景元素和主题之间有一定的关联；二是情景元素不能太具象，否则画面会显得杂乱。

链接式

为了方便演讲者在各章节随意跳转，我们可以在目录中给各个标题添加超链接，鼠标单击任一标题时，可以直接跳到相对应的页面，这就是链接式目录。这种目录形式，允许演讲者根据现场观众的反馈、剩余时间，有选择地进行讲解，具备很强的交互性和掌控性。这种目录多用在公司介绍、产品介绍、培训课件等场合。

示例：某科技公司的PPT目录

目录采用卡片式设计，6个标题相当于6个按钮，当鼠标单击某个按钮时，自动切换到对应的章节。在每个内页的左上角，都有两个按钮，一个用于返回目录页，另一个用于切换到结尾页，以便随时返回目录或结束演讲。

扫码观看
示例点评

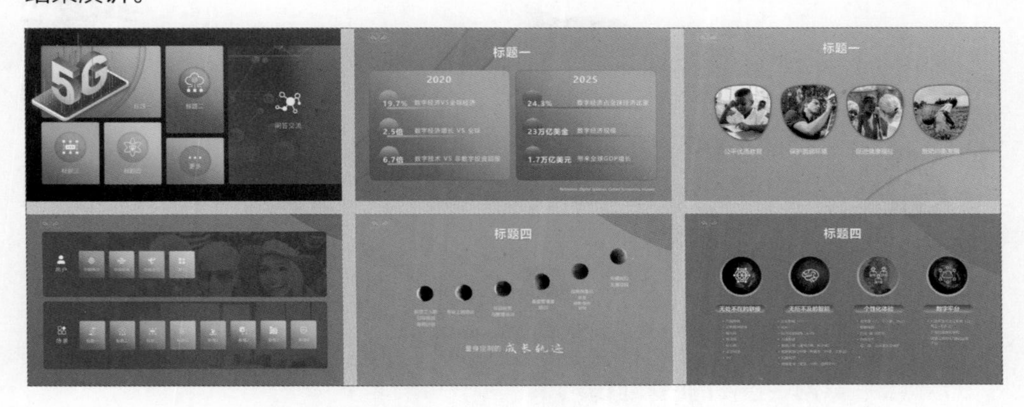

转场式

大部分PPT目录要么使用同一个背景，要么使用完全不同的背景，这使得章节间的切换要么很单调，要么很割裂。如果我们构建一个很大的场景，让目录和章节页在这个场景的不同区域间转换，这样的目录体系就会既统一又连贯。我们把这种目录称为转场式目录。

示例一：某地产项目的PPT目录

在目录页，可以看到山川、屋檐、风铃等元素，当进入第1个章节页时，屋檐、第2个标题和第3个标题向左移出页面，远处的山川向左移动，近处的山川向右移动，第1个标题放大并展示子标题，同时出现竹子和树木；当进入第2个章节页时，远处的山川继续向左移动，近处的山川继续向右移动，标题转化为第2个，页面中进入更多竹子、树木继续向右移动……

扫码观看
示例点评

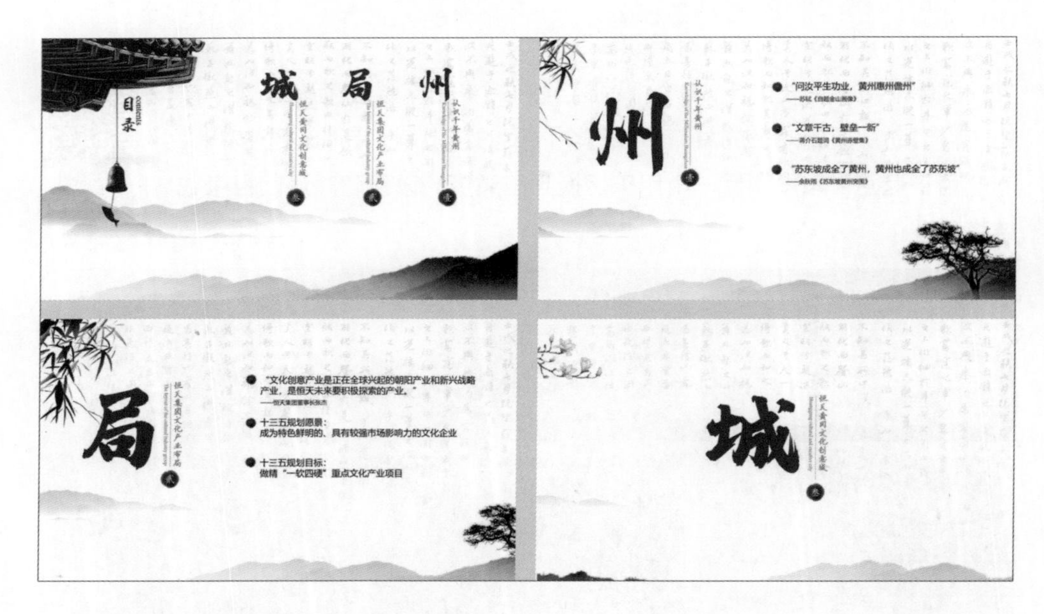

示例二：某网站宣传的PPT目录

PPT的背景设置为绿、橙、红3个色块，绿色代表PPT服务，橙色代表PPT商城，红色代表PPT论坛，页面持续从右向左移动，随着3个色块所占面积的不断变化，所展示的主题也随之切换。这样的目录形式更有创意。

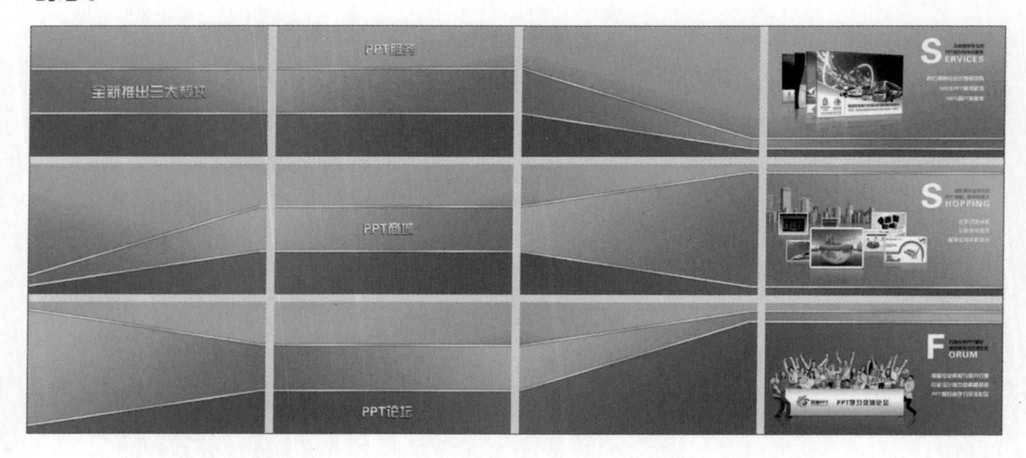

视频式

与图文相比，视频具有较强的震撼力、更大的信息量，并且更容易吸引观众的注意力。所以，在城市推介、校园招聘等特别注重形象的PPT中，有时会把视频作为篇章页的背景，即视频式目录。

扫码观看示例点评

示例：某城区的招商PPT目录

每个篇章页中都提炼了“×××地”样式的标题，相应的背景则采用了能代表这一主题的视频，既震撼又形象生动。

无目录

目录并不是在每个PPT中都必须使用的。

目录会把PPT刻意分割成若干部分，可能会造成观众思维的中断，甚至导致观众走神。于是，在一些演讲型的PPT、简短沟通的PPT或者内容比较散的PPT中，我们可以不用目录。每个页面仅包含一个标题，每个标题即为一个观点，把这些标题串起来，就是一篇完整的文章。

示例：某领导的演讲PPT

没有目录，也没有篇章页，每页仅有一个关键词或一句话，像海报一样排版，像电影一样叙事。观众跟随演讲者的讲解，完全沉浸在演讲者的故事情节中，一气呵成。

扫码观看示例点评

人生寻梦
启航之旅
特殊的时代
深深的印记
钻研技能，精益求精
初遇中企
扬帆之旅
初逢物业，
什么是物业管理？不了解物业管理？

第3章

理文字

文字是PPT的观点载体，

文字处理的基本要求是：板块清、层次明、数量少、

01
划板块

制作PPT有两种方式，一种是直接在PPT软件中搭建框架、输入文字、添加素材；另一种是把Word文稿（文章、演讲稿等）转换为PPT，再添加素材。本章主要介绍第二种方式，这种文字在处理时主要遵循“四步法”。

本节介绍第一步——划板块，就是把整篇文章分好板块，文字逐页放到不同的PPT页面中。具体标准是一段话构成一页PPT，一句话代表一个层次。

示例：某电力公司的工作汇报PPT

左侧是汇报文稿，总体上按照一段话一页、一句话一层的原则，将Word中的文字分别复制到PPT中，就可以做成一页页的PPT。

文字处理四步法

打造超凡竞争力 推进高品质发展

某某省电力公司工作汇报

首先我谨代表国家电网某某省电力公司领导班子和全体员工对各位专家莅临我公司，开展“某某省质量金奖”的现场评审，表示热烈的欢迎和衷心的感谢！下面我就公司实施卓越绩效模式，打造超凡竞争力，实现高品质发展的具体实践，向各位专家做一个汇报。

我的汇报分为 3 个部分。首先 介绍第一部分公司概况。

某某省是中国最早有电的地方，公司是国内历史最悠久的电力企业。1879 年，国内第一盏电灯在某某路点亮。1926 年，某某省电业系统第一个党支部成立。历经多次变革，公司于 1985 年挂牌成立，是国家电网公司全资子公司。

作为国有大型电力企业，公司的核心业务是对电网进行规划、建设、运行维护，为各类客户提供电能及服务，为某某省“卓越全球省份”建设提供更安全、更可靠、更经济、更清洁的能源保障。公司服务区域覆盖某某省行政区 18340.5 平方公里，截至 2021年年底，公司拥有客户 4055.87 万户，售电量 6276.51 亿千瓦时。2022 年上半年，公司完成售电量 1620.95 亿千瓦时，同比增长 6.07%；营业收入净额 1422.70 亿元，同比增长 5.15%；资产总额 3885.53 亿元。

1

打造超凡竞争力 推进高品质发展

某某省电力公司工作汇报

1

首先我谨代表国家电网某某省电力公司领导班子和全体员工对各位专家莅临我公司，开展“某某省质量金奖”的现场评审，表示热烈的欢迎和衷心的感谢！

下面我就公司实施卓越绩效模式，打造超凡竞争力，实现高品质发展的具体实践，向各位专家做一个汇报。

2

我的汇报分为 3 个部分。

首先介绍第一部分公司概况。

3

某某省是中国最早有电的地方，公司是国内历史最悠久的电力企业。

1879年，国内第一盏电灯在某某路点亮。

1926年，某某省电业系统第一个党支部成立。

历经多次变革，公司于1985年挂牌成立，是国家电网公司全资子公司。

4

作为国有大型电力企业，公司的核心业务是对电网进行规划、建设、运行维护，为各类客户提供电能及服务，为某某省“非凡全球省份”建设提供更安全、更可靠、更经济、更清洁的能源保障。

公司服务区域覆盖某某省行政区18340.5平方公里，截至2021年年底，公司拥有客户4055.87万户，售电量6276.51亿千瓦时。

2022年上半年，公司完成售电量1620.95亿千瓦时，同比增长6.07%；营业收入净额1422.70亿元，同比增长5.15%；资产总额3885.53亿元。

5

将Word文稿转换成PPT还有一个快捷的方法，步骤如下。

（1）打开Word，选择“视图”选项卡下的“大纲”命令。

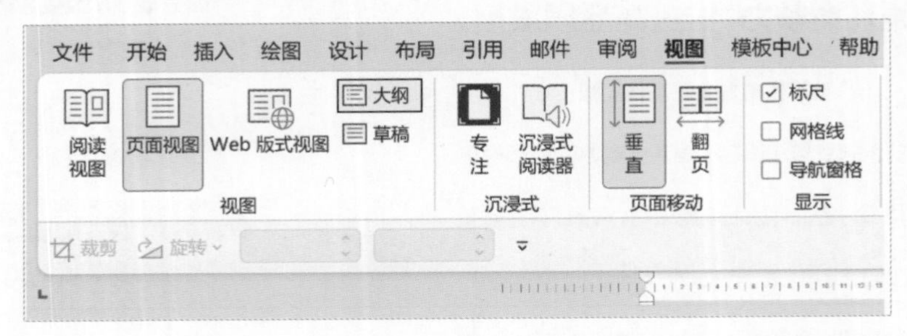

（2）把每句话分为一个独立的段落。选中某一句话时，如果该句为一级标题，则单击左侧的单箭头按钮，将其设为一级标题；如果该句为二级标题，则单击右侧的单箭头按钮，将其设为二级标题；如果级别比较多，还可以直接单击左侧的双箭头按钮，将其设为一级标题；如果是正文就单击右侧的双箭头按钮，直接将其设为正文样式，正文在PPT中是不显示的。

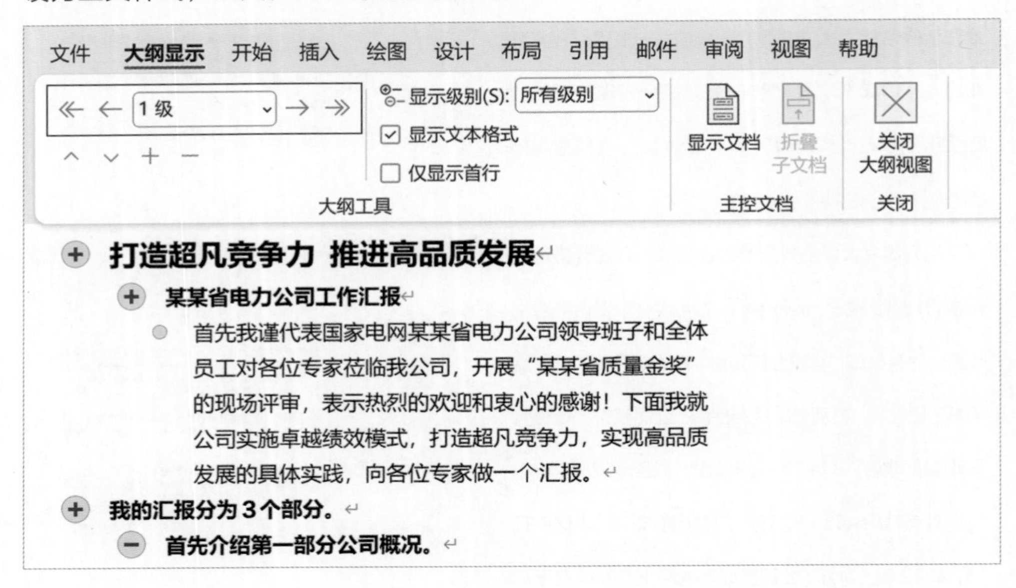

（3）Word文本格式的层次就设置好了。

- **打造超凡竞争力 推进高品质发展**
  - **某某省电力公司工作汇报**
    - 首先我谨代表国家电网某某省电力公司领导班子和全体员工对各位专家莅临我公司，开展“某某省质量金奖”的现场评审，表示热烈的欢迎和衷心的感谢！下面我就公司实施卓越绩效模式，打造超凡竞争力，实现高品质发展的具体实践，向各位专家做一个汇报。
- **我的汇报分为 3 个部分。**
  - **首先介绍第一部分公司概况。**
- **某某省是中国最早有电的地方，公司是国内历史最悠久的电力企业。**
  - **1879 年，国内第一盏灯在某某路点亮。1926 年，某某省电业系统第一个党支部成立。历经多次变革，公司于 1985 年挂牌成立，是国家电网公司全资子公司。**
- **作为国有大型电力企业，公司的核心业务是对电网进行规划、建设、运行维护。**
  - **为各类客户提供电能及服务，为某某省“卓越全球省份”建设提供更安全、更可靠、更经济、更清洁的能源保障。**
  - **公司服务区域覆盖某某省行政区 18340.5 平方公里，截至 2021年年底，公司拥有客户4055.87万户，售电量6276.51 亿千瓦时。2022 年上半年，公司完成售电量 1620.95 亿千瓦时，同比增长 6.07%；营业收入净额 1422.70 亿元，同比增长 5.15%；资产总额 3885.53 亿元。**

（4）保存Word文本，并新建一个PPT文件，在“插入”选项卡中选择“新建幻灯片—幻灯片（从大纲）”命令，在弹出的对话框中选择保存的Word文件，单击“打开”按钮。

扫码观看示例操作

（5）新建的PPT文件中，文字会自动按页排列了。

1
打造超凡竞争力 推进高品质发展
• 某某省电力公司工作汇报

2
我的汇报分为3个部分。
• 首先介绍第一部分公司概况。

3
某某省是中国最早有电的地方，公司是国内历史最悠久的电力企业。
• 1879年，国内第一盏灯在某某路点亮，1926年，某某省电业系统第一个党支部成立，历经多次变革，公司于1985年挂牌成立，是国家电网公司全资子公司。

02
分层次

当我们把文字分好层次后，就要找到这些层次之间的逻辑关系。这些逻辑关系决定了可视化的表现形式，具体如下。

并列关系	总分关系	交叉关系	对比关系
冲突关系	联动关系	递进关系	层级关系
循环关系	选择关系	强调关系	平衡关系
流程关系	链接关系	互补关系	因果关系
竞争关系	虚实关系	主次关系	表里关系
聚合关系	扩散关系	包含关系	支撑关系

从原则上来说，所有的逻辑关系都可以归结为并列关系、总分关系、交叉关系3类，其他的逻辑关系是对这3类逻辑关系的进一步挖掘和细分，目的是让其中的逻辑关系更加形象。

例如对比关系，在强调两个或多个对象是并列关系的基础上，更强调它们在高低、大小、轻重、方向等方面的不同，通过对比它们之间的不同，来强化演讲者的观点。

例如联动关系，也是一种并列关系，更强调它们之间是同步关联的关系，即一个对象的任何变化，都会导致其他对象的同步或同比例变化。

例如竞争关系，也是一种并列关系，更强调它们利益之间的冲突，对某种资源的争夺。

例如支撑关系，在强调各个对象是总分关系的基础上，更强调总体对象需要依赖其他对象的支撑，这种支撑可以是结构支撑，也可以是观点支撑、证据支撑。

在明确了以上逻辑关系内涵后，我们就可以对层次进行逻辑梳理了。

示例一：某公司发展历程的介绍文字

这是介绍某公司发展历程的一段文字。

> 某某省是中国最早有电的地方，公司是国内历史最悠久的电力企业。
>
> 1879年，国内第一盏灯在某某路点亮。
>
> 1926年，某某省电业系统第一个党支部成立。
>
> 历经多次变革，公司于1985年挂牌成立，是国家电网公司全资子公司。

这段文字，我们可以将其分为4个层次。第1个层次作为结论，后面3个层次作为支撑论据。它们之间的关系总体上是总分关系。同时后面3个层次之间有明确的时间顺序，可以当作递进关系。

分好层次后，逻辑关系就一目了然了。

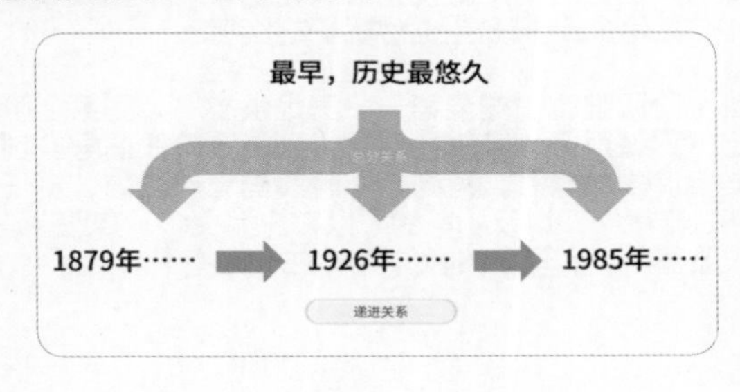

示例二：某公司业务范围的介绍文字

> 电力的产业链由发电开始，经过输电、配电、售电，再提供给客户用电。
>
> 公司的业务范围是从输电到配电，再到售电的过程。
>
> 围绕电能产品和服务的实现，公司的关键过程包括电网规划、电网建设、电网运行、电网检修、营销服务、人资管理、财务管理、物资管理、安全管理、信息管理等10个过程。

这段文字可以分为3个层次。第1句到第2句之间体现的是强调关系，即在5个流程里强调其中3个流程。前两句和第3句之间构成了支撑关系，即为了实施这3个流程而建立了10个关键过程（关键职能）。而第1句里的5个流程自然形成了流程关系。当然，我们还可以进一步细分，把最后一句话里的10个过程分为业务型过程（前5个）和支持型过程（后5个）。

这段复杂的文字，就可以用一个简单的流程表现出来了。

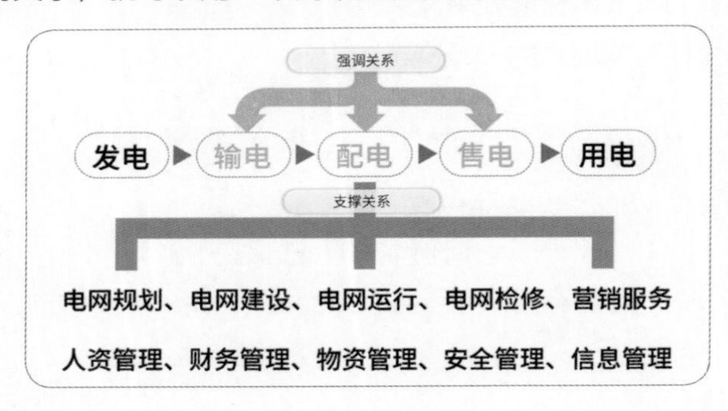

示例三：某公司文化创新工作的文字介绍

这是介绍某公司文化创新工作的一段文字。

> 公司领导层始终高度重视企业文化建设，根据社会发展变化，立足企业责任定位，加强文化创新。
>
> 从第 1 阶段强调“安全第一、满足供应”，到第 2 阶段突出“真诚服务、奉献社会”，到第 3 阶段倡导“创新务实、追求卓越”，再到第 4 阶段确立“诚信、责任、创新、奉献”，以及当前的“以客户为中心、专业专注、持续改善”，实现了核心价值观的持续提升。

这段文字分为两句话，第1句话作为标题，第2句话是对标题的解释。第2句话中分别有“第1阶段”“第2阶段”等字眼，表明它们之间存在层级关系——文化创新理念不断升级、不断深化。

通过这样的分层，逻辑关系更加易于理解。

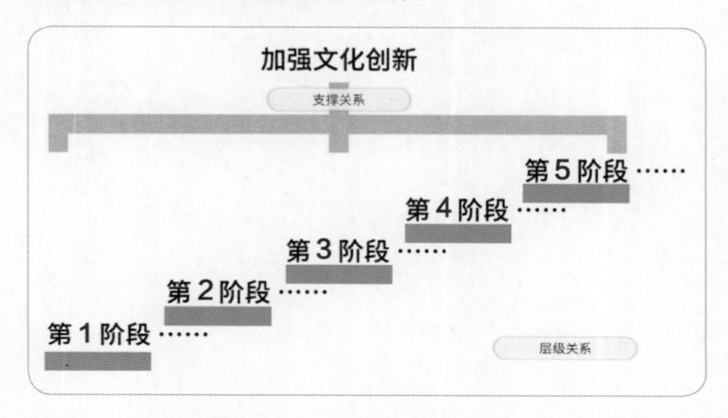

一般情况下，若第1层是总分关系或支撑关系，可以直接把总的部分（结论）当作大标题处理，使页面更简洁。

需要强调的是，对于Word中的文字，并不是所有的层次都需要在PPT中呈现。一般来说，一个页面的逻辑关系划分到第2层、第3层就足够了，再细的分层则可以省略，否则很容易给观众带来困惑。比如上例中最后一句话“实现了核心价值观的持续提升”，是对前面这个层级关系的总结说明，与前面的文字又形成了一个分总的关系。然而，这个总结说明，观众根据阶梯的形状可以自行理解，因此可以省略。

03
删文字

在PPT中，文字的数量与力量是成反比的。

PPT中所保留的文字，主要分为3类：标题型文字、提醒型文字，以及装饰型文字。

标题型文字，确保每个角落的观众都能看清，更有冲击力。

提醒型文字，主要用于提醒演讲者，文字较小，只要演讲者能够看清即可，一般会在企业介绍、课件、汇报类等PPT中出现。在发布会、大型演讲等隆重的场合，一般会配有提词器，无须提醒型文字，只保留标题型文字即可。

装饰型文字，要么很大，大到看不全；要么很浅，浅到看不清；要么很小，小到看不出。有字似无字，主要起到装饰的作用。

示例一：某企业发展历程介绍的PPT页面

大标题“与时代同行”及小标题“因势而立”等关键词及对应的年份都是标题型文字，需要放大强调；“开创之路……” “自贸布局……” “A股上市……”等解释性文字是提醒演讲人的，则不需要做得太明显。

示例二：某企业理念介绍的PPT页面

左侧的标题“使命与愿景”是关键信息，作为标题型文字；“创新”与“联接”是解释型文字，用于提醒演讲者；右侧的“Nader”是该公司的英文名，与背景图融为一体，起到平衡画面并让画面更具个性的作用，作为装饰型文字。

示例三：某城市概况介绍的PPT页面

左上角的标题是标题型文字；右侧的解释是提醒型文字；位于屏幕下方的“CHONGQING”主要起到融合画面的作用，让分割的画面更有整体感，作为装饰型文字。

除了以上3类文字，其他文字一般都要删除。

怎么删除呢?

下面介绍一个删字绝招——RERAP文字删减法，以下5类文字都可以大胆删除。

原因性文字：

一般表现为“因为……所以……”“因为……因此……”“基于……因此……”等文字。在PPT中，更强调结论，原因只需要由演讲者口头介绍或者不用介绍，所以原因性文字一般是删除的。

解释性文字：

一般表现为冒号后、破折号后、“是”字后、引号里、括号里的文字，这种文字一般不太重要，是对观点或关键词的一种补充。还有一种解释性文字，是指超出了主要层次的文字，比如某页的核心内容是第二层，但在第二层里会有一些解释性的文字说到第三层，这个第三层就是多余的，一般也是建议删除的。

重复性文字：

在文字稿中，为了体现语法的完整性，会用很多重复性的文字，比如主语、场景词、指代词等，但在PPT中，这些文字即使不出现观众也能完全理解，所以这种文字要将其删除。

辅助性文字：

在PPT中，一般动词、介词、连词、助词等都不需要，这些词所表达的意思可以通过图表关系来表现。

铺垫性文字：

一般是客套性用语或者为了讲解重要内容前做的过渡和铺垫。比如，在正式介绍企业前、正式进行汇报前的客套话，就不需要出现在PPT中。

示例一：某公司工作汇报开场文字

这是某次工作汇报讲稿中第一段文字。

原始文字

首先我谨代表国家电网某某省电力公司领导班子和全体员工对各位专家莅临我公司，开展“某某省质量金奖”的现场评审，表示热烈的欢迎和衷心的感谢！

下面我就公司实施卓越绩效模式，打造超凡竞争力的具体实践，向各位专家做一下汇报。

按照前述标准，第1句是客套话，算作铺垫性文字；第2句中，“下面我就公司”属于重复性文字，你不讲别人也知道，“实施”是动词，属于辅助性文字，“具体实践”跟“实施卓越绩效模式，打造超凡竞争力”是同一件事，属于重复性文字，“向各位专家做一下汇报”算作重复性文字，因为演讲者就在做这个事情，无须在画面中重复展示了。

删减过程

铺垫

~~首先我谨代表国家电网某某省电力公司领导班子和全体员工对各位专家莅临我公司，开展“某某省质量金奖”的现场评审，表示热烈的欢迎和衷心的感谢！~~

重复　辅助　辅助

下面我就公司实施卓越绩效模式，打造超凡竞争力的具体实践，向各位专家做一下汇报。

重复　重复

按照“RERAP文字删减法”标准，只需要保留“打造非凡竞争力　推进高品质发展”这个标题，其他的内容由演讲者口头表达即可。

示例二：某公司介绍业务范围的文字

这是该次汇报中另外的一页文字，描述的是该企业的主要职能。

原始文字

电力的产业链由发电开始，经过输电、配电、售电，再提供给客户用电。

公司的业务范围是从输电到配电、再到售电的过程。

围绕电能产品和服务的实现，公司的关键过程包括电网规划、电网建设、电网运行、电网检修、营销服务、人资管理、财务管理、物资管理、安全管理、信息管理等10个过程。

这3段文字分别描述了通用的送电过程、该公司的业务过程及具体的关键过程。第2段内容跟第1段是重复的，只是强调了其中3项，第2段内容可以删除，在第1段内容上做强调即可。第3段内容也有很多解释性、重复性的文字，可直接删除。

删减过程

重复 辅助 辅助 辅助

~~电力的产业链由发电开始，~~经过输电、配电、售电，~~再提供给客户用电。~~

辅助 重复

重复 辅助 重复

~~公司的业务范围是从输电到配电、再到售电的过程。~~

解释 重复 辅助

~~围绕电能产品和服务的实现，公司的关键过程包括~~电网规划、电网建设、电网运行、电网检修、营销服务、人资管理、财务管理、物资管理、安全管理、信息管理等~~10个过程。~~

辅助 重复

删减后，保留的都是以名词为主的关键词。

删减结果

发电 输电 配电 售电 用电

电网规划、电网建设、电网运行、电网检修、营销服务、人资管理、财务管理、物资管理、安全管理、信息管理

根据本章02节介绍的分层次方法，总体上的层次为强调+总分关系，再细分还有流程关系、支撑关系，把这些关键词和逻辑表现出来就可以了。

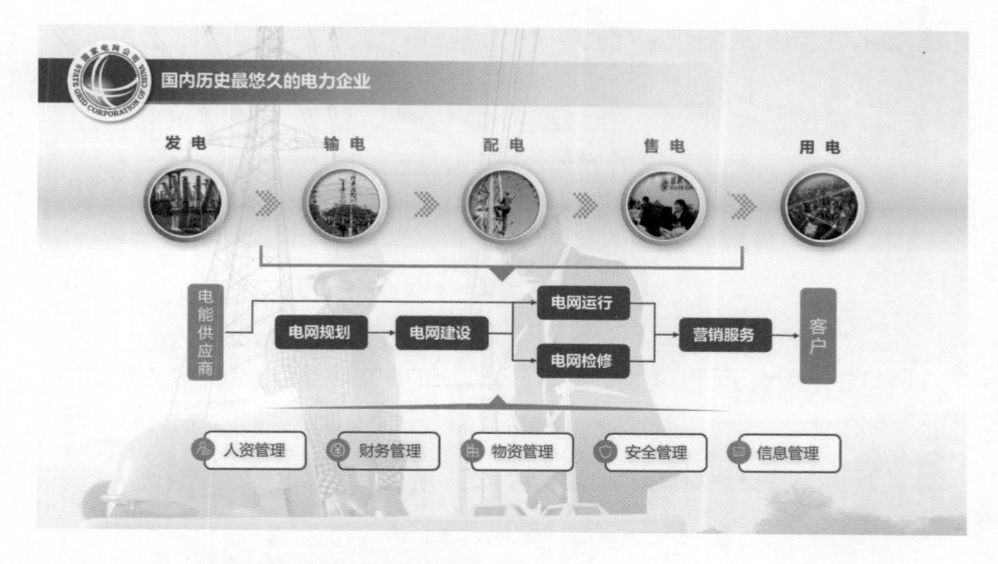

示例三：某公司介绍文化创新工作的文字

这也是该次汇报中另外一页文字，主要描述该企业的文化建设。

原始文字

公司领导层始终高度重视企业文化建设，根据社会发展变化，立足企业责任定位，加强文化创新。

从第1阶段强调“安全第一、满足供应”，到第2阶段突出“真诚服务、奉献社会”，到第3阶段倡导“创新务实、追求卓越”，到第4阶段确立“诚信、责任、创新、奉献”，以及当前的“以客户为中心、专业专注、持续改善”，实现了核心价值观的持续提升。

第1段中前面的文字都是对“加强文化创新”的铺垫，属于解释性文字，可以删除。第2段中有很多辅助性文字，通过一个递进关系图表就可以表现出来，所以将辅助性文字删除。第3段中最后一句话“实现了核心价值观的持续提升”是对5个阶段的补充说明，属于另一个层次，考虑到这些不是实质性内容，可直接删除。

删减过程

重复 解释

公司领导层始终高度重视企业文化建设，根据社会发展变化，立足企业责任定位，加强文化创新。

辅助 辅助

从第一阶段强调“安全第一、满足供应”，到第二阶段突出“真诚服务、奉献社会”，第三阶段倡导“创新务实、追求卓越”，到第四阶段确立“诚信、责任、创新、奉献”，以及当前的“以客户为中心、专业专注、持续改善”，实现了核心价值观的持续提升。

解释

删减后，逻辑关系也一目了然了：1个标题和5个层级关系的图示。

删减结果

加强文化创新

“安全第一、满足供应”
“真诚服务、奉献社会”
“创新务实、追求卓越”
“诚信、责任、创新、奉献”
“以客户为中心、专业专注、持续改善”

在PPT中采用表示层级关系的图示，再加上时间轴和图标，就非常形象了。

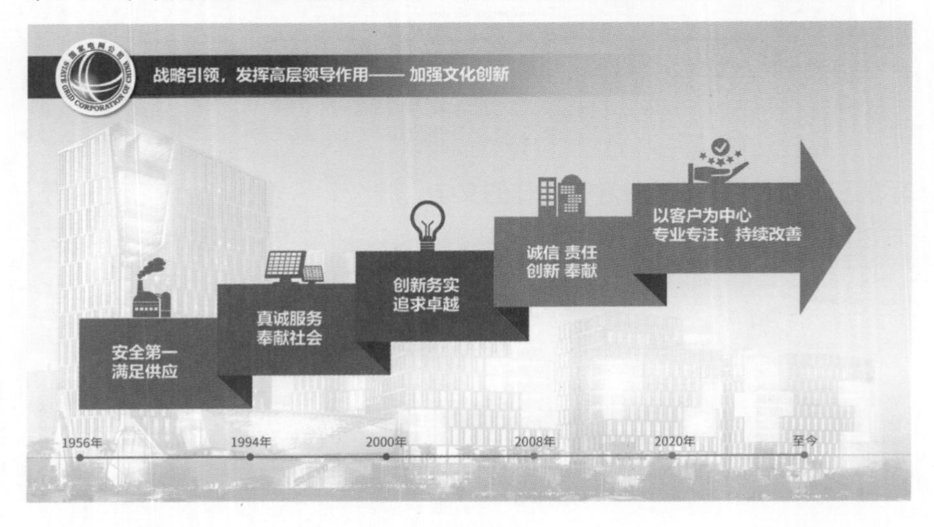

示例四：某政府领导在经济论坛中的演讲稿

这是在某次经济论坛中一位领导的演讲稿。在演讲稿的开篇，介绍了总部经济的概念。

原始文字

总部经济是在信息技术快速发展的背景下，企业组织结构发生深刻变化，企业总部与生产制造基地空间分离，在中心城市聚集而产生的一种新的经济形态。

具有知识性、集约性、层次性、延展性以及辐射性和共赢性等特点，可以为总部所在区域带来税收贡献、产业乘数、消费带动、劳动就业、社会资本等方面的效应。

根据“RERAP文字删减法”，“是”后面一般是作为解释性文字的，可以大胆删除。毕竟这不是培训，观众并不关心定义中的每个字，更在意的是定义所推出的结论——即后面的特点和效应。

删减过程

总部经济是在信息技术快速发展的背景下，企业组织结构发生深刻变化，企业总部与生产制造基地空间分离，在中心城市聚集而产生的一种新的经济形态。

具有知识性、集约性、层次性、延展性以及辐射性和共赢性等特点，可以为总部所在区域带来税收贡献、产业乘数、消费带动、劳动就业、社会资本等方面的效应。

第2段中也有很多辅助性和重复性文字，删除后，保留的全是名词，逻辑关系也更清晰了。

删减结果

总部经济

知识性 集约性 层次性 延展性 辐射性 共赢性

税收贡献 产业乘数 消费带动 劳动就业 社会资本

根据分层次的规则，可以看出来它们是递进关系：由定义推出6个特点，再推出5个效应。转化为图示形式后，一目了然。

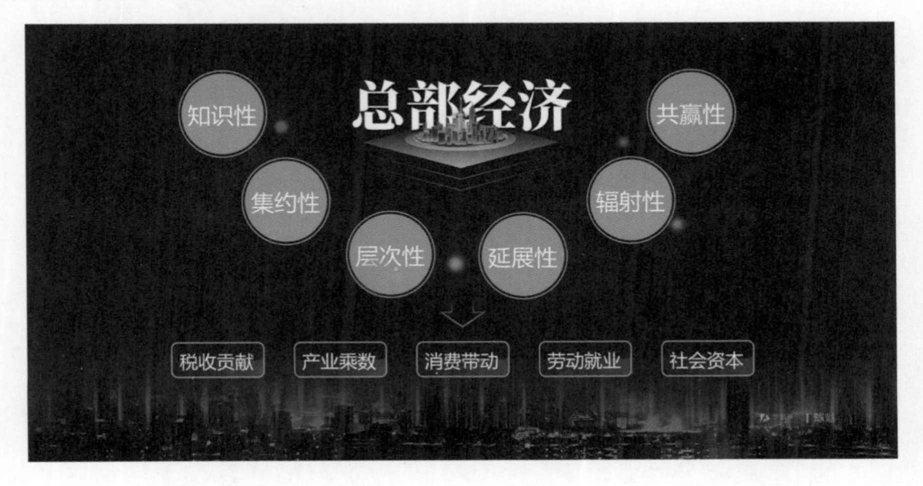

示例五：某个城市的介绍文字

这是介绍某城市的一段文字。

原始文字

未来5年是实现这个目标的关键时期。

我们将立足新发展阶段，完整、准确、全面贯彻新发展理念，服务构建新发展格局，努力使上海“世界影响力”的能级显著提升、“社会主义现代化”的特征充分彰显、“国际大都市”的风范更具魅力。

第1段“是”后面的文字作为解释性文字是可以删除的，但因其比较简短，也可以保留。如果删除，那么强调的是“未来5年”，如果保留，则更强调“关键”。第2段中存在大量的铺垫性文字，看起来很重要，但这页内容主要强调的还是目标，所以铺垫性文字是可以删除的。

原始文字

辅助解释

未来5年~~是实现这个目标的关键时期~~。

铺垫 辅助 重复

~~我们将立足新发展阶段，完整、准确、全面贯彻新发展理念，服务构建新发展格局，努力使上海~~“世界影响力”的能级显著提升、“社会主义现代化”的特征充分彰显、“国际大都市”的风范更具魅力。

删减后意思就很清晰了，5年期限及三大目标形成了总分关系，更重要的是强调三大目标之间的并列关系。

删减结果

未来5年

“世界影响力”的能级显著提升
“社会主义现代化”的特征充分彰显
“国际大都市”的风范更具魅力

把“未来5年”作为装饰性文字放在右侧，用3座高楼体现三大目标，生动形象。

“世界影响力”
的能级显著提升
Significant step up
in world influence
“社会主义现代化”
的特征充分彰显
Full demonstration
of socialist modernization
“国际大都市”
的风范更具魅力
Enamoring presence
of an international metropolis
未来5年

04 变形式

Word里的文字一般是书面用语，比较严谨、正式和具有概括性，但在演示中，我们需要将其转变成更有冲击力、感染力和更容易被记忆的表述。常用的转换手法有6种。

A 老词新意法

在长期的社会实践中，形成了各种约定俗成的用语，比如“加减乘除”“五讲四美”“一个中心，两个基本点”“三步走”“三个代表”“四化建设”“多快好省”等。在工作汇报中，如果直接借用这些用语，不仅朗朗上口，而且更容易被理解和记忆。

示例一：某企业年会PPT

原有的标题是“4项措施共赢5G”，4项措施分别可以用“加减乘除”4个运算符号来概括，于是可以把标题改为“加减乘除共赢5G”，让4项措施变得更容易理解。

示例二：某企业工作汇报PPT

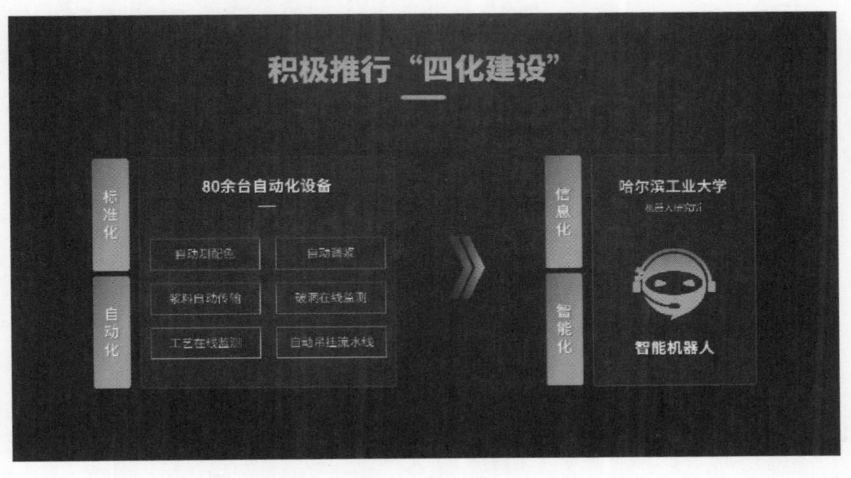

原有的标题是“积极推行标准化、自动化、信息化和智能化建设”，既冗长又重复，后来将其简化为广为人知的“四化建设”作为标题，使得观众能够迅速记住。

示例三：某部门工作汇报PPT

“大快多新”是从常用俗语“多快好省”引申而来的，读起来朗朗上口。

示例四：某公司的企业介绍PPT

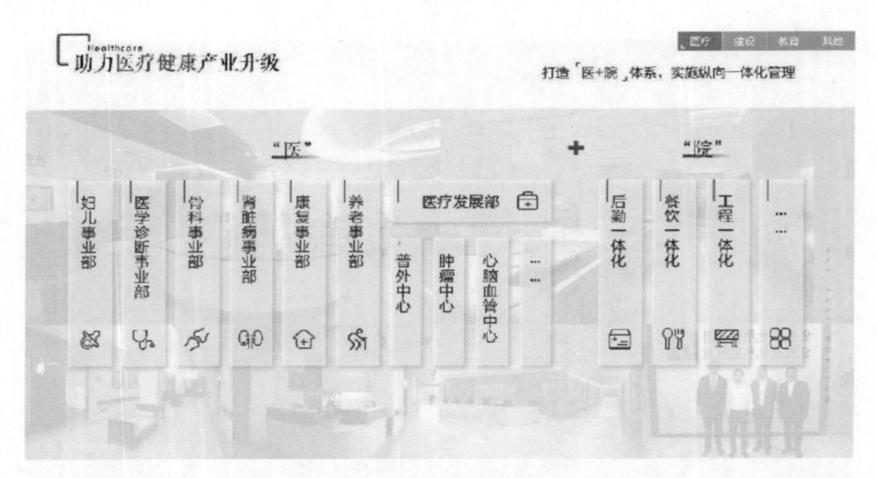

将“医院”拆解为“医”和“院”，为这个词赋予全新的内涵，不仅强化了“院”的价值，也开拓了新的市场空间。同样的方法也可以重构其他词语，比如“培养”“教育”“管理”“科技”“信仰”“情感”等。

提炼数字法

相对于复杂的文字描述，数字更为直观且更容易被理解。在政府和国有企业的工作汇报中，经常需要从复杂的文字逻辑中提炼出如1、2、3这样的数字，以达到清晰明了的效果。

示例一：某市推介大会PPT

这个PPT通过1、2、7、9这4个数字，提炼出该市主要的招商承载体系，并且从数字上就能看出这个体系数量多、层次分明。

示例二：某市工作汇报PPT

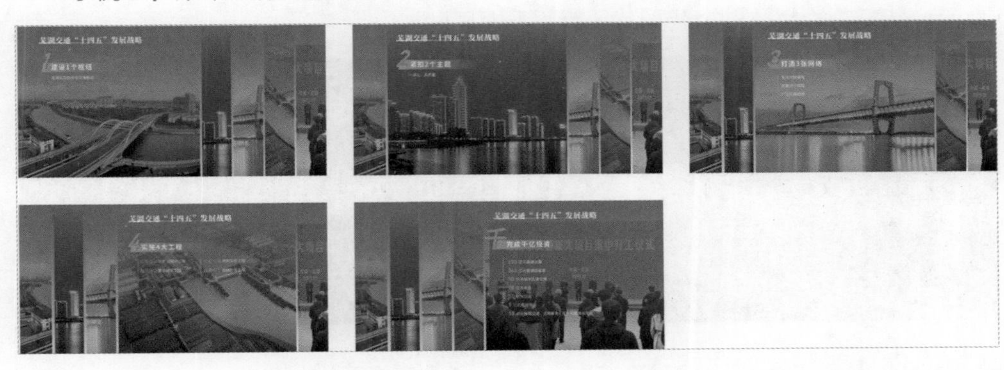

这个PPT将该市主要发展战略提炼为“建设1个枢纽”“紧扣2个主题”“打造3张网络”“实施4大工程”“完成千亿投资”5个标题，层层深入。

A 文字扩展法

我们可以把一些固定的词语拆成单字，每个字延展出一个词或一句话，用来展现更丰富的内涵。这种表现手法往往一语双关，具有很强的创意，能够给观众留下深刻的印象。

示例一：某市开发区招商引资PPT

“平房经开”是平房区经济开发区的缩写，该区领导分别把这几个字拆开，展开为“平步上云”“房花似锦”“经久弥新”“开放包容”等词语，给该开发区赋予了新的内涵。

示例二：某金融科技公司的工作汇报PPT

封面标题为“峰回路转　行稳致远”，体现了该工作汇报的主题。这里将“峰”“回”“路”“转”分别展开成4个子标题，用作PPT的目录，非常巧妙。

示例三：某工程公司的企业介绍PPT

标题为《汉书》里的名言“固基修道 履方致远”，目录则直接摘取了标题中的“基”“道”“方”“远”4个字，分别引申为“基业”“开道”“方略”“鸿远”，表现该公司的总体介绍、技术优势、业务分布、未来规划等方面，让人叹为观止。

Ⓐ 补充描述法

在演讲稿里，我们有时会直接用数字或高度概括的文字来描述一件事，细节并不需要说出来。但在PPT里，我们往往要把这些内容补充描述，带给观众更具体、更直观的感受。

示例一：某企业的产品发布会PPT

演讲稿文字如下。

服务线上化：掌上电力建立起以客户为中心的服务模式，汇聚公司18个垂直渠道，打造出“客户聚合、业务融通、数据共享、创新支撑”的统一线上服务平台，实现了电力业务“一次不用跑”。

这里的18个垂直渠道是高度概括的，把文字写在画面中缺少冲击力。在PPT中将这18个渠道列举出来，带给观众更直观的感受、更强的视觉冲击力。

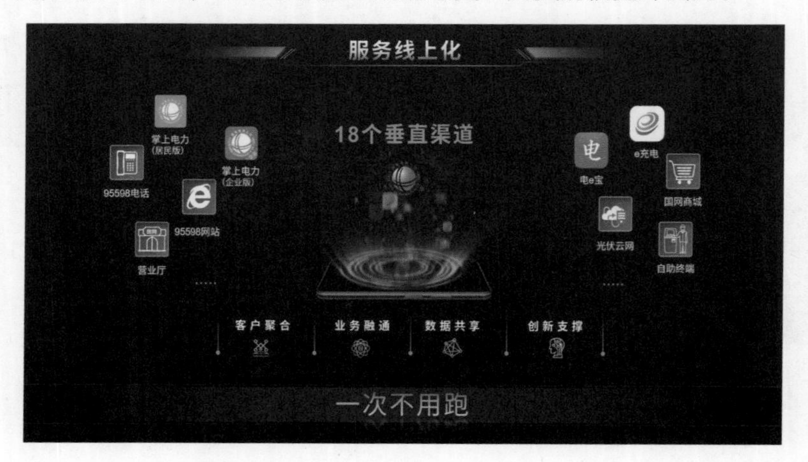

示例二：某平台的产品发布会PPT

演讲稿文字如下。

某某平台会建立完善的经纪会员机制，让那些为终端客户直接提供服务的小微企业和劳动者都有机会成为经纪人，让他们在不影响自己业务的情况下获得第二份职业，实现无忧创业、灵活就业，解决10万人的就业问题。

这里的“为终端客户直接提供服务的小微企业和劳动者”表述较抽象，难以理解，在PPT中就将其细化成“民宿”“外卖小哥”“旅行社”“家政人员”“务工人员”等，并用图示化的方式展现出来。

示例三：某酒类企业的介绍PPT

演讲稿文字是这样的：

传统的酒类销售市场，往往面临着“好酒难定”之痛——价难明、质难辨、量难锁、品难控，市场上的产品良莠不齐、鱼目混珠，大大制约了优秀酒类企业的发展。

上述文字的表达是比较笼统的，可以从酒企的角度，对“四难”进行进一步描述，比如“基酒价格差异大，容易花冤枉钱”“基酒的厂家太多，选择起来比较困难”……把这些文字像弹幕一样铺满屏幕，直击观众的痛点。

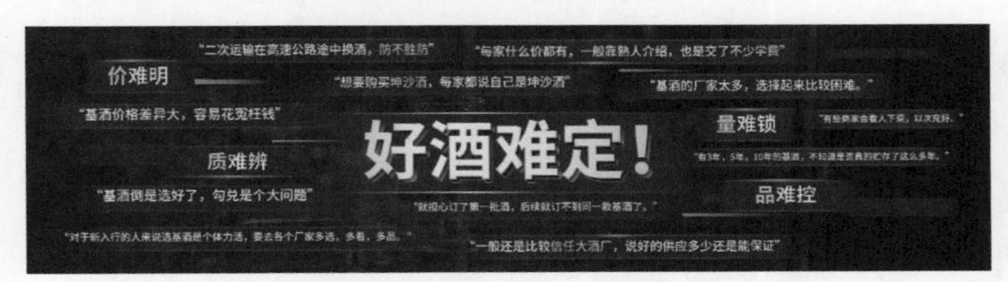

排比标题法

排比是一种强有力的修辞手法，可以强化主题、渲染情绪，带来较强的冲击力。

示例一：某企业的企业介绍PPT

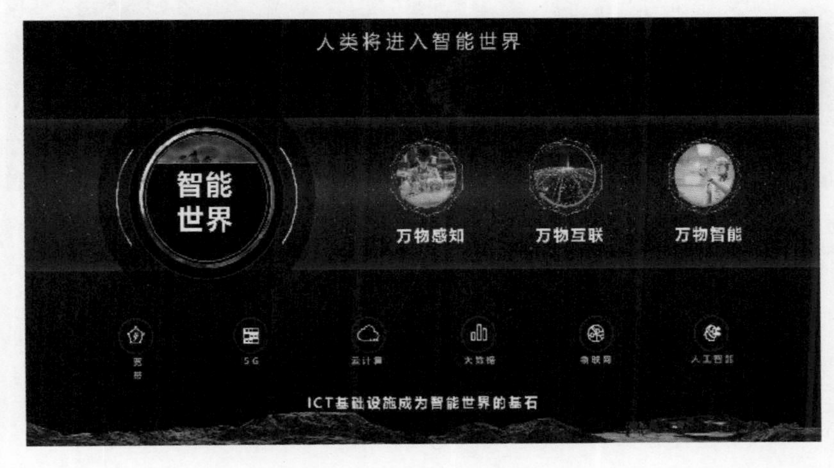

通过“万物感知”“万物互联”“万物智能”描述了未来的智能世界，强化了观众对智能世界的憧憬。

示例二：某城市的招商推介PPT

为了强调其城市发展的良好状态，分别用了“经济运行稳定转好”“城市功能更大跃升”“对外开放进一步拓展”的排比标题，强化了肯定语气。

4 谐音处理法

中文博大精深。把成语或俗语里的某个字替换成声音相似，有特定含义的另一个字，可以让表达一语双关、妙趣横生。

示例一：某公司的工作汇报PPT

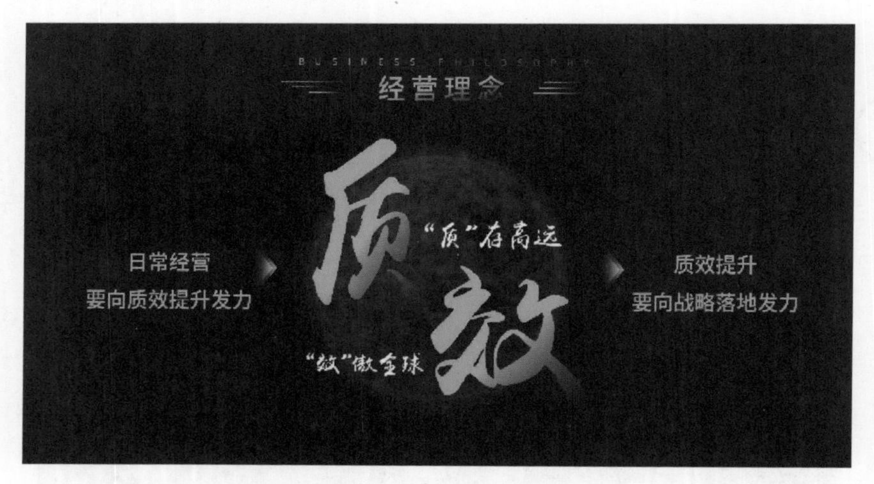

把志存高远中的“志”换成了“质”，把笑傲全球中的“笑”换成了“效”，更好地诠释了对质量的重视和对效率的追求，深刻揭示了该公司的经营理念。

示例二：某部门的推介会PPT

这是该PPT的最后一页，用“交个朋友”“无限未来”作为结尾，既接地气，又充满期待。强调“交”字，将其变成专有名词；“无”字改为“芜湖”的“芜”，赋予其专有的含义。

第4章 定风格

风格是元素、色彩、尺寸、质感、版式等共同塑造的外在表现。

用对了风格可以让你脱颖而出，

01
十种常用风格

PPT有很多种风格，我们需要能够掌握和运用一些常用风格，下面介绍PPT的常用风格。

商务风

商务风是应用最广泛的一种PPT风格，在咨询、商业、金融、互联网、服务等行业中普遍使用，也常用在工作汇报、融资路演、企业介绍、产品介绍等场景中。商务风的主要特征：背景简洁，以纯色或轻渐变色为主；色彩简单，以单色或双色为主，其中蓝色、灰色、绿色等冷色调应用较普遍；图形设计棱角分明，多采用直线、矩形、圆等规则图形，以传达清晰明确的信息；极少使用或仅使用少量装饰元素；一般多用于近距离演示或观众自行阅读，文字较多。

示例一：某咨询公司的PPT

示例二：某金融公司的PPT

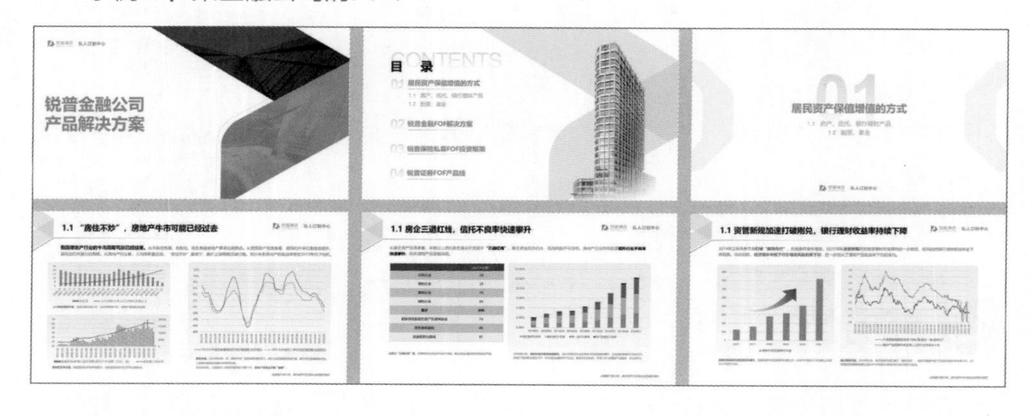

科技风

科技公司或者有关科技主题的演示，多采用科技风。科技风的PPT一般被设计为深蓝色背景，搭配白色或浅蓝色内容，并为线条、文字加入一些发光、渐变效果，再加上“0101”或线条流动的数字化元素，充满浓厚的未来感和科技感。

示例一：某科技公司的PPT

如今科技风也在不断演变，深蓝色背景会被看作过于传统。下面这个PPT具有浅色背景，辅以浅蓝色装饰，加上发光效果，能够营造出更通透和现代的科技感。

示例二：某电气公司的PPT

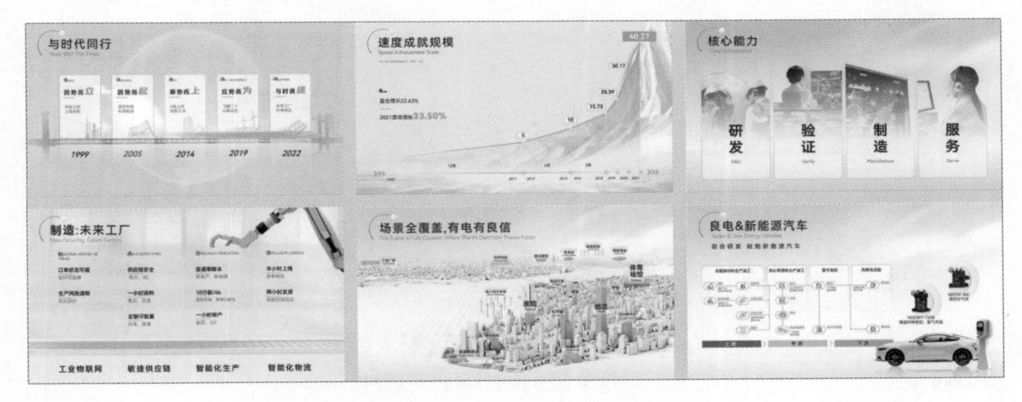

极简风

所谓极简，一是简约到极致；二是简约而不简单。

简约到极致，就是减少乃至杜绝所有与主题无关的装饰；使用尽可能简洁的背景；使用尽可能少的颜色；给画面足够多的留白。

简约而不简单，就是要做到充分的可视化，要有足够的创意，确保画面的美感。

极简风的PPT主要用于展示奢侈品、时尚消费品，以及房产、汽车、金融等行业中的高端品牌。

示例一：某科技公司的PPT

这个PPT看似简单，其实在细节上做得非常到位。比如首页，为了凸显公司的Logo，给下面的那些小字母都加了长阴影；比如尾页，为了凸显产品的特性，每个产品背景都用了与产品相呼应的构型。

示例二：某新能源公司的PPT

每页PPT都采用了大图背景，但大图都做了处理，预留了大量的空白，大图色调也极度统一，营造了强烈的高级感和时尚感。

水墨风

水墨画是最典型的中国传统绘画形式之一。在画面中添加水墨背景、笔刷效果、书法字、传统元素（卷轴、山水、花草、祥云、大雁等），可以让画面更飘逸、更洒脱，塑造浓浓的中国特色。水墨风的PPT一直深受政府、国有企业、事业单位领导的喜爱。

需要强调的是，现在的水墨风的PPT很少采用传统的黑色墨汁效果（因其对比太强，显得太传统、太陈旧），而是采用更简约、更清爽（浅灰色、浅蓝色、浅绿色、浅金色等）、更现代的水墨效果。

示例一：某跨国银行的PPT

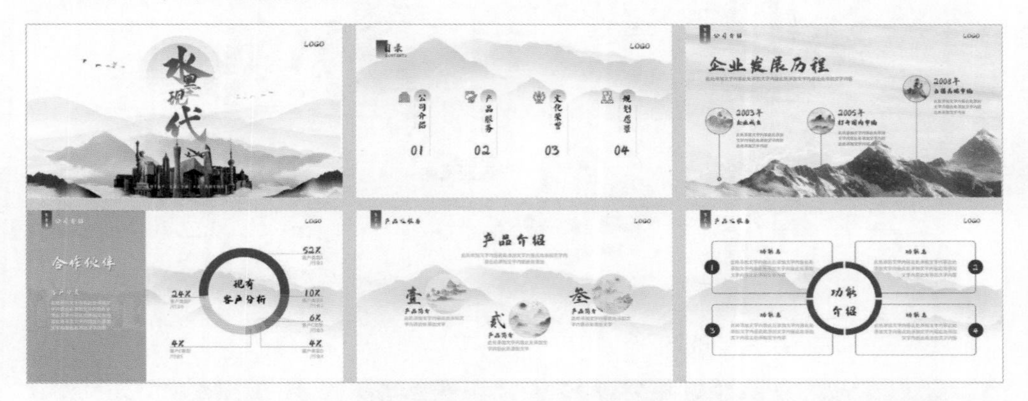

示例二：某市通用招商PPT

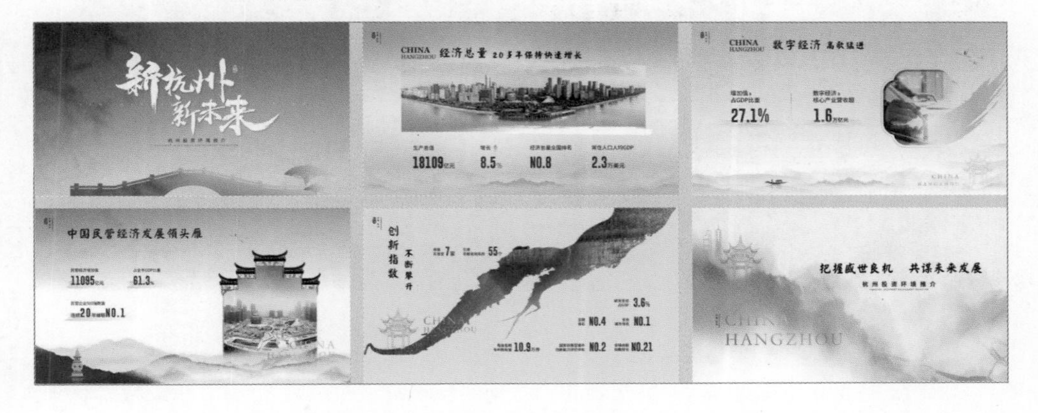

流体风

气体、液体及声、光、火等流体的运动，是一种常见、自然的状态。通过模拟流体的形态，产生了一种新型的设计风格。流体设计中最重要的几个特征是多采用曲线元素，多采用渐变色彩，多采用鲜艳的配色，画面更加动感，给观众营造柔美、时尚、轻松、活力的氛围。流体风的PPT更适合科技公司、互联网公司、时尚消费公司、艺术公司等。

示例一：流体风的PPT模板

示例二：某科技公司的PPT

插画风

品牌年轻化正成为一种趋势。当你的演讲面对的是一群儿童、年轻人时，采用插画风格可以快速拉近与他们之间的距离。手绘元素、扁平质感、绚丽的色彩、卡通的字体，就能打造出轻松、娱乐、年轻的调性。插画风在科普、校园招聘、融资路演，甚至产品发布会都有着普遍的应用。

示例一：PPT科普作品

示例二：某药企校园招聘PPT

剪纸风

剪纸是典型的中国传统艺术形式。在与传统文化有关的演示中，如乡村建设、民族文化等主题，常采用剪纸风格。在PPT中，剪纸效果主要是通过色块+阴影的形式来实现的，虽然技术难度不高，但操作起来比较烦琐。因为它强烈的艺术性、独特性，所以，在制作时必须保持其纯粹性。

示例：某银行的PPT

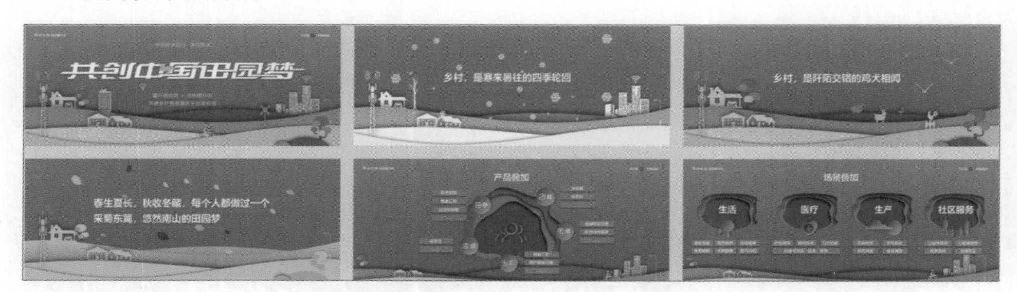

大字风

大字风是PPT特有的一种风格：把标题或关键词做得足够大，甚至可以占满屏幕，给观众极强的视觉冲击。大字风从日本引入，也被称为“高桥流”，主要用于个人演讲、创意公司介绍、项目提案等，因为画面内容较少、给观众压迫感较强，所以对演讲人的演说能力、现场掌控力要求很高。

示例：某广告公司的PPT

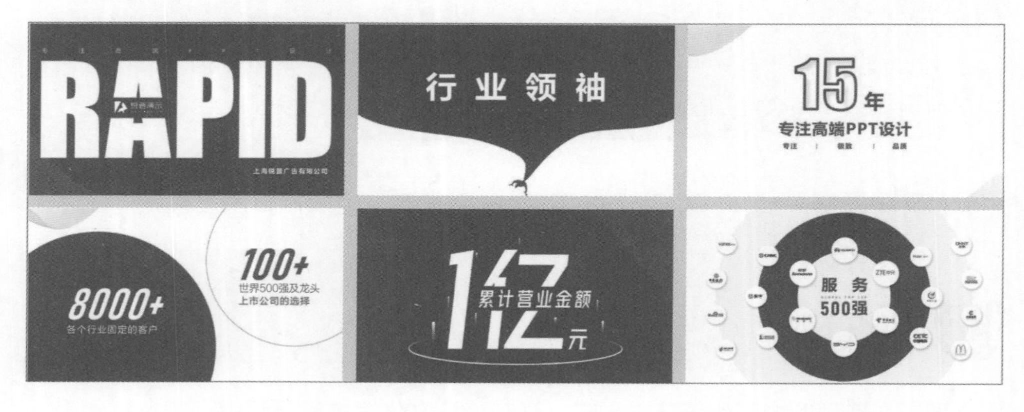

弥散风

阴影可以强化空间的层次感。传统的阴影一般都是黑色的，而且透明度较低，会让画面显得琐碎和压抑。随着网页、手机界面设计的发展，弥散阴影逐步流行起来。这种阴影采用彩色，尺寸更大、模糊度更高、透明度也更高，从而营造出炫彩、活泼、灵动的画面效果。弥散风的PPT特别适合金融、科技、互联网等领域的公司，用于制作培训课件、操作说明书效果更好。

示例：某金融机构的PPT

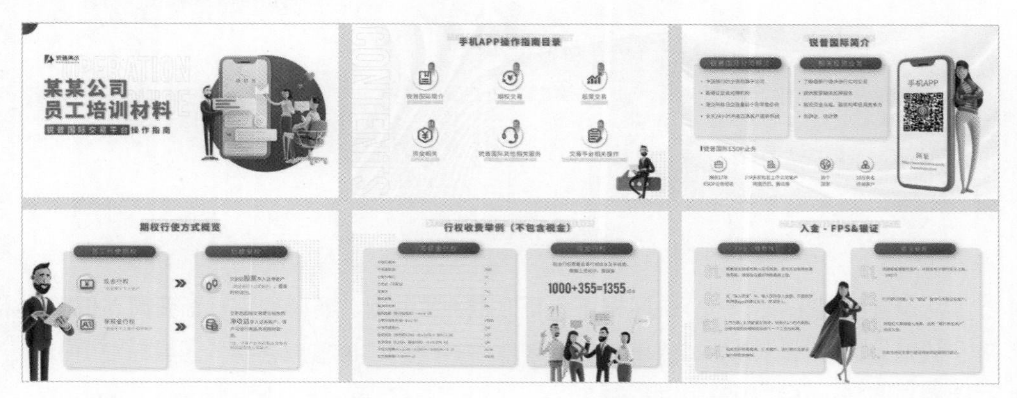

等距风

等距设计又被称为2.5D，是介于平面和立体之间的一种设计风格。所有的物体都是从45° 角的上方俯视，物体上的线条主要采用平行线绘制，去除了立体透视和变形。虽然也是立体图形，但它更加简洁、商务，能给人留下深刻的印象。等距风的PPT主要用于金融、科技、互联网、新能源、医疗等行业。

示例一：某芯片公司的PPT

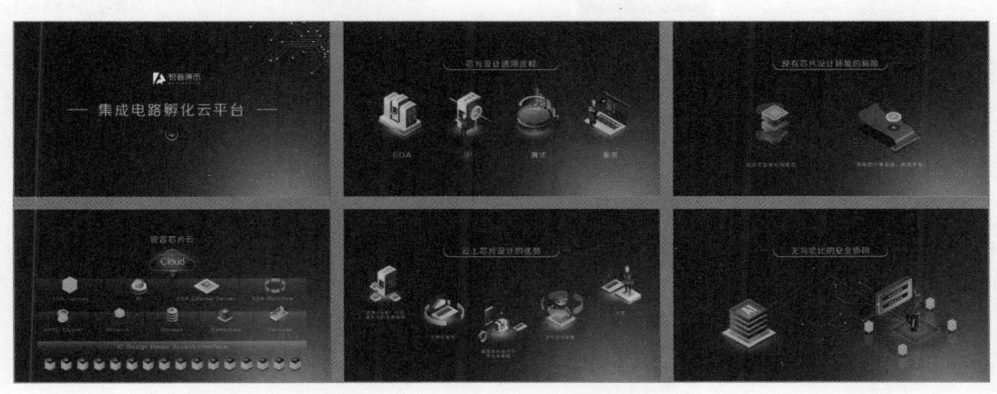

示例二：某科技公司的PPT

从设计角度来看，PPT的风格还有新拟态、孟菲斯、赛博朋克、渐变风、低多边形、故障、微立体、复古等，具体可参考本书附赠的“锐普风格库”（共509页），并根据行业特点和主题需求进行选取。

02 风格三原则

PPT的风格种类繁多，怎样选择合适的风格呢？选择时需要遵循3个原则，下面会详细介绍。

符合调性

PPT的调性取决于使用PPT的人、场合和主题。这里的“人”指的是演讲的主体，什么行业？什么公司？什么人来讲？这里的“场合”指的是PPT的应用环境，什么样的会议？什么样的观众？是否有同台演讲者？这里的“主题”指的是演讲的核心内容，讲的到底是什么内容？不同的内容将决定不同的调性。

不同类型的公司适用不同的风格。例如，科技公司多采用科技风；服务公司多采用商务风；医疗公司多采用简约风；地产公司多采用画册风。

同一个单位，在不同的场合和主题下，PPT的风格也会不同。比如政府机关的PPT，如果用于工作汇报，则多采用党政风；如果用于招商推介，则多采用画册风；如果用于信息化成果汇报，则多采用科技风；如果用于科普教育，则可以采用插画风；如果用于展示研究成果，则可以采用咨询风；如果用于演讲，则可以采用大字风。

同一主题的PPT有时也会采用不同的风格，例如都是招商推介的PPT，面向普通大众的通用版本和面向特定行业、特定企业的版本所采用的风格也会有所不同。

下面是杭州市用于招商推介的PPT。左侧是杭州市通用的招商推介PPT，体现的是杭州特色，采用了水墨风；右侧是杭州市面向生物医药行业的招商推介PPT，更强调行业属性，采用了科技风。

形式新颖

没有人喜欢老生常谈，也没有人喜欢一成不变。人们也只会对那些让自己眼前一亮的PPT印象深刻。

风格是在视觉上让人眼前一亮的快捷方式。在设计PPT时，一般要避免使用如下几种风格。

系统自带风格：PowerPoint自带的模板有两个主要缺点，一是过普遍，你所用的模板可能已经被数百万人甚至更多人使用过；二是过泛用，适用于各行各业，缺乏独特的记忆点。

乔布斯风格：乔布斯的蓝黑色风格虽然经典，但由于其广为人知，除了乔布斯本人，其他人使用可能会有“山寨”的感觉。

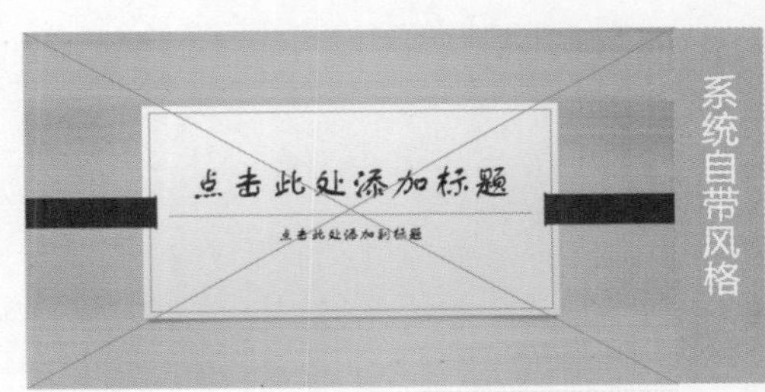

蓝天白云绿草地：这是我们最熟悉的画面，大面积的蓝色和绿色不仅比较刺眼，而且由于画面相似度高，很难给人留下深刻的印象。

西红柿炒鸡蛋：党政主题的PPT因其配色多为黄色和红色，也被幽默地称为“西红柿炒鸡蛋”。不过，这种风格正趋向现代和简约，以往的黄色会被替换成金色或白色，红色也从传统的大红色变成深红色或亮红色，更有层次感。

传统水墨：传统的黑白两色水墨风格，因为过于正统，容易给人古板、僵化的印象。新的水墨风格在调性上更偏向水粉画，在色彩上则更倾向于蓝色、绿色、金色、粉色等彩色方案。

简陋商务：商务风格和简陋风格往往只有一步之遥。简陋的商务模板，采用的元素比较随意，缺乏个性；采用纯白色背景，缺乏场景感；排版随便，缺乏美感。猛一看或许尚可，但经不起细看。

一脉相承

风格是由图形、图片、文字、色彩、质感、版式等各种属性共同确立的总体特征，所以，一个PPT要自始至终贯彻这些特征。从第一页所选用的颜色，到最后一页都应保持一致；从第一页所采用的形状，到最后一页也应相同。这样能够确保整个PPT在视觉上的统一性和连贯性。

示例：某金融机构的企业介绍PPT

所有页面都使用公司专属的辅助图形，将其模糊处理并增加悬浮效果，以增强画面的层次感。

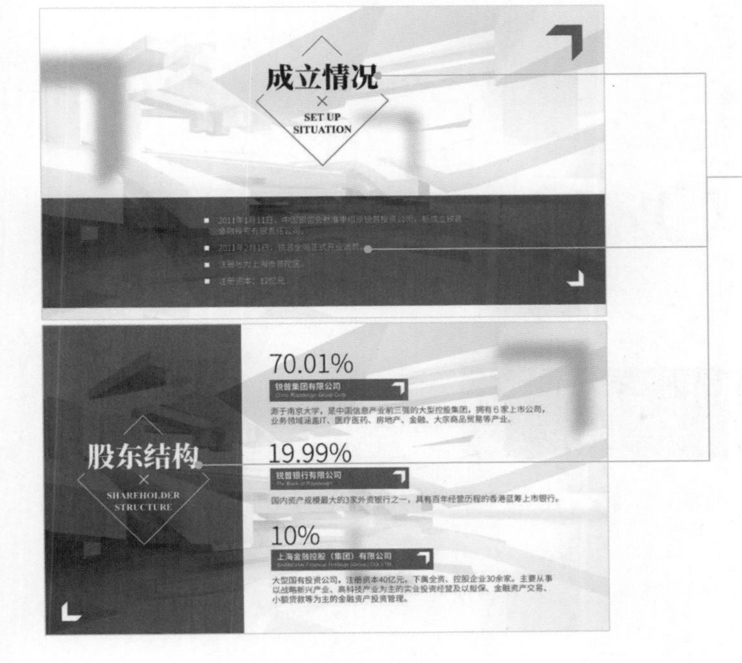

所有页面的字体保持统一，大标题采用大宋体，正文采用黑体。

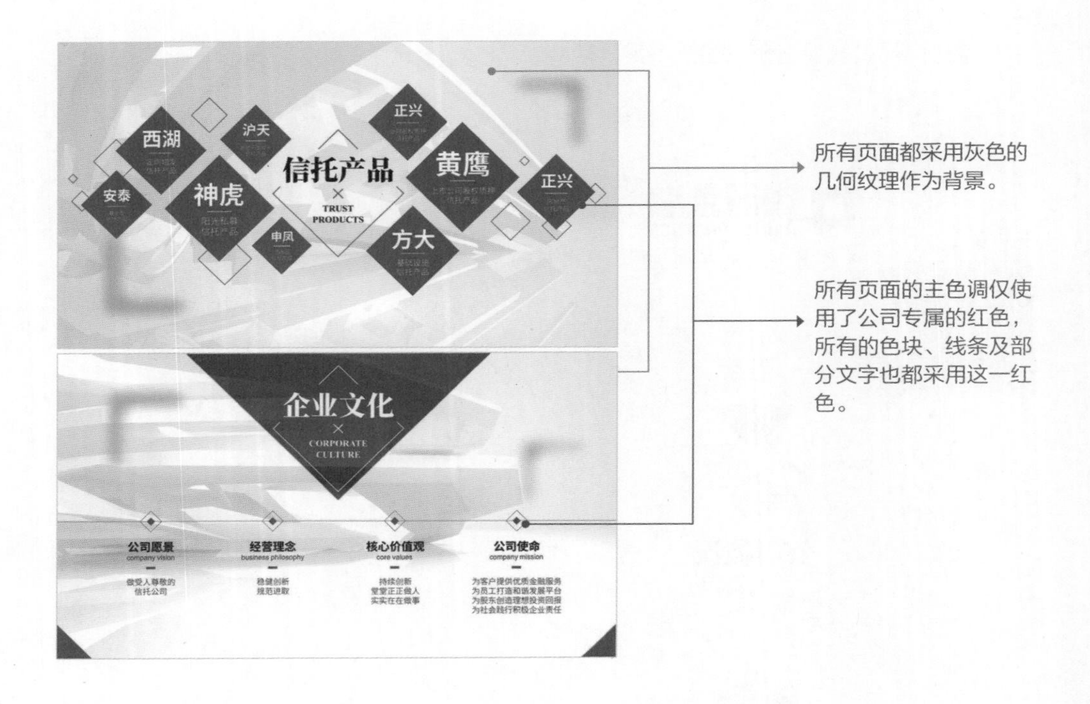
西湖
沪天
正兴
安泰
神虎
信托产品
TRUST PRODUCTS
黄鹰
正兴
申凤
方大
企业文化
CORPORATE CULTURE
公司愿景
经营理念
核心价值观
公司使命
所有页面都采用灰色的几何纹理作为背景。
所有页面的主色调仅使用了公司专属的红色，所有的色块、线条及部分文字也都采用这一红色。

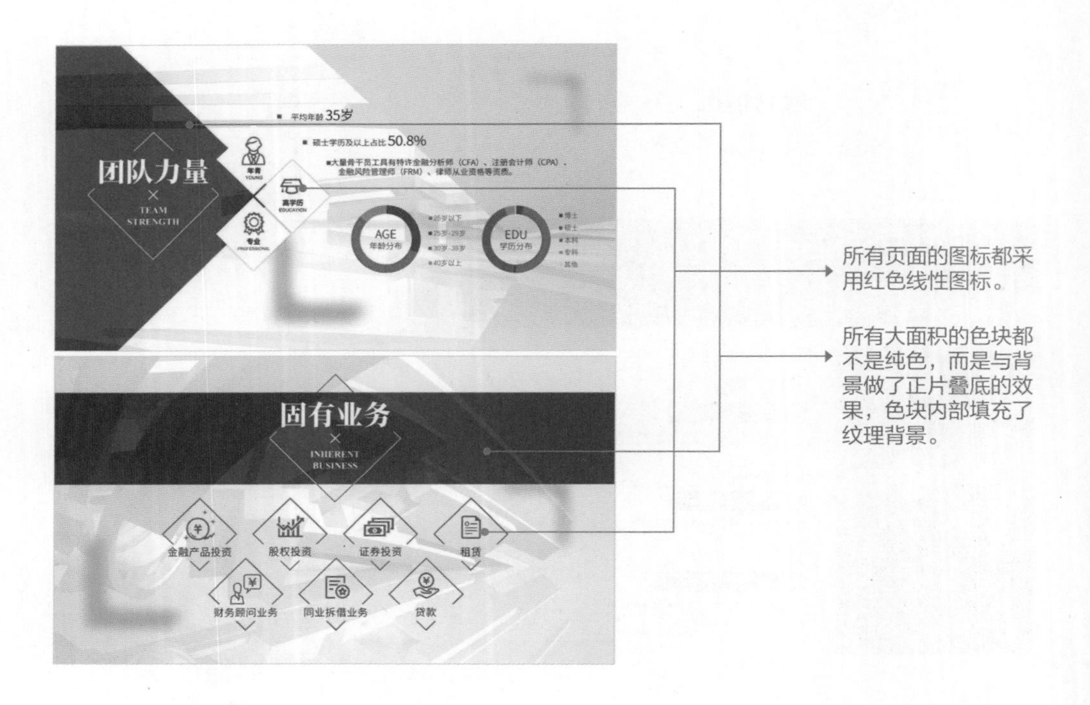
平均年龄35岁
硕士学历及以上占比50.8%
团队力量
TEAM STRENGTH
AGE 年龄分布
EDU 学历分布
固有业务
INHERENT BUSINESS
金融产品投资
股权投资
证券投资
租赁
财务顾问业务
同业拆借业务
贷款
所有页面的图标都采用红色线性图标。
所有大面积的色块都不是纯色，而是与背景做了正片叠底的效果，色块内部填充了纹理背景。

03 封面设计九套路

PPT的一页封面价值3万元！

PPT的封面决定了一场演示带给观众的第一印象。观众感受怎么样？观众能不能听下去？观众能不能记住？也许就取决于封面打开后的8秒。

封面，是PPT中最重要、最难做，也是最有技术含量的页面。我们公司为客户定制的PPT，有时仅一页封面的设计费用就高达2万~3万元。

高手总是有套路的，以下是常用的封面设计套路。

标志建筑

公司、学校、商场、医院、园区乃至城市总会拥有其标志性建筑，如果标志性建筑能够代表它的实力，就可以直接用作封面。需要强调的是，标志性建筑要有足够的美感、独特性，能够让人“一眼万年”的那种。如果标志性建筑缺乏美感或很普通，则可能会起到反作用。

这个PPT封面中，将某集团大楼的图片用修图软件抠出来，添加晴朗的天空图片和干净的海面图片，大楼耸入云霄，显得特别有气势。

陆家嘴是上海市乃至全国的典型地标，在上海市对外形象展示的PPT中，它当然也是首选的视觉元素。

用图片作为背景时，不是随便找一张图片就可以的，还要对图片进行美化处理。比如下面两张图，左图为原始图片，右图为制作好的PPT封面。你能找出两者的区别吗?

（1）左图画面泛白，缺少层次感，而右图通过增强明暗对比度，使画面层次更分明。

（2）左图天空色彩单调，右图更换了天空背景，使天空色彩更明亮，加入了彩霞、月亮，让画面更有生机。

（3）左图树木偏黑，灯光偏白，右图把树木调成了鲜艳的绿色，灯光也调成更加温暖的色调。

以上只是最简单的处理方式，但即便如此，也能明显提升标志性建筑的魅力。

拼接建筑

如果标志性建筑比较分散，或缺乏美感，或希望给建筑塑造新的内涵，就需要对这些建筑进行拼接、装饰和渲染，创造出全新的场景，以提升整体形象。

这是上海五大新城政策发布会的PPT封面。因为五大新城分布在上海市的5个区，没办法将它们放在一张图片中，因此将五大新城的地标分别抠出，把它们拼接在一起，并统一添加了天空、水面、楼群景等元素，看起来就像一张大合照。

这是黄石市在苏州市召开招商推介会的PPT封面。为拉近两地之间的距离，把黄石市的地标建筑（左侧）和苏州市的地标建筑（右侧）拼在了一起，同享一片蓝天，同饮一江春水，打造“在一起”的概念，让大会的氛围立刻就温暖了起来。

故事场景

每场演示都会有一个主题，为了强化这一主题，可以打造一个场景，把产品、理念、服务、原理、环境等用一个画面展现出来作为封面，这样的封面设计，就像在讲述一个动人的故事。

这是某新能源公司的PPT封面。封面中打造了一个科幻场景：风车转动，提供源源不断的电能；工厂通明，生产夜以继日；高铁奔驰，动力强劲；纯净的天空和水面，营造绿色能源的氛围。

这是某科技集团的PPT封面。封面围绕“一带一路”主题打造场景。一侧是中东和欧洲建筑；另一侧是中国建筑。该集团的Logo像一座桥梁，也像一扇大门，跨越沙漠和大海，连接各国，给人以安全、稳固的感觉，呼应“应急管理智库”的主题。

Logo霸屏

对于知名品牌来说，Logo就是巨大的资产。PPT的封面上只需放置一个Logo，就能给观众带来极强的震撼力和信任感，其他元素都是为渲染Logo而服务的。这种做法适用于品牌宣传、企业介绍、校园招聘等主题，但对于产品介绍、工作汇报、项目提案、个性演说等场合，纯Logo的表达就有些空洞。

这是荣耀品牌介绍的PPT封面，其品牌关键词是年轻、智慧和科技，在深色背景上用炫彩渐变色填充Logo，再将3个活力四射的年轻人的图片穿插其中，凸显品牌调性。

这是某医疗器械品牌企业介绍的PPT封面，用旭日初升的地平线作为背景，用流光勾勒出大大的"RP"字母，气势恢宏、时光穿梭，象征着百年品牌的荣辉。

辅助图形

辅助图形是Logo的延伸。有些公司的辅助图形简洁、有力、充满个性，能让人一眼记住，这时可以将辅助图形作为封面的主要元素。

这是维川税务咨询企业介绍的PPT封面，从其Logo中提炼了"V"的辅助图形，其锐利的形状，加上醒目的绿色，能给人留下深刻的印象。

这是李锦记企业介绍的PPT封面，基于其简约的设计风格，选取了其Logo中的图形，搭配品牌红色，并融入"思利及人"的品牌理念，作为封面主视觉，让人过目难忘。

这些辅助图形不仅要用在封面上，还要贯穿于PPT的每一个页面中，这样可以强化观众对品牌的印象。比如，如下PPT中，"V"形图案在每个页面连续展示。

即便观众记不住维川这个品牌名称，但一定会对绿色的“V”形图案印象深刻。

霸气标题

尽管标题在封面上一般都会被放大，但你能想象把标题放大到占满屏幕的效果吗？这是一种最直接的封面制作方式，让你的观众眼里、脑里只有标题，自然具有最强的冲击力。这种封面多用在企业宣传、发布会、个人演讲等场合，而且欧美观众、年轻观众更容易接受。

这是某国际物流公司的PPT封面，因为主要面向国外客户，所以封面设计得很国际化，直接把公司的英文名置于中央，具有很强的冲击力。

这是某口罩制造商的PPT封面，也是面向欧美客户，所以把公司的口号“BREATHING NO WORRIES”直接放大放在画面中央，让人过目难忘。

塑造理念

当展示企业文化、经营理念时，比如进行内部培训、校园招聘、形象推介等，可以围绕企业理念打造一个画面，用画面表现主题，并渲染演示的氛围。

这是某芯片公司推介的PPT封面。为表现该公司全面迈入穿戴新赛道的主题，封面中以宇宙为背景，一条赛道通向光明的星球，一名宇航员正在赛道上奔跑，并跨越由该公司辅助图形构成的大门，这个场景生动表现了该公司的愿景和战略。

这是某科技公司校园招聘的PPT封面。作为中国科技公司的代表，该公司的理念是“勇敢新世界”，所以封面上塑造了一个攀登者的形象，他张开双臂，勇于面对一座座雪山，他迈开步伐，迎接一次又一次的挑战。

展示产品

在产品推介、公司介绍、产品培训等场合，产品往往是核心，要展示出产品的特色、美感、优势。展示产品的封面有几个基本要求：一是抠图，要给产品单独拍照，并把产品单独抠出来，而不是直接放置一张包含背景的图片；二是搭建应用场景，让产品置于具体的使用环境里，以唤起观众对产品的渴望；三是突出产品，产品要足够大，且居于画面的中心，在色彩上要与背景形成鲜明对比。

这是起重机产品介绍的PPT封面。橙色和红色的产品居于画面显著位置，在深灰色背景上显得格外醒目，近处的背景简洁，有利于突出产品，远处的城市凸显了产品的应用场景。

这是某除草器公司产品介绍的PPT封面。虽然产品没那么“高大上”，但通过对产品进行组合排列，强调了产品的系列化和多样化，也提升了产品的美感。

虚实结合

要表现复杂的内涵，简单的图片往往是做不到的，还需要在现实图片的基础上添加一些虚拟元素。虚实结合，既可以塑造超越现实的意境，也能表达出高度抽象的主题。

这是某天然气研究院企业介绍的PPT封面。封面上选用了天然气厂区的图片，并根据建筑特点，分别跟手绘的烧杯、烧瓶、试管、量筒等研究器材结合，表现出了天然气研究院的独特内涵。

这是上海市五大新城推介会的PPT封面。因为五大新城的定位是独立、综合、节点城市，和上海市中心城区之间是相互独立又相互影响、相互赋能的关系，所以在封面上用线条、光影等元素把这些关系充分地表现出来。

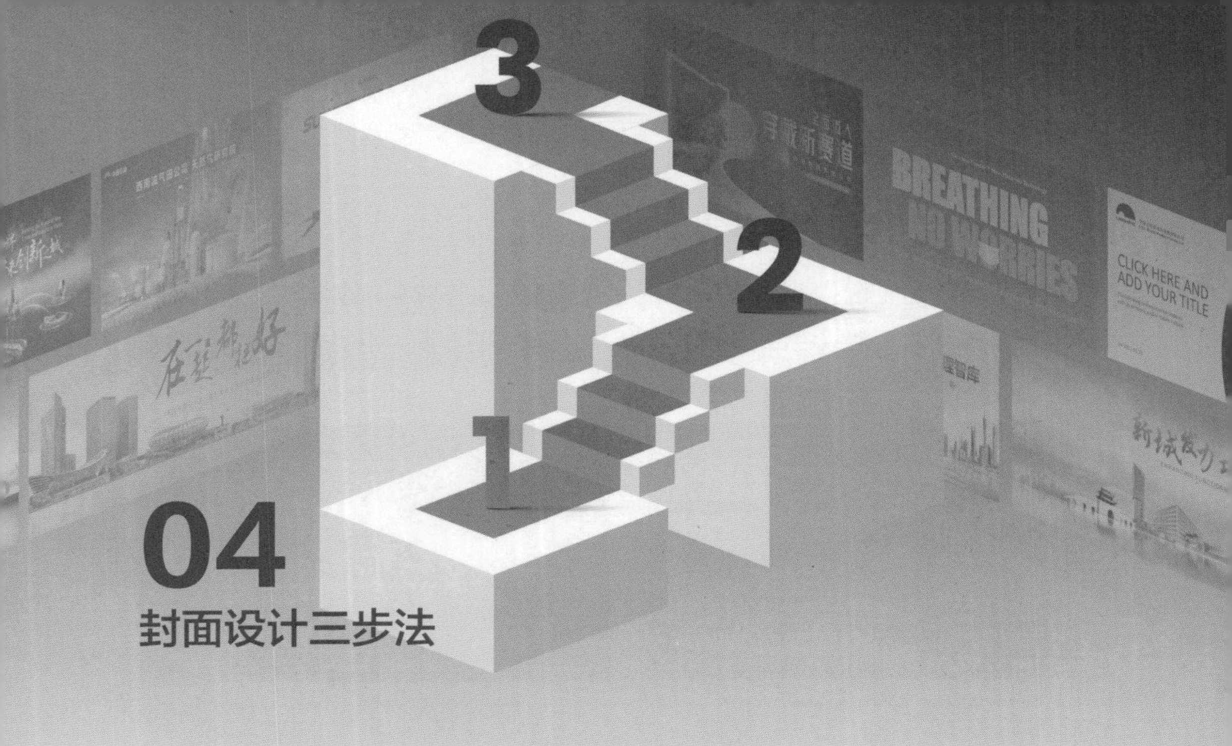

04 封面设计三步法

我们看他人的封面设计时，往往看到的是最终成果，你会赞叹“这么漂亮”“这创意我怎么没想到”“原来这么简单”。但实际上，每一张卓越的封面，都不是灵光乍现的产物，都有一套成熟的方法论在支撑。锐普设计师在制作PPT封面时，采用的就是“封面设计三步法”。

封面设计三步法

第一步，定故事

故事是封面的灵魂。没有故事的封面，无论设计多么精美，都难以引起观众的共鸣。

设定封面故事有几个基本要求：故事必须围绕主题展开；讲述自己独一无二的故事；内涵丰富，经得起琢磨。

为了更精准地设定故事，我们可以先确定关键词，并与客户或领导沟通，确认后再根据关键词设定故事。

示例一：某钢铁企业的PPT封面

按照传统的做法，实体企业一般用大门、大楼之类的典型建筑作为封面主图。但这是一家世界级的钢铁企业，需要体现其世界级的高度，并结合建党100周年的背景来进行PPT设计。于是锐普设计师梳理了几个关键词：现代、钢铁、上海、党建、世界级。在征得客户认可后，把封面故事设定为“在党的领导下建设世界一流的现代化钢铁企业”。

因此，锐普设计师设计了如下的封面。蓝天之下、白云之上，体现世界一流和国际化；工厂建筑与上海地标融合，体现其上海企业的属性；晶莹剔透的徽标，置于画面中心，体现了现代钢铁企业属性；红色的绸带穿越画面，并缠绕徽标，体现了党的领导。

示例二：某道路建设公司的PPT封面

客户是一家国有大型道路建设公司，承担了国内外各类道路、桥梁等建设工程。“固基修道 履方致远”是该公司的企业使命。由此，锐普设计师设定了封面的关键词：道路、山川、城市、发展。在征得客户认可后，锐普设计师把封面故事设定为“一家连通祖国大好河山的公司”。

因此，锐普设计师设计了如下的封面，把雪山、景区、城市、河流拼成一个场景，被一座大桥连通，桥上高铁飞驰，留下一道亮光。这里充分体现了道路的坚固、出行的便利，并象征着该公司发展的速度。

示例三：某天然气研究院的PPT封面

如果给某天然气研究院制作PPT，封面该怎样设计呢？一般都是把大楼作为背景放在封面上，但这往往会显得很俗套。锐普设计师首先提取了关键词：油气田、天然气、研究院。把封面故事设定为“一家专注、专业的天然气研究机构”。

提起天然气，我们可以用油气田的照片来表现；提起研究院，我们会想到烧杯、烧瓶等化学器材。设计画面时采用虚实结合的方法，把天然气和研究院结合起来。（在“第二步，找参考”和“第三步，做设计”中会详细介绍这个示例的制作方法。）

示例四：某城区招商的PPT封面

如果给某个城区制作招商PPT，封面该怎样设计呢？一般也都是把城区的地标建筑放在封面上。如果这个城区没有地标建筑呢？如果这个城区还有更复杂的特征呢？

比如，锐普设计师在给上海市闵行区制作城市推介PPT时，因为该区产业比较分散，南部是科创，中部是工业，北部是商务、交通，而该区缺少一个能够代表全区的地标建筑，于是，对该区提炼出4个关键词：上海门户、综合、科技、梦想，并由此设定了封面故事——“上海的门户，梦想的舞台”。设计画面时采用场景的组合，把闵行区的各个建筑融合成一个场景。（在“第二步，找参考”和“第三步，做设计”中会详细介绍这个示例的制作方法。）

第二步，找参考

设定了封面故事后还不能马上动手制作，最好寻找一些相关的参考图片，这样可以大大提高制作效率。

针对示例三，我们可以在一些设计网站如花瓣、站酷、Dribbble、Behance等中搜索“虚实结合”，就能找到很多与我们设想接近的案例。

根据这些参考图片，我们可以用白色线条勾勒出各种实验器材，和实景的厂房结合起来，就能准确表达故事。

针对示例四，我们也可以搜索“城市地标”，就可以看到各种城市地标的处理方式，有的强调某一个地标建筑，有的则是将多个城市建筑组合在一起，还有的采用给建筑加倒影的方式来增强视觉效果。

根据这些参考图片，我们可以把闵行区各个地标建筑抠出来，拼接在一起，并在底部显示出倒影，映出上海的各个建筑，体现出上海门户的定位。

第三步，做设计

做设计的过程，就是根据参考图片把现有的素材重新组织、排列、优化，完成设想的过程。

我们可以先绘制草图，规划出大概的样貌。

示例三的草图如下。

示例四的草图如下。

然后根据草图和素材进行构图和设计。

比如，对于示例三，先找一张漂亮的草原背景的图片，再找一张油气田的图片并抠除背景，两者组合，一个完美的场景就出来了。

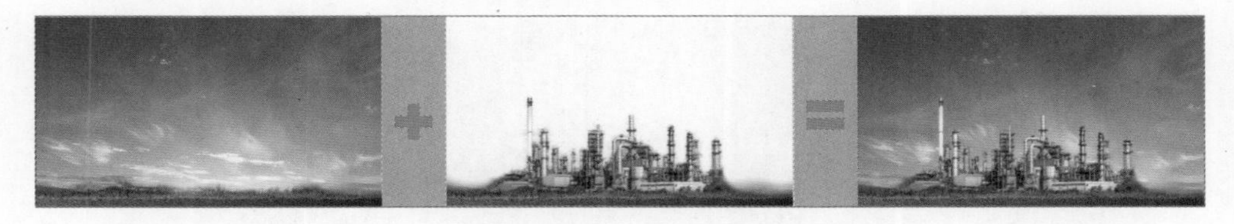

沿着油气田里的建筑，再绘制出试管、烧杯、烧瓶等图案。

比如，对于示例四，我们把各种实景图抠除背景，并调整每张图片的色彩和尺寸。

得到构图所用的各种素材。

最后，再排列版式和优化。

给示例三添加蒙版、标题、色块等元素，就得到一张故事化的封面了。

把示例四的素材按照草图排列好，添加标题、背景、动画，即可得到一张栩栩如生的封面。

第5章
做字效

文字是有感情色彩的。不同的主题、不同的观点，采用不同的文字表现形式，带给观众的冲击

01
字体的性格

每种字体都有特定的性格。让合适的字体应用于合适的场合，不仅能够提升美观度，更能充分表达演示内容及演讲者的情绪，发挥最大的效用。我们根据文字结构的高低、空间的疏密、笔画的粗细、线条的曲直、笔法的繁简，将文字分为以下12种类型。

A 力量型

力量型字体笔画粗，空隙小，笔画简洁而不加装饰。这类字体醒目且易于辨识，给人较强的冲击力，甚至压迫感，常用于政府、国有企业单位及发布会、个人演说等场景，多用于封面标题、标语、金句、关键词等，不适合用作内页标题及大段文字。（注：以下标注✓的字体是可以免费商用的字体）。

方正超粗黑	方正兰亭特黑	创客贴金刚体✓
思源粗黑✓	字魂正酷超级黑	三极力量体✓
小米粗黑✓	汉仪荟心	阿里巴巴普惠粗✓
锐字巅峰粗黑	字魂力量粗黑体	造字工房凌黑

某工程机械公司的PPT页面，标题采用字魂正酷超级黑字体，能体现工程机械公司的力量感。

某科技公司的PPT页面。“智能社会即将到来”这句话是对未来的判断，采用思源粗黑字体，更醒目，在语气上也更坚定。

商务型

商务型字体粗细均衡、空隙适度，笔画简洁，容易辨识，给人以稳定、可靠、务实的感觉，多用于工作汇报、企业介绍、工作规划、发布会、课件等的正文部分。

微软雅黑　OPPO中粗✓
三极素纤✓
字魂创中黑　思源普黑✓　方正兰亭纤黑
小米普黑✓　阿里巴巴普黑✓

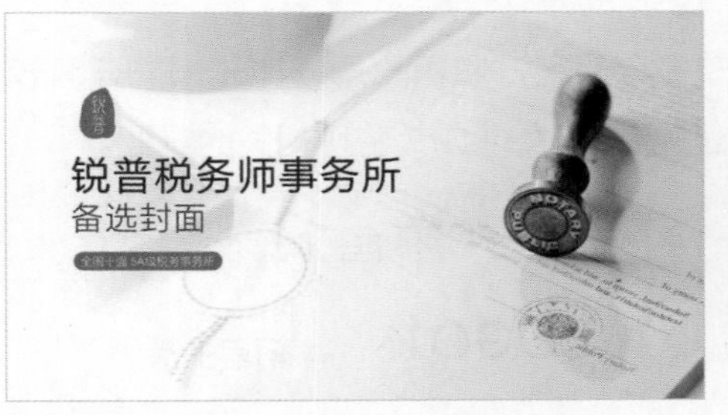

某税务师事务所的PPT页面。这种咨询类的公司，无论是标题还是正文，基本上都采用商务型字体，给人以理性、严谨、务实的形象。

简约型

简约型字体笔画纤细、间隙较大、线条规整、装饰较少。这类字体有利于塑造干净、轻盈、现代的形象，多用于科技、建筑、快消品、设计、酒店、时尚等对美有着极致追求的行业。因为不容易辨识，也不容易被注意，这类字体更适合用作提醒性文字和装饰性文字。

思源细黑✓　字魂创细黑

方正兰亭超细黑　小米纤细✓

OPPO细黑✓　阿里巴巴普惠细✓

某高端别墅推介会的PPT页面。标题采用思源细黑字体，营造了高端、现代的感觉。

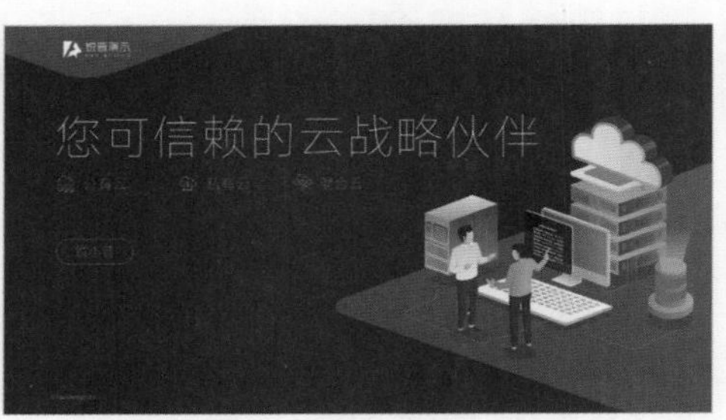

某云计算公司形象推介的PPT页面。标题和正文都采用小米纤细字体，符合科技公司现代、高效的形象。

柔美型

柔美型字体笔画粗细变化较大，曲线较多，起笔、收笔、角部比较圆润，有较强的美感。这类字体多用于美妆、时尚、奢侈品等与女性或美密切相关的行业。

字魂文艺花瓣体　方正秋刀鱼润黑

微米简书　得意黑✓　站酷小薇LOGO体✓　问藏书房✓

优设好身体✓　三极花朝体　字体中国锐博体

造字工房悦细黑　峰广明锐体✓　方正粗倩

白无常可可体✓　时尚中黑　美呗嘿嘿体✓

站酷文艺体✓　胡晓波美心常规体

某化妆品公司的PPT页面。标题采用白无常可可体，高挑、纤细，加上彩色的色块，增强了美感和艺术感。

某公司妇女节宣讲的PPT页面。主标题采用站酷小薇Logo体，符合女性特点，也能营造轻松、欢快的氛围。

帅气型

帅气型字体笔画直、装饰少、造型美，一般横细竖粗、形态挺拔，充满阳刚之气。这类字体广受党政机构、事业单位，以及科技、制造、互联网等企业的欢迎。因为其字形复杂，所以一般用在标题、关键词、关键句中，不适用于大段文字。

造字工房形黑　张海山锐谐体
锐字锐线梦想黑　仓迹高德国妙黑✓　光良酒-干杯体✓
站酷高端黑✓　庞门正道标题体✓　字体传奇雪家黑✓
阿里妈妈数黑体✓　钉钉进步体✓　胡晓波真帅体✓
方正粗谭黑　阿里汉仪智能黑✓　卓健橄榄体✓
逼格青春粗黑体　金山云技术体✓　张海山锐线体
卢帅正锐黑✓　字体圈欣意冠黑体✓　锐字潮牌真言✓
仓耳渔阳体✓　庞门正道细线体✓　胡晓波男神体✓
方正细谭黑　站酷庆科黄油体✓　一品创享体✓

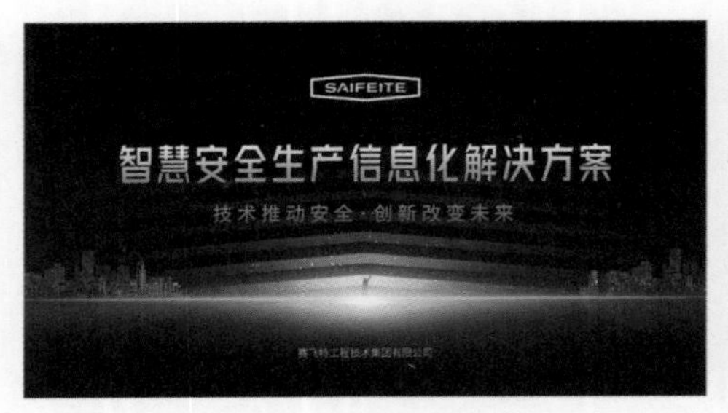

某信息科技公司的PPT页面。标题采用了金山云技术体，科技、现代又精美，很符合科技公司特征。

某制药公司的PPT页面。标题采用了字体圈欣意冠黑体，既醒目又有美感，也能凸显数字化建设的现代感。

A 严肃型

经过多年的演化和筛选，宋体、黑体及其衍生出的字体因为横平竖直、棱角分明、方正有力，始终给人一种严肃、正直的印象，同时也有一定的历史感和厚重感，成为党政机构、事业单位和国有企业等的首选字体。

方正综艺 方正大黑 车牌字体 字魂冰宇雅宋
康熙字典体 方正风雅宋 华光俊秀体
方正清刻本悦宋 思源粗宋 造字工房尚雅体
锐字云字库美黑 文道潮黑 思源细宋 方正正大黑
腾祥金砖黑 字魂独角兽体 字魂手刻宋
汉字之美神勇兔生肖 方正报宋 方正粗宋 方正美黑

某金融公司年终工作总结的PPT页面。国有企业的年终总结，庄重而严肃，所以标题采用了思源粗宋字体。

某公安机关工作汇报的PPT页面。打击违法犯罪是一项庄重而严肃的工作，所以标题采用了由宋体引申出的华光俊秀体。

科幻型

科幻型字体通过制造缺损、风化的效果，或融入机甲、盾牌等笔形设计，营造出一种科幻未来的氛围，这类字体多用于科技、游戏、娱乐等行业。

锐字奥运精神拼搏　字体传奇特战体✓

斗鱼追光体✓　字魂机甲超级黑

字体传奇南安体✓　印品南征北战

某生物医药产业推介的PPT页面。标题采用斗鱼追光体，这是一款仿生造型的字体，与生物医药主题比较吻合。

某集成电路产业推介的PPT页面。标题采用字体传奇特战体，带有很强的科技感和未来感。

运动型

运动型字体结构有倾斜，笔画随倾斜而变化，塑造了一种运动感和速度感。这类字体可用于体育、音乐、汽车、物流、科技等行业。

演示斜黑体✓　字魂飞驰标题体

字魂活力悦动体

字魂小城非凡体　优设标题黑✓

方正惊鸿体

年终工作总结与来年工作计划的PPT页面。标题采用庞门正道标题体，加上倾斜的效果，很有速度感，与奔跑的兔子相呼应。

某生物科技企业介绍的PPT页面。标题右侧是运动着的双螺旋动画，标题采用动感的优设标题黑字体，相映成趣。

书法型

书法型字体作为最具中国特色的字体形式，或苍劲有力，或行云流水，或出神入化，或气定山河，给人以很强的艺术感和冲击力，是政府、国有企业的不二选择，也是很多企业在年会、经销商大会、发布会等场合常用的字体。

胡晓波谷云厚隶　田氏颜体　胡晓波谷云狂楷
云峰飞云体　凤仪煞笔体　鸿雷板书简体
字魂武林江湖体　演示新手书　字魂行云飞白体
字魂霸燃手书　演示镇魂行楷　庞门正道粗书体
演示夏行楷　演示悠然小楷　剑豪体
微米有行　胡晓波谷云锋锐
汉仪尚巍手书　字魂江汉手书　潮字社凌渡鲲鹏
演示秋鸿楷

某投资推介的PPT页面。标题采用演示悠然小楷书法体，大气、精美，又充满了历史感和文化感。

某中心工作汇报的PPT页面。用微米有行的书法字体强调“智能化”“高速度”两个词语，与黑体形成了强烈对比，更醒目。

A 手写型

手写型字体以楷书、行书、隶书为主，笔画粗细不均，结构轻重不定，给人以轻松、随意和个性的感受。这类字体多用于个人化PPT，比如人物介绍、个人简历、述职报告及产品销售等PPT演示。

沐瑶随心手写体✓ 方正静蕾
品如手写体✓
华康海报体
字魂新潮海报体
郭小语钢笔楷体
方正瘦金书
仓耳渔阳体✓

某人生平介绍的PPT页面。标题采用品如手写体，给人随性、真实的感觉。

某公司年终总结的PPT页面。前言文字采用品如手写体，更人性化，会强化感情色彩，富有感染力。

A 稚嫩型

稚嫩型字体文字结构较随意，笔画粗细较随意，装饰元素也较随意，体现的是小朋友随心所欲、稚气未开的状态。这类字体多用于与少年儿童相关的教育、产品、活动等PPT演示。

仓耳与墨✓ 站酷快乐体✓ 锐字锐线俏皮
字魂天真儿风体 字魂布丁体 标小智龙珠体✓
方正少儿 华康娃娃体 小可奶酪体✓
字魂酷乐潮玩体 方正喵呜体 汉仪丫丫
仓耳小丸子✓ 字帮玩酷体✓ 方正稚艺

某培训机构的课件的PPT页面。标题采用站酷快乐体，轻松、活泼，更贴合小朋友的审美习惯。

某小学活动介绍的PPT页面。标题采用字魂布丁体，自由、随意，符合儿童外出游玩的情绪。

放松型

放松型字体笔画粗细较随意，结构偏矮胖，笔画不正，东倒西歪，辨识度一般也较差，多用于表现相对轻松、随性的情绪。

方正流行体
方正胖头鱼
阿朱泡泡体✓
字魂萌趣果冻体
字魂跳跳体
荆南波波黑✓
胡晓波骚包体✓
庞门正道轻松体✓
华文琥珀

某公司旅游方案的PPT页面。旅游的主题和配图都给人以放松、自在的感觉，所以标题的文字也采用了比较随性的荆南波波黑字体。

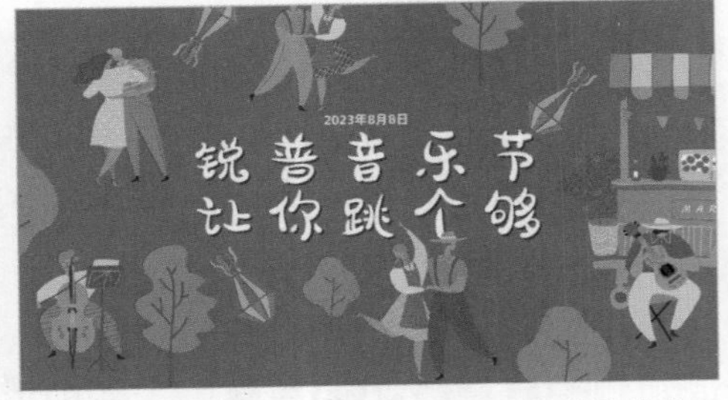

某音乐节活动介绍的PPT页面。页面主体是卡通、夸张的插画，标题采用胡晓波骚包体，表达了随意释放的情绪。

除了以上字体，在PPT制作中，还要坚持“两个慎用”。

（1）慎用杂乱字体

要避免使用粗糙的、电脑自带的、不容易辨认的、带有图案的、镂空的、叠加的、字库不完整的、繁体的字体。这并不是说永远不能用，一般在较特殊的场合或表达特殊含义时采用。

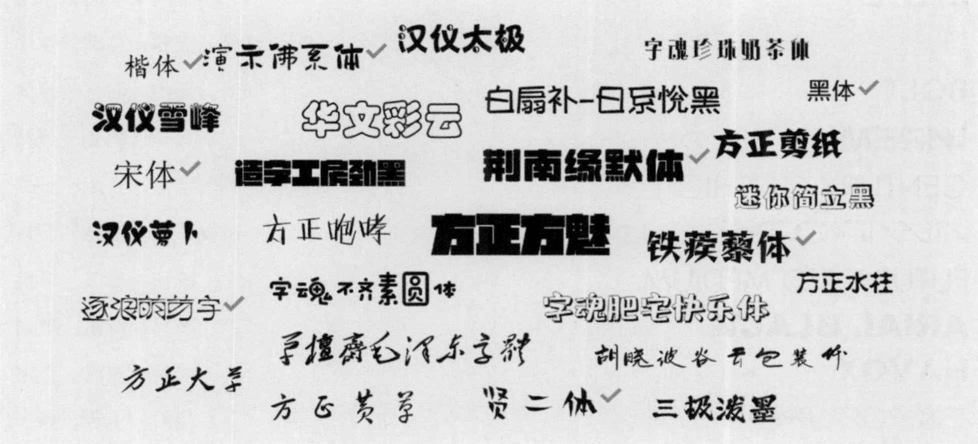

（2）慎用版权字体

现在对字体版权的保护越来越严格了。在以企业名义进行演示时（不管你是不是营利性行为），要避免使用商业字体。本章中凡是标注了✓的字体，都是可以免费商用的字体。凡是没有标注✓的，除非你所在单位购买了版权，都是要避免使用的。

还有一种特殊的字体是英文字体，在涉外的PPT演示中必不可少。以下是适合在演示中使用的英文字体，推荐给读者。

JOSEFIN SANS THIN	纤细、时尚、高雅的字体
AZONIX	帅气、硬朗的字体
BAHNSCHRIFT	挺拔、紧凑，通用性强
DANCING JUICE	矮胖、稳重，给人休闲的感觉
MASSIAS FONT	科幻，有未来感的字体
AMITHEN	手写、随意、洒脱的字体
ROAD RAGE	霸气、随意的字体
TW CEN MT	锋利、帅气、直接
ACE SANS EXTRABOLD	紧凑、方正，略显僵化和古板
REEMKUFI	粗壮、锐利、正式的字体
OPTICIVET	时尚、简约、奢侈的字体

CASSANNET	锋利、帅气、直接
AVEDEN	科幻、有未来感
CHOGOKUBOSO GOTHIC	纤细、高雅、经典的字体
BOLT	时尚、简约、奢侈的字体
VAREM	科幻、硬朗
CENTURY GOTHIC	商务、简约的字体，多用于正文
AVAPORE	高端、有速度感的字体
FUTURA STD MEDIUM	锋利、帅气、直接
ARIAL BLACK	有力、厚重、严肃
HAVOX	简约、时尚、直接
EXPOSURE	科幻、未来、奢侈

某公司对欧美消费者品牌宣传的PPT页面。为体现“BRAVE”主题，文字采用了Century Gothic字体，更锐利、更动感。

某设计公司品牌介绍的PPT页面。标题采用Bahnschrift字体，这种英文字体细长而紧凑，很现代，很有美感。

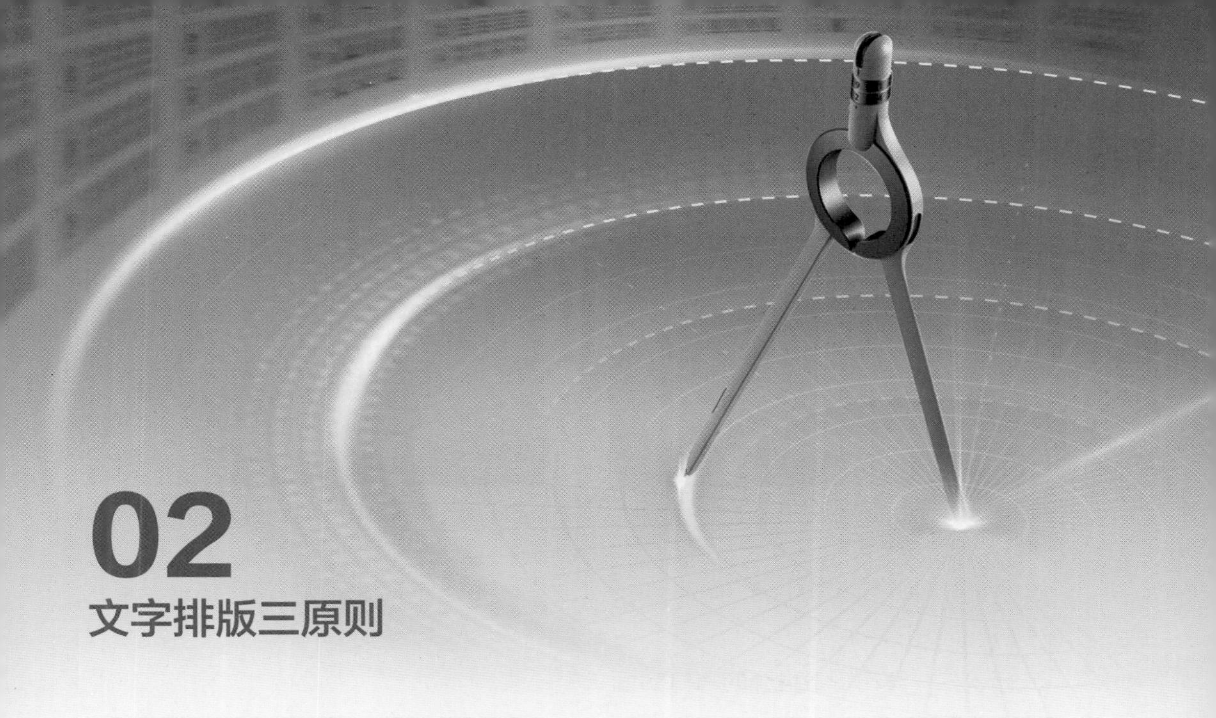

02
文字排版三原则

文字设计得是否好看，主题表达是否到位，取决于字体、字号、行距、字间距的排列组合。文字排版总体上要遵循3个原则。

A 字体搭配，效果翻倍

如第3章所述，PPT中的文字分为3类：标题型文字、提醒型文字和装饰型文字。通常，我们会将不同类型的字体搭配在一起，从而营造出层次之美。这些搭配又分为以下4种。

- 轻与重搭配。将较粗的、较重的字体用于主标题，将较细、较轻的字体用于副标题或正文。

示例一：某公司校园招聘的PPT封面

左侧大标题采用的宋体太细太小，会让画面太空，与“勇敢新世界”所表达的勇往直前主题不搭；换成右侧更厚重的字体后，效果就明显得到了提升。

- 书法与常规搭配。将书法体用于主标题，将黑体、宋体等标准字体用于副标题或正文。

示例二：某市形象推介的PPT封面

左侧用的是黑体，又冷静又平淡，缺少感情色彩；右侧换成书法体，并添加了装饰，给城市赋予了历史和文化的内涵。

- 衬线与非衬线搭配。将衬线字体（笔画粗细有变化，起笔和落笔有装饰，例如宋体、隶书字体）用于主标题，将非衬线字体（笔画粗细无变化，起笔和落笔无装饰，如黑体）用于副标题或正文。

示例三：某地产发布会的PPT封面

左侧采用又粗又重的黑体，与副标题的黑体搭配，给观众较大的压迫感；右侧主标题换成了细宋体，副标题的黑体也变细后，给新的楼盘添加了更多的人文和艺术色彩，也更有亲和力。

- 中英搭配。为了照顾国外观众，或者为了体现演示的现代化和国际化，我们有时会在标题、关键词旁添加英文作为装饰或提示。但如果只是面向国内的观众，一般不需要放英文。

示例四：某农业科学院介绍的PPT

这个PPT还会用于与国外学者交流，所以标题只用中文就不合适了；添加英文后，不仅方便进行国际交流，画面也更加饱满、更有美感。

大可遮天，小若蝼蚁

人的注意力是有限的，同一时间只能关注一个焦点。当一页PPT中有多条文字信息时，就要做到层次分明，该大的就要足够大，甚至大到占满整个画面，该小的就要足够小，甚至小到观众只能看到一个黑点或一条线。大字与小字的强烈对比，能形成信息的主次传递，并让观众铭记主要信息。

标题型文字，一般建议字号为28号以上；提醒型文字，一般建议字号为14号以上；装饰型文字（包括注释性文字），小字建议在10号以下，大字建议在100号以上。

示例一：某医疗器械公司介绍的PPT页面

优化前，3句话并列，观众需要逐字阅读，却看不出哪句是重点；经过分析，可以发现第1句是重点，特别是数字58000，于是处理成右侧的页面，把核心数字放大到260号，而次重要文字调整为24号，给观众极强的视觉引导。

示例二：某眼科医院发布会的PPT页面

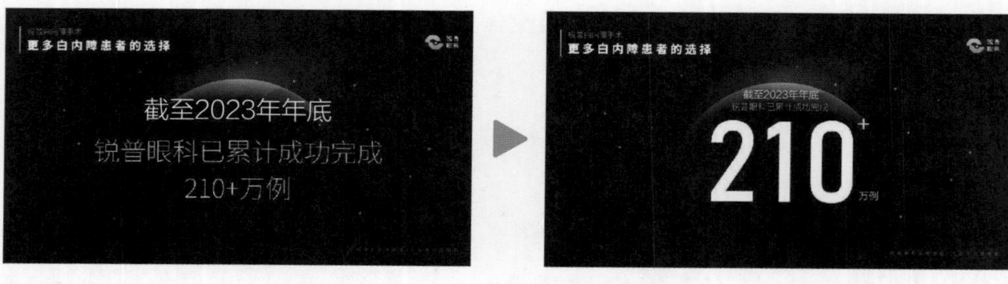

优化前，整句话采用了54号正常标题，平平淡淡，没有情绪，没有冲击力；分析后发现，在这种发布会上，一定要让观众记住最关键的信息，于是把数字放大到240号，其他的提醒型文字反而缩小到14~20号，这种反差更能强化观众对数字的印象。

示例三：某智能芯片介绍的PPT页面

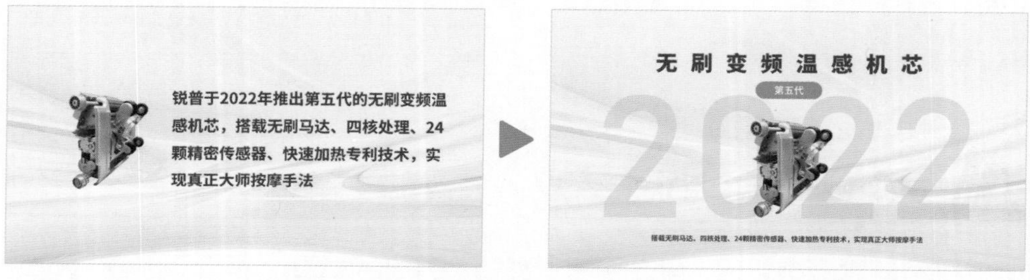

优化前，大段文字搭配一张机器图片，让观众无法阅读；优化后，观众第一眼看到的是机器图片，然后是大标题（标题型文字）及2022（装饰型文字），实际上就是直接告诉观众：2022年推出了无刷变频温感机芯（第五代），主题一目了然，页面既美观又利于阅读。

A 疏可走马，密不透风

“疏可走马，密不透风”是中国传统书法的规则：文字笔画中紧密之处连风都无法穿过，而分散稀疏之处甚至可以让马驰骋。PPT的文字排版也须遵守这个规则。

PPT中的文字都是按照板块摆放的，比如标题板块、正文板块、备注性文字板块。在板块内，文字要尽量紧密，但板块之间要留有充分的空隙。空隙越大，板块间的区分就越清晰，整体画面也就显得越高端，例如下面的PPT页面。

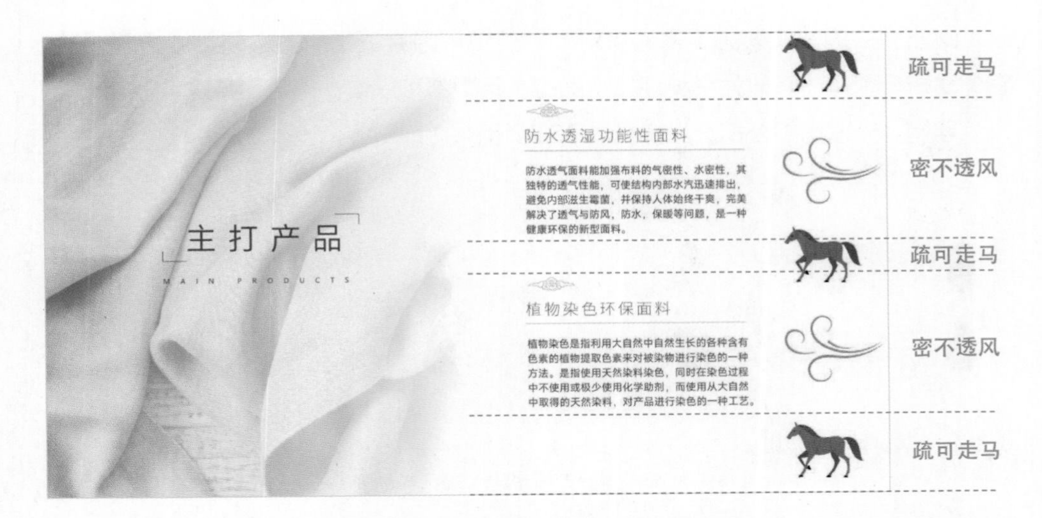

在板块内，要注意文字的行距。一般来说，行距越宽，阅读速度越快。1.5倍行距过于宽松，让段落显得松散，缺少美感。1倍行距略微拥挤，辨识度稍弱。推荐用1.2倍行距，能够兼顾阅读速度和画面的美感。

1.5倍行距

防水透气面料能加强布料的气密性、水密性，其独特的透气性能，可使结构内部水汽迅速排出，避免内部滋生霉菌，并保持人体始终干爽，完美地解决了透气与防风、防水、保暖等问题，是一种健康环保的新型面料。

1.2倍行距

防水透气面料能加强布料的气密性、水密性，其独特的透气性能，可使结构内部水汽迅速排出，避免内部滋生霉菌，并保持人体始终干爽，完美地解决了透气与防风、防水、保暖等问题，是一种健康环保的新型面料。

1倍行距

防水透气面料能加强布料的气密性、水密性，其独特的透气性能，可使结构内部水汽迅速排出，避免内部滋生霉菌，并保持人体始终干爽，完美地解决了透气与防风、防水、保暖等问题，是一种健康环保的新型面料。

字间距也会影响阅读速度：过宽会降低阅读速度，过窄则会让画面显得过于压抑。一般我们采用每种字体默认的字间距。每种字体默认的字间距各有不同，其中最基本的要求是字间距要小于行距。如下例所示，字间距加宽5磅后，字间距超过了行距，会给阅读造成干扰；字间距紧缩了2磅后，字与字之间没了空隙，同样不利于阅读。

加宽5磅

防 水 透 气 面 料 能 加 强 布 料 的 气 密 性 、 水 密 性 ， 其 独 特 的 透 气 性 能 ， 可 使 结 构 内 部 水 汽 迅 速 排 出 ， 避 免 内 部 滋 生 霉 菌 ， 并 保 持 人 体 始 终 干 爽 ， 完 美 地 解 决 了 透 气 与 防 风 、 防 水 、 保 暖 等 问 题 ， 是 一 种 健 康 环 保 的 新 型 面 料 。

默认字间距

防水透气面料能加强布料的气密性、水密性，其独特的透气性能，可使结构内部水汽迅速排出，避免内部滋生霉菌，并保持人体始终干爽，完美地解决了透气与防风、防水、保暖等问题，是一种健康环保的新型面料。

紧缩2磅

防水透气面料能加强布料的气密性、水密性，其独特的透气性能，可使结构内部水汽迅速排出，避免内部滋生霉菌，并保持人体始终干爽，完美地解决了透气与防风、防水、保暖等问题，是一种健康环保的新型面料。

对于独立的文字，则更多考虑对齐、美观等因素。比如主标题和副标题之间，它们是一个整体。有时为了美观，字间距、行距都可以设计得更加特殊。

示例：一家纺织公司产品介绍的PPT页面

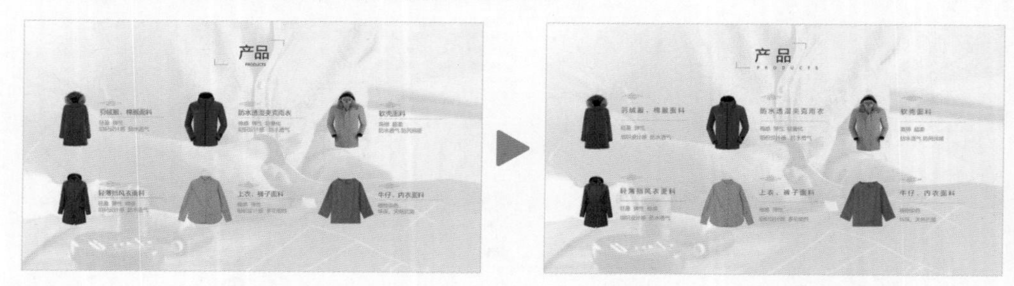

这页PPT的文字没有完整的段落，大多都是关键词。优化前，文字采用标准字间距，行距是默认的1倍，看起来很普通；当把字间距普遍都加宽3~5磅，行距都改为1.5倍后，画面一下子轻盈了起来，更符合纺织公司的行业特征。

03 字形二十五变

对于标题、金句、关键词等重要的文字，如果只改变字体，效果是远远不够的。真正的高手，还要根据场景、主题进行特殊的字体设计，以增强美感和艺术感，并强化情绪。

本节跟大家分享一些PPT字体设计的绝招。

连体字

把各个文字的笔画连在一起，让标题成为一个整体。

选择一种合适的字体。

在能够连接的地方添加图形，在要删除的地方也添加图形。

选择文字和图形，并应用合并形状或剪除形状功能。

编辑顶点，让连接更顺滑。

图形字

把文字的某些笔画用更能表意的图形或图标替代，以强化主题的内涵。

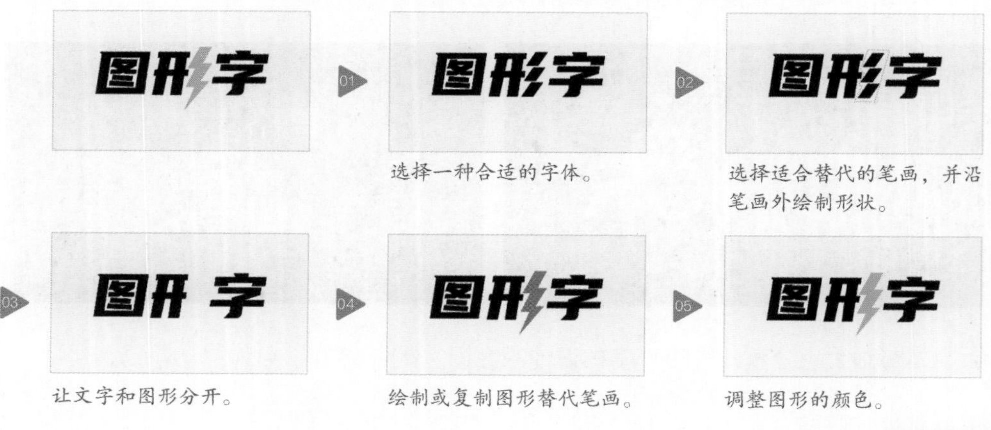

选择一种合适的字体。

选择适合替代的笔画，并沿笔画外绘制形状。

让文字和图形分开。

绘制或复制图形替代笔画。

调整图形的颜色。

渐变字

PPT中的渐变字可以实现非常有艺术感的效果。

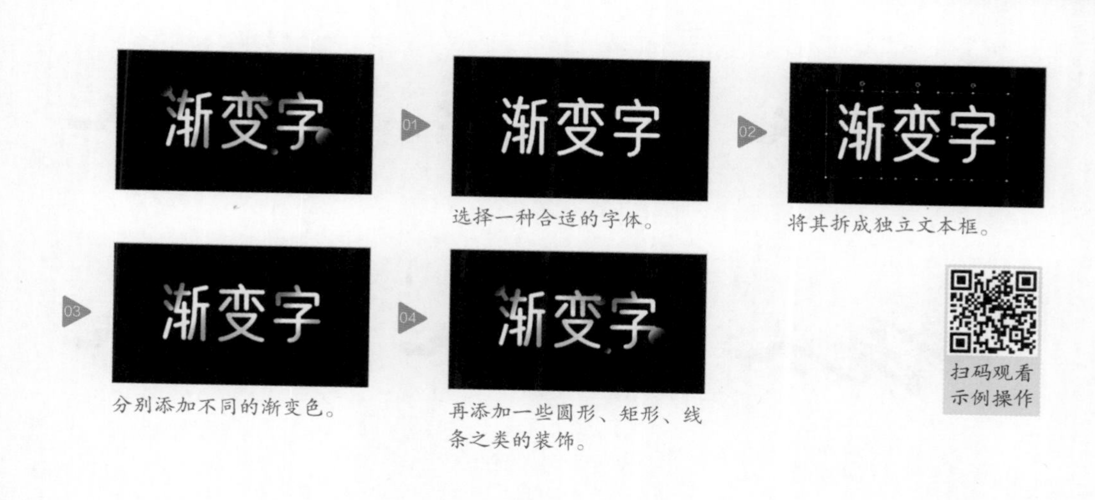

选择一种合适的字体。

将其拆成独立文本框。

分别添加不同的渐变色。

再添加一些圆形、矩形、线条之类的装饰。

色块字

根据文字的字形特点，在底层添加一些色块，可以营造文艺、可爱的氛围。

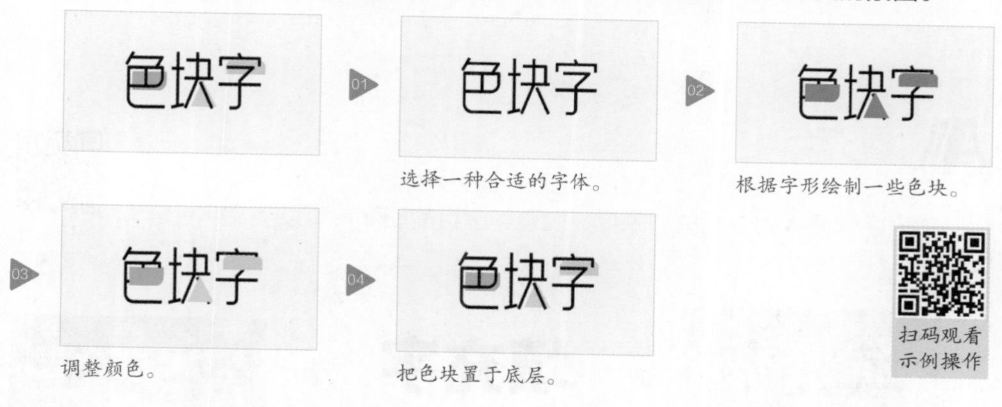

选择一种合适的字体。

根据字形绘制一些色块。

调整颜色。

把色块置于底层。

穿插字

为了更好地表达主题，文字周围往往会出现建筑、人物、绸带等元素，我们可以让文字在辅助元素之中穿插，塑造很强的立体感和一体感。

选择一种合适的字体。

添加图片、图形等辅助元素并将其置于底层。

给文字设置合适的透明度，方便看到重叠位置。

根据文字和辅助元素间的层次关系，在重叠位置沿着辅助元素绘制图形。

选择文字和绘制的图形，进行剪切操作。

取消对文字透明度的设置。

扫码观看示例操作

填充字

扫码观看示例操作

给文字填充人物、花草、家具、纹理等醒目的图案，可以让文字更鲜活、更动感。

选择一种合适的字体。

找到一张醒目的图片。

给文字填充图片。

更换背景色。

为了更醒目，给文字添加一个边框。

金属字

扫码观看示例操作

金属质感可以营造出阳刚、坚毅的氛围。

01 选择一种合适的字体。

02 添加黑色、白色、灰色的渐变填充。

03 再添加黑色、白色、灰色的渐变边框（总体与填充色相反）。

04 添加微弱的棱台效果。

05 添加阴影。

立体字

扫码观看示例操作

立体效果可以营造很强的真实感和冲击力。

01 选择一种合适的字体。

02 换一个有空间感的背景，并调整文字颜色。

03 在“三维格式”里添加棱台效果，并将深度设置为1000。

04 在“三维旋转”里添加一个透视角度。

05 底部加一个阴影图形（为椭圆形添加从黑色到透明的路径渐变）。

透视字

给文字添加透视旋转效果，可以增强画面的空间感，也能快速吸引观众注意，并保持警惕。

01 选择一种合适的字体。

02 在“三维旋转”里选择向右透视的角度。

03 把透视调整为120°，并调整 X 旋转轴。

04 调整颜色并添加两个拉长的三角形。

05 可以再加上人物或建筑场景。

长影字

长阴影可以塑造简约而又深邃的空间感，让观众眼前一亮。

01 选择一种合适的字体。

02 沿着所有的右上方露头的顶点画45°倾斜线。

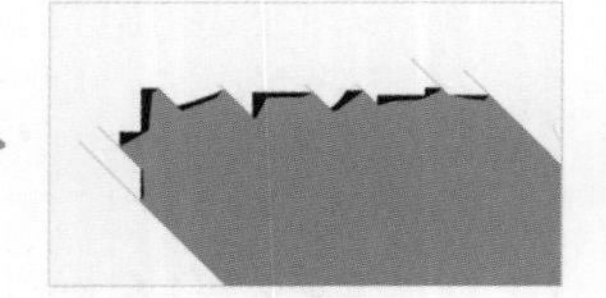

03 沿着斜线及露头的顶点画一个封闭的多边形。

04 把多边形置于底层。

05 删除斜线，并调整颜色（阴影的颜色略重于背景的颜色）。

06 把阴影的颜色设为由实到透明的渐变。

扫码观看示例操作

劈裂字

劈裂字可以用来塑造速度感和震撼感，给人留下深刻的印象。

01

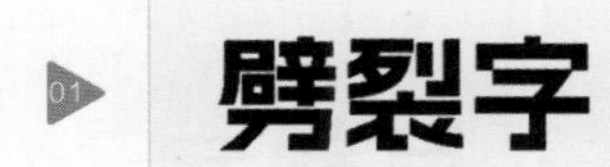

选择一种合适的字体。

02 沿着切口的位置画一个任意多边形（如三角形）。

03 选中文字和任意多边形，进行拆分操作。

04 删除多余的色块。

05 选中切口上方的图形，将其组合并移动位置。

叠影字

文字之间通过阴影相互叠加，可以让标题更有层次感和空间感。

01 选择一种合适的字体。

02

把文本框拆解开，文字之间略有重叠。

03 把文字颜色改为从纯色到透明的渐变色。

04 同样的字体，还能做出更别致的效果。

05

在所有横笔画下，都添加一个矩形。

06

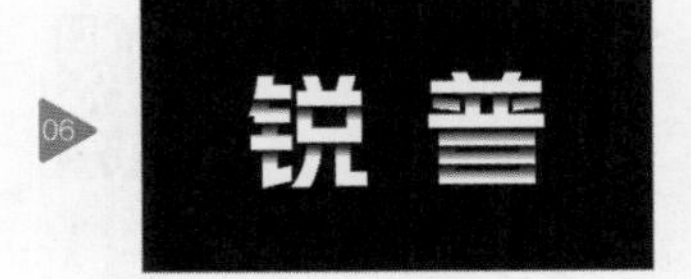

给矩形添加从黑色到透明的渐变色，就做出了百叶窗效果的叠影字。

扫码观看示例操作

层叠字

扫码观看示例操作

把文字一层层叠加，营造出厚重的立体效果，但又有很强的通透感和现代感。

01

选择一种合适的字体。

02 调整文字和背景颜色。

03

对文字进行复制、粘贴的操作，并重复多次。

04

依次选择文字并调整颜色，颜色要设置为由浅到深。

05

对齐文字，并保留相应的距离（可以用对齐工具来操作）。

虚实字

让文字里的笔画有虚有实，营造一种失焦的错位感，反而让观众更加关注。

01 选择一种合适的字体。

02 添加背景色。

03 添加一个色块。

04 将文本框与色块进行形状拆分。

05 选择需要虚化的笔画，剪切，并将其粘贴为PNG图片，对齐。

06 选中要虚化的图片，添加模糊的艺术效果，并调整虚化的程度。

07 对虚化的图片添加柔化边缘的效果，让边缘更顺滑。

扫码观看示例操作

跳色字

扫码观看
示例操作

将文字里的某些笔画独立出来，添加更鲜艳的颜色，更能彰显文字的特性。

选择一种合适的字体。

在希望突出的笔画边缘和外围画形状。

选择文本框和形状，进行形状拆分。

删除多余的形状。

给希望突出的笔画填充鲜艳的颜色。

拆解字

拆解字是把原本集中、整体的文字，拆分成一堆笔画的组合，常用于装饰型标题，营造一种松散、放松的状态。

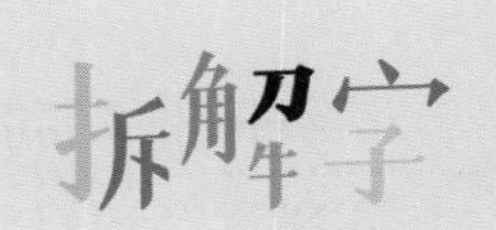

选择一种合适的字体。

画一个图形。

选择图形与文本框，进行形状拆分。

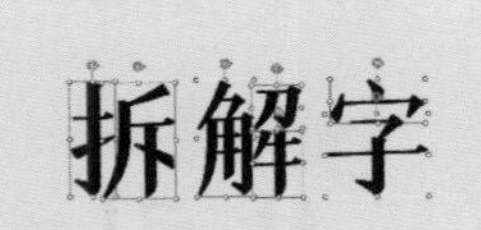

删除多余的图形。

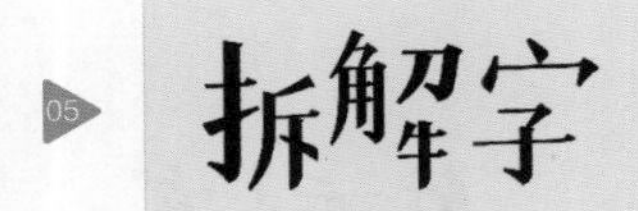

拆开文字各个笔画，并调整各笔画的大小。

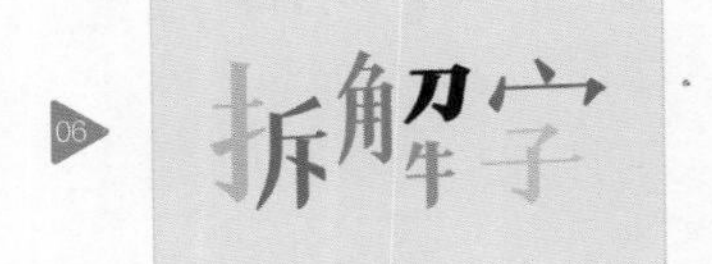

调整笔画的颜色。

扫码观看
示例操作

书法字

书法字更讲究整体的美感，不是选择一种合适字体就可以，一定要做字体的排版和美化。

01

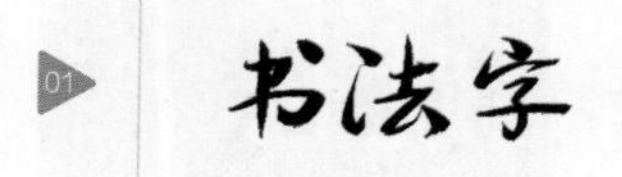

选择一种合适的字体。

02

把文本框拆开，每一个字一个文本框。

03

调整距离、位置、字号。

04

添加英文、副标题、印章等装饰。

笔刷字

笔刷让书法字有了无限可能。

01

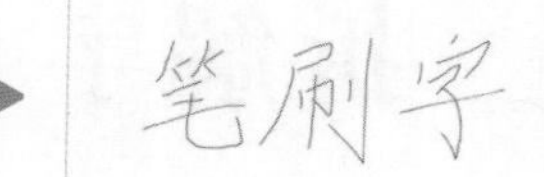

先用PPT的绘图功能写出文字（也可以找个书法字衬底）。

02

打开笔刷库（本书会附送大量的PPT笔刷）。

03

用合适的笔刷沿着手写字拼出字形。

04

删除手绘的文字。

05

再添加署名、印章等装饰。

海报字

扫码观看示例操作

给标题添加一个量身定做的背景，可以增强标题的整体性，也能吸引观众的注意。

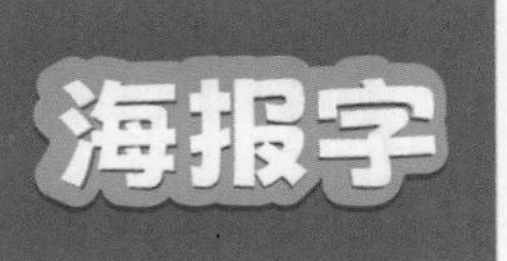

01
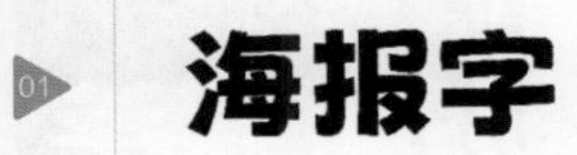

选择一种合适的字体。

02 调整背景和文字的颜色。

03 复制一个文本框放在上方。

04

给下面的文本框添加宽度为85磅的浅蓝色边框。

05

将两个文本框对齐。

06

给文本框添加阴影、立体效果。

故障字

扫码观看示例操作

随着短视频的流行，故障字也流行起来了。错位、零碎的效果，可以营造动感、年轻、新潮的氛围。

01

选择一种合适的字体。

02

画几个粗细不等的矩形。

03

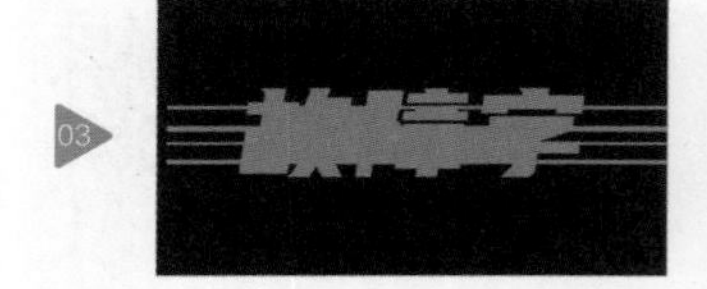

对文字和矩形进行形状拆分操作。

04

去除多余的图形。

05

沿各个矩形选择一整排图形，分别向右错位或向左错位。

06

去除两侧多余的矩形，将剩下的图形结合成一个形状。

07

将图形分别复制两个，一个向右错位，一个向左错位。

08

给左右错开的两个图形分别填充蓝色和紫色。

09

调整它们的位置，左右略微错开。

10

添加一些线条元素，营造速度感。

霓虹字

扫码观看示例操作

在深色画面里，霓虹灯光彩夺目，能够快速吸引观众的注意，还能营造繁华、热闹和神秘的氛围。

01

选择一种合适的字体。

02

给文字填充为浅蓝色。

03

给文字添加发光效果，将透明度调到80%。

04

给文字添加蓝色外部阴影，把大小设置为120%，模糊设置为60%。

05

将背景设置为墙面效果，并添加一些圆形的光圈。

高光字

高光字是一种经典的立体文字样式，很通用，也很炫丽。

01 高光字

选择一种合适的字体。

02 高光字

给文字填充绿色，并将背景改为浅绿色。

复制文本框，再绘制一个长椭圆形。

将文本框与椭圆形进行形状剪除操作。

把新的形状填充为从白色到半透明的渐变色。

将新的形状与标题重叠。

给纯文字添加深绿色的阴影，强化立体感。

扫码观看
示例操作

错位字

扫码观看
示例操作

错位字虽然增加了辨识的难度，但它所带来的错乱感，会引发观众极强的好奇心，大大增强关注度。

01 错位字

选择一种合适的字体。

调整颜色，并在旁边画一个图形。

03 将文字与图形进行形状拆分操作。

04 删除多余的图形。

05 选中所有图形，并进行三维旋转。

06 设置“三维格式”的深度为16磅，并在“材料”中选择“平面”效果。

07 调整部分笔画的旋转角度。

08

添加一些装饰。

破界字

让图片突破文字的边界，既融为一体，又充满创意，给观众较强的视觉冲击力。

01 选择一种合适的字体。

02

添加一个满屏的矩形。

03

选中矩形和文本框，进行剪除形状操作。

04

找一张堆满鲜花的图片（类似铺满元素的图片都行）。

05
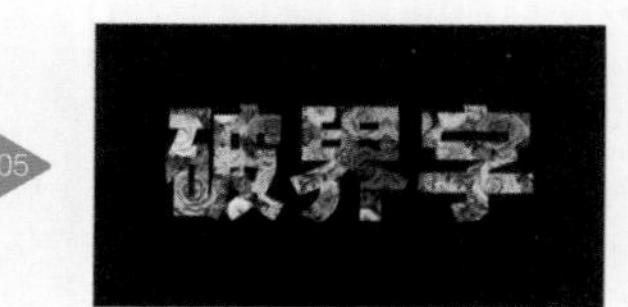

把图片置于镂空文字下面。

06

沿着希望透出的花朵绘制曲线（构成封闭图形）。

07

分别用背景图片与绘制的图形进行形状相交操作。

08

把所有相交产生的花朵复制到原有的页面上。

09

给文字添加较明亮的边框。

扫码观看示例操作

墙壁字

刷在墙壁上的文字在我们生活中习以为常，也能引起观众的警觉。在PPT中，制作类似墙壁的文字，可以给观众带来复古、沧桑、庄重的感觉。

01 选择一种合适的字体。

02 在页面底部添加一张墙壁图片。

03 对文字与图片进行形状相交操作。

04 复制背景图片并将其置于底层。

05 选择文字图片，在“图片格式→颜色→重新着色”里选择浅绿色。

06 在“设置图片格式”中，把亮度设置为10%，对比度设置为80%。

扫码观看示例操作

第6章 配图片

图片，是PPT中最具视觉冲击力的元素，
也是包含信息最丰富的元素。它在PPT设计中至关
重要。

01

图片三作用

观众对于图片的敏感度与文字、图示、图表等元素相比要高得多。阅读一条复杂的信息，3天后你可能只会记得其中的10%；而看到一张富有创意的图片，3天后仍可能记住65%。信息输入越直观，就越有可能被识别和回忆。

图片在PPT中通常扮演3个角色。

一是作为主角，置于PPT的中心位置。这种图片画面清晰、焦点突出、视觉冲击力强，自带主角光环，往往是观众的第一视觉焦点。

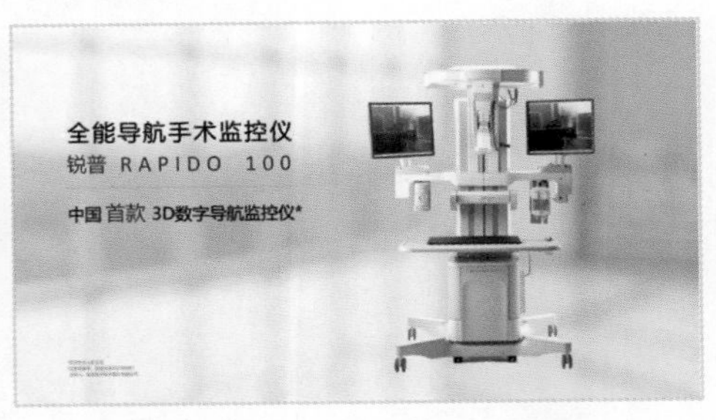

这是某医疗器械公司产品介绍的PPT页面。产品图片总是第一主角，无论位置、比例还是色彩都特别突出，足以吸引观众的注意力。

二是作为配角，置于文本的旁边。这种图片通常作为证据，有时是一张照片，有时是多张照片。它们就像证人，需要时呈现在观众面前，随后又默默退到幕后。

这是某汽车产品介绍的PPT页面。在介绍产品特征时，图片作为文字的补充说明和证据而存在，与文字一一对应。

三是作为背景，置于PPT的底层。利用其自身空白区域或采用虚化、添加蒙版等方式，营造空白区域，在其上方放置PPT的关键信息，图片主要起到强化主题、烘托氛围的作用。

这是某物流企业公司介绍的PPT页面。在罗列各类数字时，数字是主角，图片作为背景，能够强化主题、渲染氛围。

02
选图六优先

每个观点，都可以用多种图片来表现。图片那么多，怎样才能选择最合适的图片呢？我们公司内部有一套选用图片的标准。

专属图片优先

图片在PPT中的首要作用是当作观点的证据，所以优先选择自己公司的、真实的、专属的照片，例如厂房、办公楼、产品、设备、人物、商标、证书、活动等，这种照片能够体现演示主体的特色和真实性，让人记忆深刻，并增强PPT的说服力。必要时，甚至可以聘请专业摄影师进行适当的“摆拍”。

这是大学申请专业的PPT页面。左侧采用了该校所在城市地标图片，构图、配色都很理想，但并没有体现该校的专属性；右侧采用了该校真实的照片，虽然在气势、精美度上差一些，但它是该校真实、专属的照片，有更强的可信度。

如果实在没有专属照片，也可以使用图库中的实景照片，PowerPoint本身已经提供了一个庞大的联机图库。选择图库照片时要注意：尽量选择包含中国建筑、中国模特的照片，尽量对图片进行色彩、版式等方面的优化，尽量添加Logo、名字等专属元素，以提升图片的真实性。

这是某医疗器械公司企业介绍的PPT页面。左侧使用通用的城市夜景图，虽然也能体现“世界”的概念，但缺乏品牌特性；右侧加入该公司的大楼照片，并用流光效果呈现Logo，变得独一无二了。

紧扣主题的图片优先

通常，每页PPT都会有一个主题。选择与主题一致的图片，可以强化对这个主题的表达，也更有说服力。在搜索关键词时，通常采用联想法，关键词越多越精准，这些限定的关键词包括行业、色彩、地点、物品、人种、年龄、布局等。

这是热水器公司企业介绍的PPT页面。这页PPT所表达的主题是“匠心品质”，怎样才能找到这么合适的图片呢？

根据这个主题，设计师会在图库中搜索“匠人”关键词，结果多是裁缝、木工、制陶工等，并不完全符合主题。

考虑到电器类的匠人多与电焊有关，于是，在“匠人”后面再加上“电焊”关键词，进一步聚焦搜索，就能找到更精准的图片了。

第6张图片无论在色彩、主题、排版等方面，都更符合主题，于是选择它作为封面的配图。

符合调性的图片优先

每个企业介绍的PPT，都有自己的调性，或简约，或细腻，或震撼，或大气，或商务，或科技，或正经，或游戏……所以，也要尽可能选择与PPT调性相符合的图片。

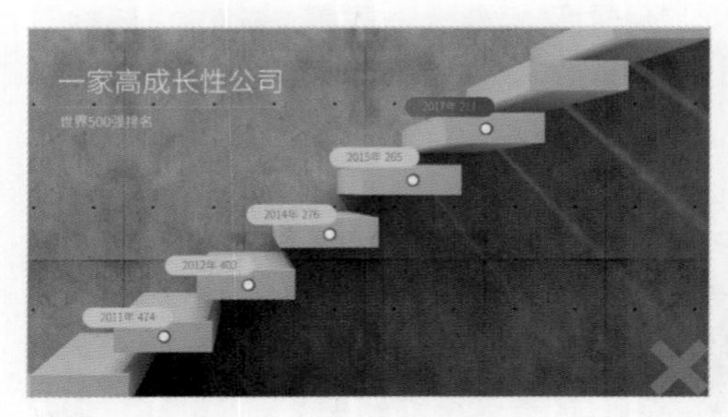

这是某世界500强公司介绍的PPT页面。为了表现该公司在世界500强中的排名增长情况，左图采用的是楼梯，不够有气势，不符合该公司调性；右图采用的是大山，大气磅礴，很符合该公司的调性。

例如，要表现主题“路是走出来的”，搜索“人+路”就能找到无数的图片，但不同的图片调性是不同的，所表现出的寓意也不同，适用的人群、企业、行业也会有所不同。

绿水青山、种树育人之路。

辛劳一生、孤独终老之路。

星辰大海、科技探索之路。

挑灯夜行、探寻希望之路。

相濡以沫、白头偕老之路。

不畏艰险、勇敢前行之路。

所以，一定要确定好你要制作的PPT的精确内涵以及希望表现的调性来选择最合适的图片。

高清大图优先

要保证图片的精致，就要尽量选用高清大图。大图所传达的细节更多、画面更美、所带来的冲击力更强；精度不够的图片往往会给人粗制滥造的印象。

这是某酒店企业介绍的PPT页面。每一张都是精美的高清大图，构图、光感、细节都处理得十分到位，即便有些图片经过裁剪，即便将整个PPT页面缩小，依然能够让观众感受到该酒店的高端与精致。

对于高清大图，推荐采用全景式的摆放方式——将整张大图作为背景，在留白区域摆放文字、图表等信息，这样的画面看起来更有场景感和冲击力；尽量避免豆腐块式的摆放——在白色或黑色背景上，文字和图表放在一侧，图片缩小放在另一侧，这种方式会使图片细节模糊不清，显得不够大气。

这是某新能源公司企业介绍的PPT页面。左图，把图片做成豆腐块的形式，与文字并排摆放，使画面显得零碎，缺少冲击力；右图，用整个大图作为背景，在天空处摆放文字，图片细节清晰，能充分彰显该公司的魅力。

为了保证画面的精美，背景图片的宽度不应低于1920像素，内容图片的宽度不应低于1000像素。所以，PPT中所用的图片尽量选用专业摄影师拍摄的图片或专业图库中的图片。我们公司常用的图库包括shutterstock、视觉中国等。对于个人或小公司来说，怎样能找到免费的专业图片呢？下面推荐几个网站。

	unsplash	提供了大量的免费可商用图片，包括实景图、壁纸、3D图等，图片精美。
pixabay	pixabay	提供了数量极多、非常精美的素材，包括位图、矢量图、插画、视频、音乐、动图等。
	pexels	拥有超多的免费可商用图片和视频，精美度较高。
StockSnap.io	stocksnap	图片资源丰富、品质较高的免费素材网站。
CLEANPNG	cleanpng	提供了大量PNG格式图片。
pngTree	pngtree	提供了大量免费矢量素材，包括背景图、透明底图、PPT模板、文字效果等。

干净图片优先

图片干净，并不是说图片中的元素越少越好，而是与主题无关的元素越少越好。图片中应尽量减少嘈杂的、有瑕疵的、混乱的、干扰主视觉的元素。

这是锐普团队介绍的PPT页面。左图，随意选取了一张生活照，楼房、树叶、小桥，甚至阴影都成为干扰元素，显得很不专业；右图，专门拍摄的商务大图，一切都为了衬托团队形象，看起来很高端，这才配得上“天团”的称呼。

一张图片中的所有元素都是为了突出焦点，所有无关的元素都要尽量删除，避免使用过度复杂的图片，这会使观众感觉混乱。图片干净还有一个好处，就是可以在空白区域添加文字、图表等元素。

这是某起重机公司产品介绍的PPT页面。左图，选用的图片中包括橙色的机车、红色的吊臂、绿色的树木、厂房、正在建筑的楼宇、蓝蓝的天空、斑驳的水泥地，难以突出重点；右图，只保留了重点要展示的吊臂，背景进行模糊和暗化处理，一切为了突出产品——吊臂。

创意图片优先

人们对新颖的事物、打破常规的设计总是充满好奇，有创意的图片更能吸引观众的注意。这也是图片选用的至高境界。

创意的方式有拼接、比喻、拟人、对比、错位、巧合、夸张、超现实等。如下这些图片用在PPT中将会大大增强演示的吸引力。

BLA...
BLA...
BLA...
BLA...
SOCIAL
DISTANCING

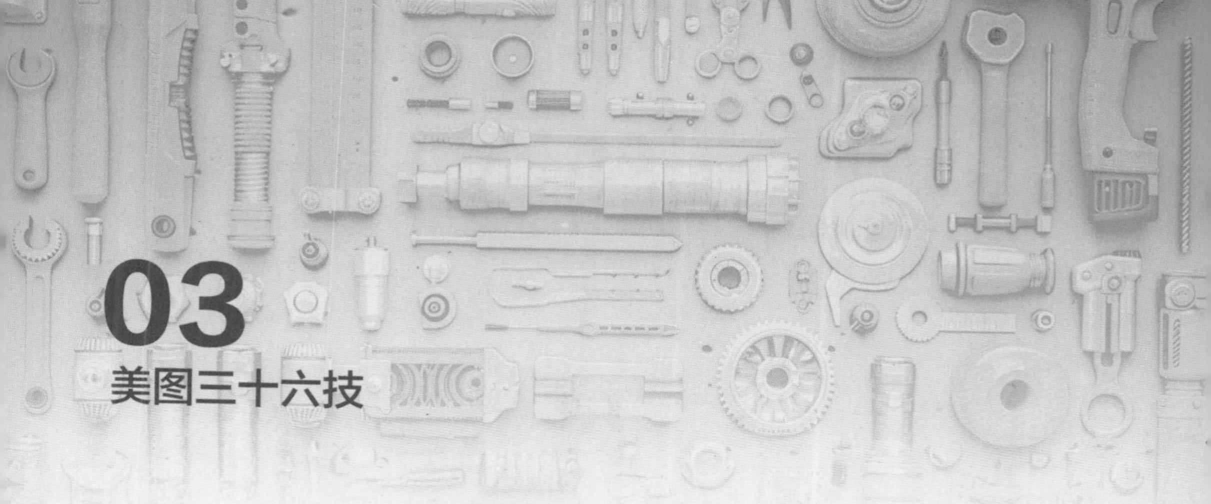

03 美图三十六技

PPT本身已经提供了非常强大的图片处理功能，我们如果能用好、用巧，可以充分满足演示设计的需要，甚至可以媲美PS的效果。

美白技

通过简单的修图，就可以把灰暗的图片变得明亮细腻，提升图片的品质。

最终效果。

原始图片：灰暗，影响食欲。

把图片亮度调高10%。

把图像对比度调高20%。

把图片饱和度提高50%。图片的卖相显著改善。

扫码观看示例操作

裁剪技

图片不仅能裁剪大小，还能进行各种异形裁剪，实现随心所欲的变化。

最终效果。

01

这是一张很有表现力的图片。

02

在“图片格式”选项卡中选择“裁剪”命令，可以操控边框，调整裁剪范围。

03

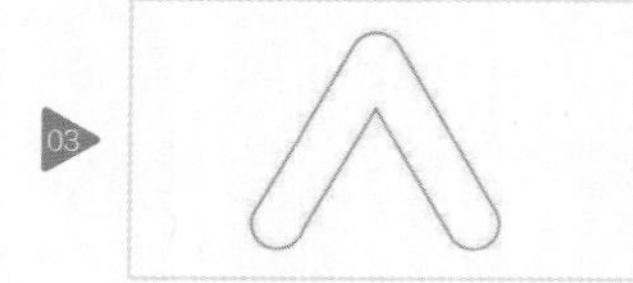

怎样能把图片裁剪成这种Logo的形状呢?

04

把图片和矢量的Logo图形重叠。

05

选择图片和图形，在“形状格式”选项卡中选择“合并形式→相交”命令即可。

06

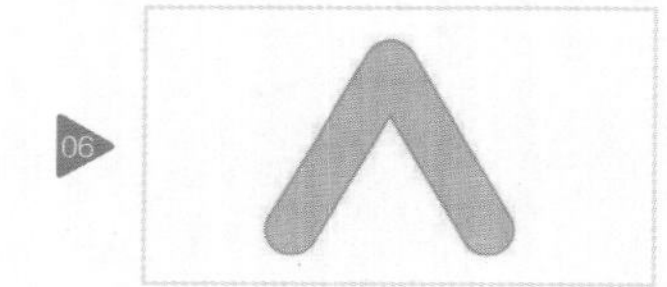

也可以为图形填充图片。

07

在“图片源”中选择对应的图片，再调整图片的位置。

08

或者设为纹理填充。

09

裁剪后再添加一些图形、文字，就构成一个很棒的页面了。

扫码观看示例操作

抠图技

如果要强调图片中的某一个人物、某一件产品或某一个建筑，最好把它们单独抠出来，这样能与画面更好地融合。PPT自带的删除背景功能，在抠图方面已经非常优异了。

扫码观看示例操作

最终效果。

这是一张带有背景的人像图片。

选中图片，并单击“图片格式”选项卡中的“删除背景”命令，紫色的区域就会自动去除。

选择“标记要保留的区域”和“标记要删除的区域”命令，用魔棒进一步优化。

筛选后，人像已经抠得很干净了。

再添加背景、文字等信息，层次分明。

出色技

扫码观看示例操作

为了突出某个元素，或者强化某种感情色彩，我们可以给该元素单独上色，把背景调整成黑白或暗色，强化对比。

最终效果。

原图，整张图色彩都非常鲜艳。

在“图片格式”选项卡中选择“颜色→重新着色”命令，找到“灰度”效果。

再复制一张原图，添加任意多边形，沿着嘴唇边缘画图。

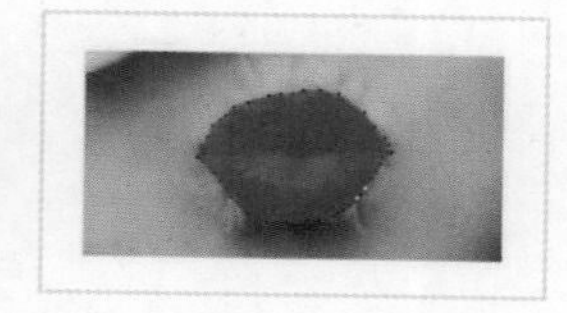

画好后，将其调整成半透明效果，将图片放大，单击鼠标右键，在快捷菜单中选择“编辑顶点”命令，进行微调。

选择图片和图形，在“形状格式”选项卡中选择“合并形状→相交”命令，得到嘴的图片。

06

同样的原理，沿着棒棒糖边缘画一个圆形。

07

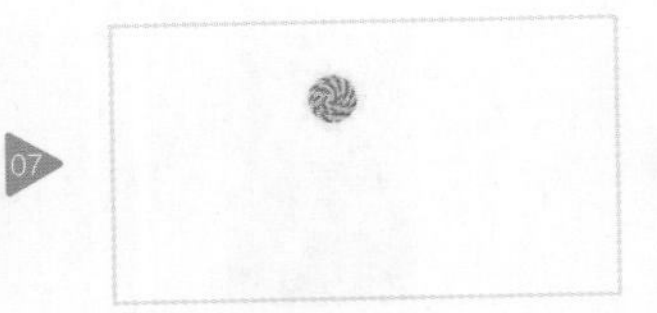

将图片与圆形相交，得到棒棒糖的图片。

08

将嘴和棒棒糖的图片复制到灰度图片上，一下子就凸显了性感的效果。

高亮技

深色背景有利于营造神秘感和品质感，但如果整个画面的颜色都很深，则焦点不够突出。我们可以营造局部高亮效果，在不破坏整体氛围的情况下，让人物或产品更突出。

最终效果。

01

这张图片画面总体上偏暗，人物焦点不突出。

02

复制图片，把整张照片的亮度调高10%。

03

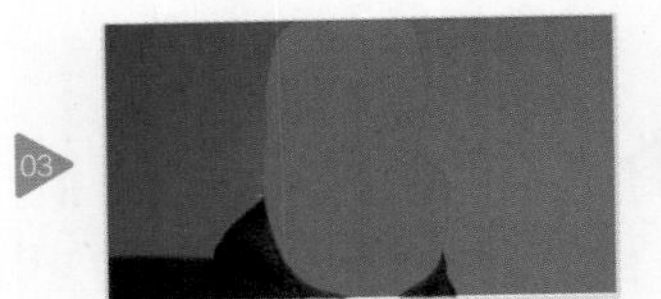

在调亮的图片上，沿着人物头部画曲线，构成封闭图形。

04

选择图片与图形，在“形状格式”选项卡中选择“合并形状→相交”命令。

05

把相交后新得到的图片复制到原图片的上方。

06

给相交后得到的图片添加柔化边缘的效果，这样两张图片就融为一体了。

扫码观看示例操作

整齐技

在PPT中摆放多张图片时，最简单的方式是直接统一其大小、形状，并对齐。有两种快捷的方法：其一是自动裁剪并对齐，这种方法速度快，但图片比例都裁剪成为统一的4：3。

最终效果。

01

一堆形状、大小各不相同的图片。

02

全选图片，并选择“图片格式”选项卡中的“图片版式→蛇形图片半透明文本”命令，自动裁剪与排版。

03

取消组合，并删除文本框。

04

组合并统一调整大小和位置。

其二是手动裁剪，这种方法速度略慢，但可以确保裁剪成所需的尺寸。

最终效果。

01

仍然是一堆杂乱的图片。

02

依次选中图片，在“图片格式”选项卡中选择“裁剪→纵横比→16：9”命令，图片全部统一比例。

03

全选图片，并在尺寸里输入固定的宽度或高度，所有图片的大小自动统一。

04

依次固定左右的图片，用对齐工具，依次对齐第一排、第二排……

05

分别组合每排的图片，用对齐工具让各排图片进行纵向分布。

06

用同样的方式，调整每列之间的距离，让画面看起来更匀称。

扫码观看示例操作

分层技

有时候，产品、人物、建筑等主视觉和背景在一个层次上。如果将标题和图形直接覆盖其上，会弱化主题。于是，我们会把这些主视觉从背景层分离出来，放在画面的顶层。

最终效果。

车和建筑、马路处在同一个层次上。

因为背景过于复杂，而车的轮廓又比较简单，所以我们沿着车画曲线。

把封闭的图形设为半透明，单击鼠标右键，在快捷菜单中选择“编辑顶点”命令，微调边缘。

选择背景图片与图形进行相交操作。

复制背景图片，并将其置于底层，添加色块、标题、Logo等元素。

把车图片置于顶层，整个层次就出来了。

扫码观看示例操作

补全技

扫码观看示例操作

现在的PPT一般是16：9甚至更宽尺寸的，但我们的背景图可能只是4：3的。如果直接拉伸，图像就会变形。我们可以利用图片的部分来补全这个空缺，看起来比较自然。

最终效果。

4：3的背景图，放在16：9的PPT中，会有空白。

复制一张图片，水平移动，放在空缺位置。

将复制的图片进行水平翻转，在接口处无缝衔接。

空缺完美补全。

在背景上添加标题信息。

蒙版技

如果图片过于复杂，我们就会添加一个半透明或渐变透明的蒙版，这样可以让上面的图表、文字更加突出。

扫码观看示例操作

最终效果。

在一张图书图片的表面添加文字，文字看不清，画面也显得杂乱。

画一个矩形，覆盖整个屏幕。

把矩形设为黑色，并将透明度设为30%，只是层次感不太好。

顺着书的方向，透明度分别为50%、30%、50%，让蒙版更有层次。

把蒙版置于倒数第二层，文字和孔子像置于顶层。

有时为了强化PPT的主题色，我们还可以使用彩色的蒙版。

最终效果。

4张图片并排，显得杂乱，而且说明性文字无法看清。

在文字顶部和底部分别添加两个矩形。

把下方的矩形设为从100%透明到深蓝色的垂直渐变。

把上方的矩形设为从40%透明的深蓝色到100%透明的垂直渐变。

把文字置于顶层。

虚化技

每个画面只有一个焦点，如果背景过于突出，就会弱化焦点。于是，我们可以给背景添加虚化效果，营造镜头的景深感。

最终效果。

顶层是手捧纤维的图片，底层是清晰的树叶图片，都很清晰，缺少焦点。

选中底层的图片，在“图片格式”选项卡中添加艺术效果——虚化。

在“艺术效果选项”里，把虚化调整为15%。

再把图片的亮度降低至20%。

扫码观看示例操作

这组图片中的手和背景是分开并在PPT里拼接的，如果它们处在同一张图片里，则需要增加一个删除背景的操作。

贴纸技

贴纸给人轻松、随意、亲切的感觉，常用于生活化的演示中。

最终效果。

01

相互分离的人物、汽车、背景图。

02

选中人物图片，选择“图片格式”选项卡中的“删除背景”命令，把人物抠出来。

03

整个场景比较融合了，但还缺少一些趣味。

04

插入曲线，沿着人物边缘画一个封闭图形。

05

给图形填充白色，并添加阴影效果。

06

把人物图片放在顶层。

07

再添加标题，给汽车图片添加与人物同样的描边效果。

扫码观看示例操作

撕纸技

扫码观看示例操作

撕纸效果给人一种犹抱琵琶半遮面的感觉，既能增强画面的趣味性，也能让观众更关注主体画面。

最终效果。

01

一张生动的场景图片，画面焦点是中间偏上的老师。

02

插入任意多边形，按住鼠标随意画，起点与终点重合，变成封闭图形。

03

使用同样的方法在其上再画一个略小的任意多边形，与下面的不规则边缘接近平行。

04

给顶部图形填充红色，底部图形填充白色。

05

给底部图形添加阴影效果。

06

用同样的方式在右下角再做一个类似的效果。

07

添加Logo、标题等元素。

剪影技

剪影可以营造高大的形象以及神秘、紧张的氛围，特别是当剪影和背景形成巨大反差时，效果更强。

最终效果。

01

一张带有人物的图片。

02

在“图片格式”选项卡中选择“删除背景”命令，并进行删除和保留的操作。

03

抠除背景后的图片。

04

在“图片格式”选项卡中选择“颜色→重新着色→黑白：75%”命令。

05

在“图片格式”选项卡中把亮度调整为-100%。

06

添加背景和标题。

扫码观看示例操作

合成技

扫码观看示例操作

所谓合成，就是把不同场景的图片合在一起，构成一个新的画面，甚至是一个超现实的画面，用以表达新的内涵和意境。

最终效果。

01

这是两张独立的图片，我们尝试把椰子壳和海岛合成为一张图片。

02

先沿着椰子壳的边缘用曲线画一个任意多边形。

03

把海岛图片置于任意多边形下方，并设为半透明，移到合适的位置。

04

将图片与任意多边形进行相交操作，必要时可以给图片增加柔化边缘的效果。

05

再添加几棵高大的椰子树。

06

给画面添加蓝色渐变背景。

07

抠掉椰子壳的白色背景。

08

再添加标题、海鸥等装饰。

笔刷技

扫码观看示例操作

笔刷洒脱、随性、富有中国特色，与人物、建筑、风景等图片结合，能够表达很强的情感色彩，也能够快速吸引观众的注意。

最终效果。

01

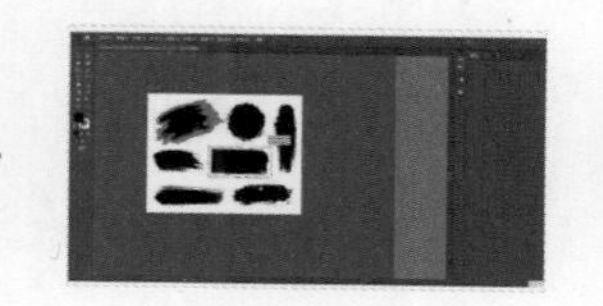
找一些矢量的笔刷（.ai或.eps格式），用Illustrator打开，并复制图形。

02

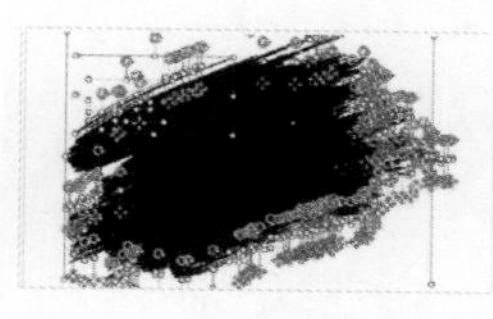
将这些笔刷粘贴到PPT中，并两次取消组合，变成一个个图形。

03

插入一张带有人物的图片，并将其置于底层。

04

选中图片和最大的笔刷图形，进行相交操作，即可得到笔刷效果。

05

如果希望得到更好的效果，再复制一张图片。

06

使用删除背景功能，把头部抠出来即可。

07

或者也可以用其他工具抠图后与背景图片重叠，再用一个矩形与之相交。

08

这样就做出了一个突破性的笔刷效果。

双曝技

扫码观看示例操作

双曝，即双重曝光，就是在主要的人物、物品之上叠加一些别的场景，用以表达隐藏在表象背后的意念，同时也能增强画面的神秘氛围。

最终效果。

01

选一张带有建筑工人的图片。

02

把人物抠出来，并在底部添加一张城市背景的图片。

03

在城市背景之上添加一个15%透明度的白色矩形。

04

沿着人物边缘绘制任意多边形（图形可以略大，完全覆盖人物）。

05

复制一张背景图片。

06

选择图片和人物剪影，做形状相交。

07

给相交后的图片添加50%透明度，透出底部的人物。

08

为了让面部更清晰，复制一张人物图片，并在头部画一个矩形。

09

对人物图片与矩形进行相交操作。

10

给相交后的小图片添加柔化边缘效果，让面部突出但又很融合。

11

添加相应的解释性文字。

换色技

扫码观看示例操作

有时图片中某个元素的色彩并不是我们所希望的，在PPT中就可以实现局部换色。

最终效果。

01

这是在图书馆里穿着蓝色衣服的女孩，衣服不够突出，我们为其换个颜色。

02

复制图片，选中图片，在“图片格式”选项卡中选择“删除背景”命令，用魔棒工具删掉衣服外的图像。

03

只剩下蓝色衣服。

04

再复制原图片，将其置于底层并对齐。

05

选择衣服图层，在“图片格式”选项卡中选择“重新着色”命令，选择绿色。

06

也可以换一个其他颜色，比如粉色，但默认会叠加出咖啡色效果。

07

再把图片亮度增加50%，微调色温，就变成鲜艳的粉色了。

虚实技

扫码观看示例操作

在一张实体图片中，添加一些线条或手绘图形，可以给照片赋予全新的内涵，也能营造轻松、灵动的氛围。

最终效果。

01

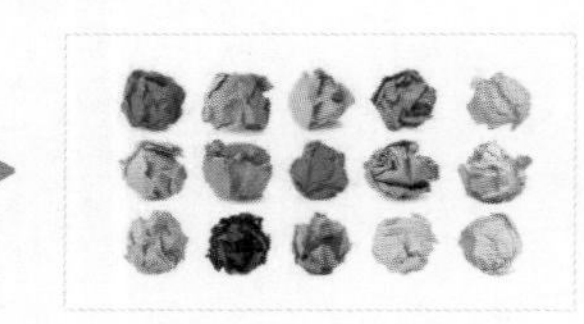

一些普通的纸团图片。

02

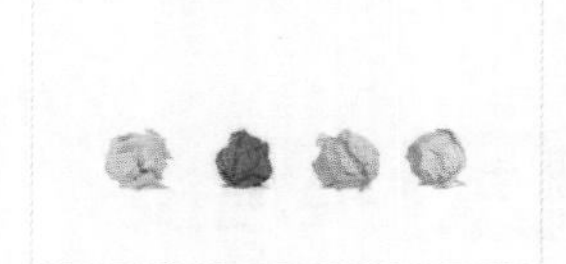

裁剪出3个灰色、1个红色的纸团，并将它们对齐排列。

03

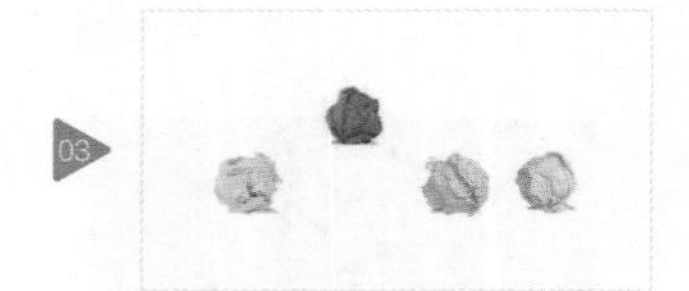

将红色纸团上移。

04

在绘图工具里选择一支黑色笔。

05

给灰色的纸团画底座和电线（试一试，很简单的）。

06

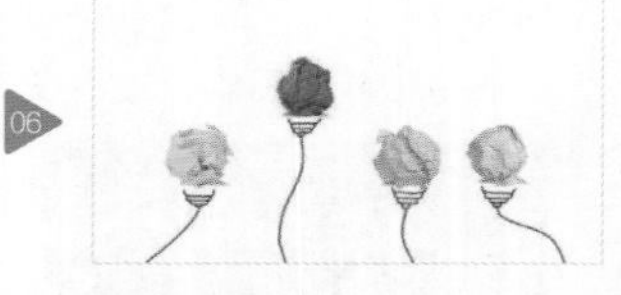

分别给其他纸团都画上底座和电线。

07

再给红色纸团添加一些发光线条，添加渐变色背景，马上就有故事感了。

相框技

扫码观看示例操作

给人像添加相框，可以让画面更活泼一些，也更能吸引观众的注意力。

最终效果。

我们需要介绍其中某个成员，并将这个成员的图像做成相框的效果。

一种做法是，直接在“图片格式”选项卡中选择一种预设的相片效果。

还有一种更酷的做法。先在要介绍的人像四周画一个矩形。

在矩形内再画一个小的圆角矩形。

先后选中大小矩形，并进行剪除操作。

将图形调整为白色填充、无边框的效果。

再复制一个小矩形到原位。

选择背景图片与小矩形，并进行相交操作。

复制一张背景图置于底层。

在“图片格式”选项卡中给背景图设置虚化的艺术效果。

添加解释性文字。

拼图技

扫码观看示例操作

我们也经常会把很多图片拼接成各种图形、数字、文字等，比如Logo、周年数字、企业名称等。

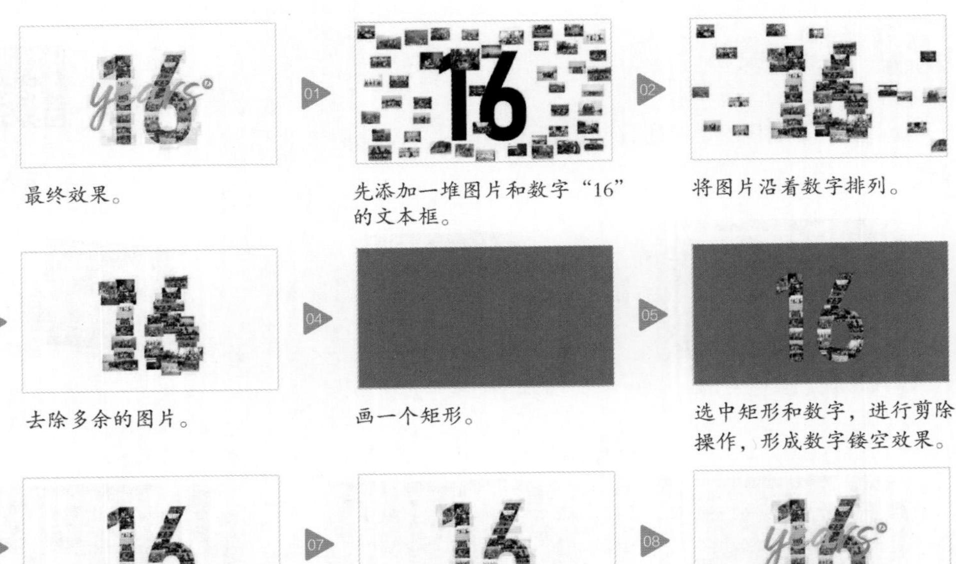

最终效果。

01 先添加一堆图片和数字“16”的文本框。

02 将图片沿着数字排列。

03 去除多余的图片。

04 画一个矩形。

05 选中矩形和数字，进行剪除操作，形成数字镂空效果。

06 把图形填充边框改为无色。

07 为图形设置30%透明度。

08 添加文字。

分割技

扫码观看示例操作

我们可以把一张图片分割成不同的图片，并把这些图片拼接成一张完整的图片，这样可以让画面更生动有趣。

最终效果。

01 一张普通图片。

02 在人像上画矩形、随意倾斜并重叠。

03 分别选择图片和矩形，进行相交操作，不断复制图片，不断相交。

04 最终形成多张矩形图片拼接的效果。

05 再复制一张图片在底部。

06

给所有相交出的图片添加白色边框和右下阴影的效果。

07

选中背景图片，把色彩调整为蓝灰色。

08

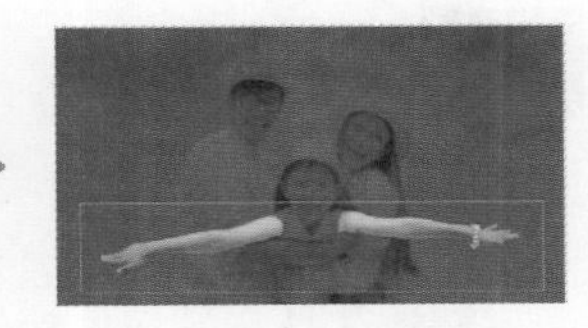

复制一张背景图片，只保留小女孩的手臂部位。

09

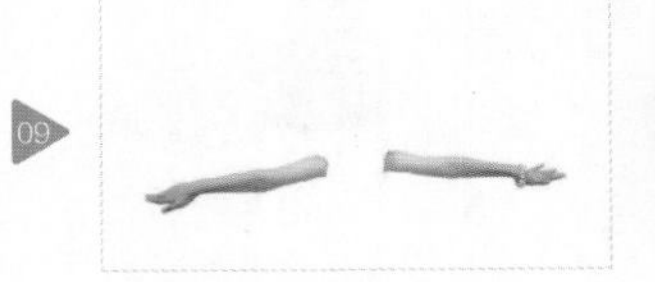

抠出图片中的手臂。

10

把抠出的图片复制到主图中。

11

再调整图片大小，多张小图片分割并拼接的效果就出来了。

倾斜技

多张图片进行展示时，我们可以把图片做成倾斜排列的效果，更有立体感、更生动。

最终效果。

01

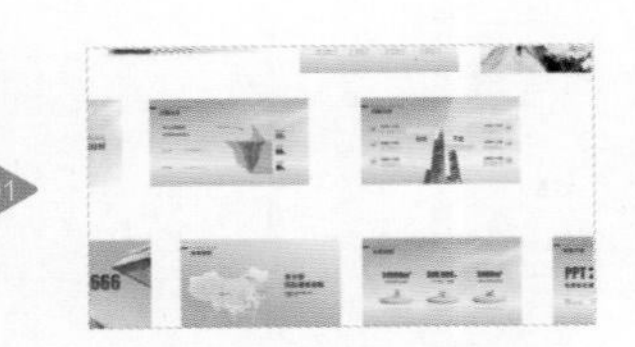

一组数量较多的图片。

02

用对齐工具将这些图片整齐排列。

03

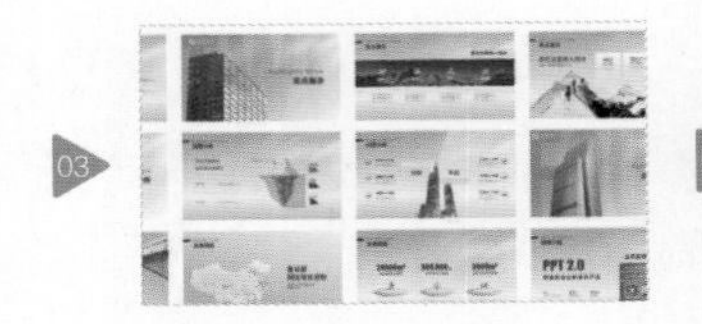

将所有图片组合成一个对象。

04

添加平行的三维旋转效果，并调整角度。

05

添加6磅的厚度，并添加阴影效果。

06

因为是浅色图片，所以把背景颜色设为深蓝色。

扫码观看示例操作

场景技

在介绍人物、产品、服务时，在白板上放置这些对象会显得很单调，我们一般会把它们放在特定的场景里，更有代入感，也能更好地体现这些对象的价值或功能。

最终效果。

01

一张图片加一个标题，排列简单，体现不出推土机的功能。

02

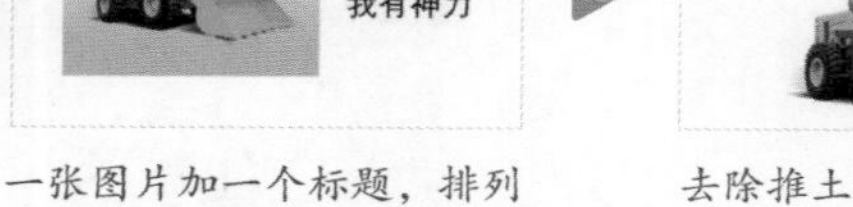

去除推土机图片的背景并放大，这样更有气势。

03

添加一张黄土、雪山的图片衬底，以凸显推土机的应用场景。

04

添加一张天空图片并将其置于底层。

05

再加两朵云的图片。

06

添加金属质感的标题并添加光晕效果。

扫码观看示例操作

彩窗技

把图片分割成多个组成部分，为各部分设置不同的颜色，像教堂中彩色玻璃拼接的图片，也接近于新造型主义，更加活泼、更有艺术感。

最终效果。

01

一张幼儿园主题的图片，很有趣，但画面有点单调。

02

插入一个10行×10列的表格。

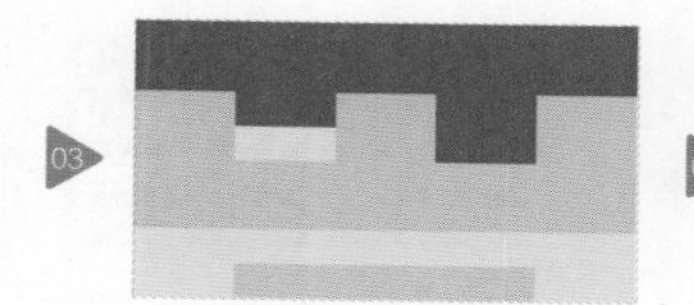

根据图片的构图，选择单元格进行合并，让表格错落有致。

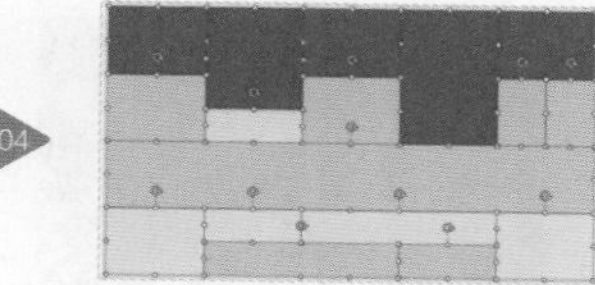

剪切表格，在“选择性粘贴”中选择“增强型图元文件”命令，并两次取消组合。

复制图片，并将其置于底层，与色块进行相交，不断重复。

把色块依次替换成图片。

看似一张图，实际上图片已经被分割成很多不同的小色块了。

选中各个色块，在“图片格式”选项卡中分别对其重新着色，儿童面部要突出，保持原色。

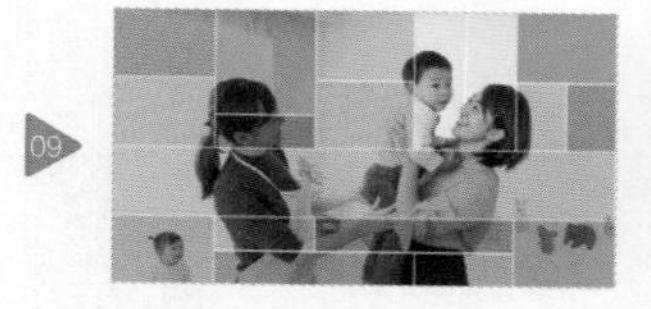

将其他的色块分别调整为红色、黄色、蓝色、绿色等。

添加标题。

扫码观看示例操作

胶片技

扫码观看示例操作

胶片，代表了电影和故事。当我们要展示发展历程、重大事件、重要场景时，把多张照片以胶片的形式呈现，给人娓娓道来的感觉，也能带来很强的感染力。

最终效果。

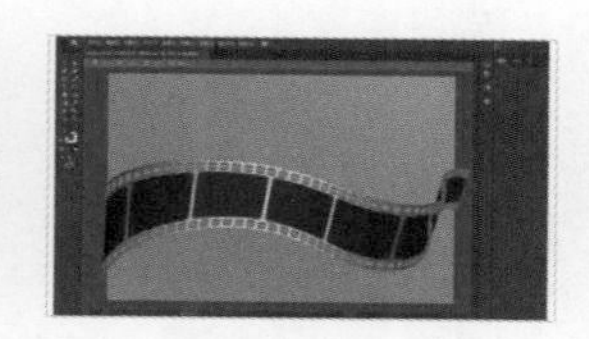

找到一个矢量的胶片图片，用Illustrator打开，选中胶片图形并复制。

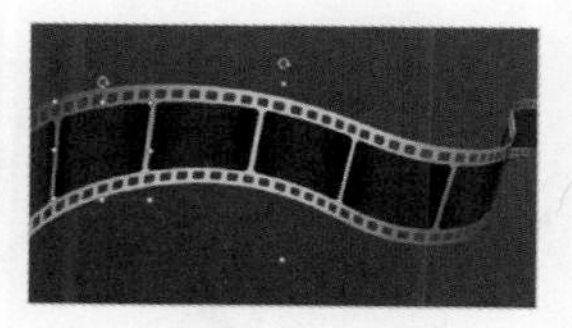

在PPT中粘贴，并两次取消组合。

03

如果找不到矢量的图片，也可以把位图复制到PPT中，再插入圆角矩形。

04

用鼠标右击矩形，在快捷菜单中选择“编辑顶点”命令，调整顶点与胶片中的照片对齐。

05

选中图形，在“设置图片格式”中的“填充”下选择“图片或纹理填充”单选项，并分别选择对应的图片。

06

图片会根据图形角度自动变形。

07

有些图片比例或角度不对，则勾选“将图片平铺为纹理”复选框，并调整刻度和偏移量。

08

再调整颜色，胶片效果就完成了。

切开技

扫码观看示例操作

当我们用物品表现各部分比例关系时，可以切开图片并制作横截面，营造立体效果。

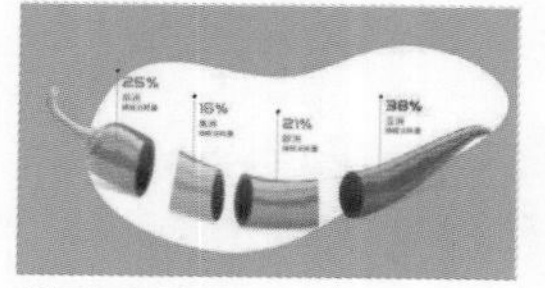

最终效果。

01

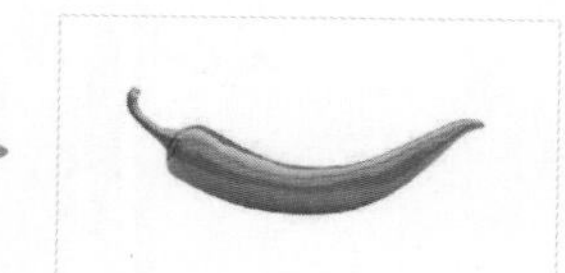

一根精致的红辣椒。

02

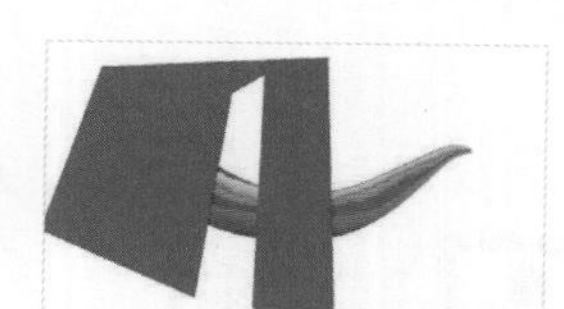

根据要分割的比例，画任意多边形。

03

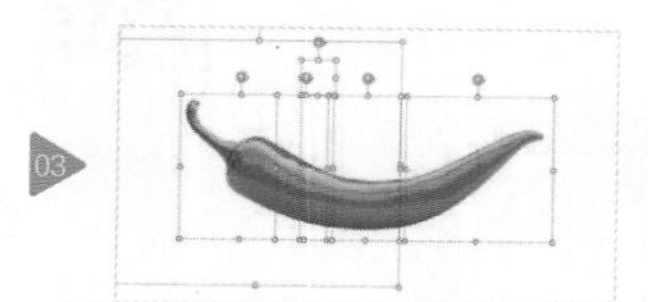

选择图片和多边形，进行拆分操作。

04

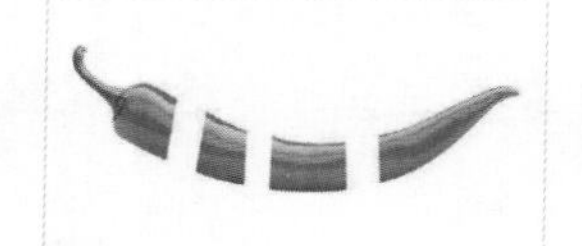

把分割的辣椒各部分分开。

05

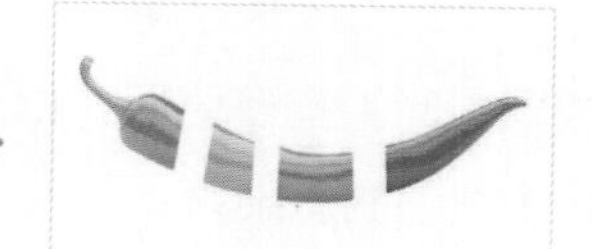

在“图片格式”选项卡中选择“颜色→重新着色”命令，分别给辣椒的各部分涂上不同的颜色。

06

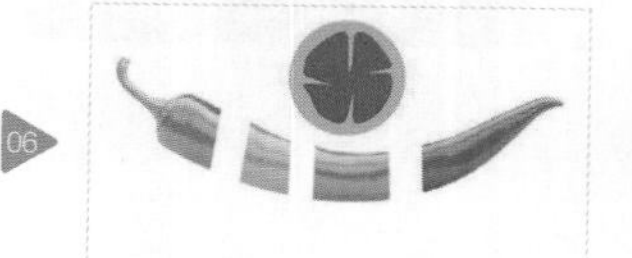

再画一个辣椒的横断面——一个圆形和用曲线画出的任意多边形，并进行组合操作。

07

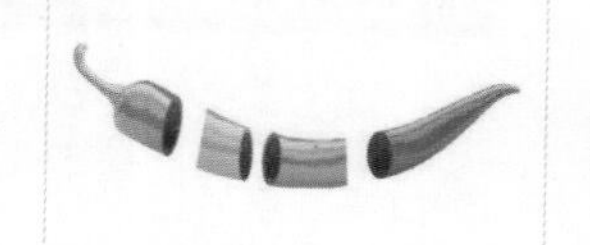

把组合横断面复制、拉伸，分别置于4个切口处，并分别调整颜色。

08

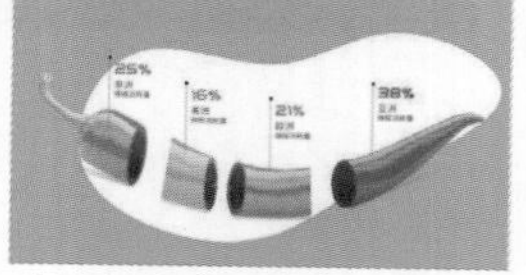

再添加文字、线条、阴影以及背景。

突破技

扫码观看示例操作

当我们表现人物、动物、汽车、飞机等运动的物体时，往往会让这些物体突破屏幕、门框、图形等的限制，营造一种夸张的运动感。

最终效果。

01

一张摩托车比赛图片，一张电脑图片。

02

先沿着电脑屏幕画一个圆角矩形。

03

把摩托车比赛图片置于矩形下，并调整比例和位置。

04

选择摩托车比赛图片与矩形，进行相交操作。

05

再复制一张同样大小和位置的摩托车比赛图片。

06

裁剪图片，只保留到右侧摩托车大小。

07

在“图片格式”选项卡中选择“删除背景”命令，只保留摩托车。

08

摩托车飞出屏幕的效果就做出来了。

立体技

扫码观看示例操作

普通的图片效果往往缺少冲击力，如果让图片变形，让人物立体化，可以给观众留下深刻的印象。

最终效果。

01

一张小女孩玩滑板的图片。

02

根据图片布局，在“图片格式”选项卡的“图片样式”中选择预设的“松散透视”。

03

复制一张原图覆盖其上。

04

删除图片背景，只保留小女孩及滑板。

05

看起来两张图片有所重叠。

06

选择底部的图片，缩小并裁剪。

07

调整阴影。

隔断技

有时为了强化图片的对比和融合关系，我们会用文字或图形隔开两张图片，为了显得不那么生硬，往往让图片顺着文字或图形形成相互交错的效果。

最终效果。

01

选两张风景图片，上下排列。

02

在画面中间输入“China”。

03

把文字设为连笔的手写体，并调整字距，放大，撑满画面。

04

沿着文字连接处绘制一个封闭的任意多边形。

05

选择上部的图片和任意多边形，进行剪除操作。

06

给文字填充一张金色的纹理图片。

07

还可以左右排列，用闪电符号分割，强化对比效果。

扫码观看示例操作

穿插技

让文字和图片错位穿插，可以营造你中有我、我中有你、互相交融、融为一体的感觉，强化它们之间的整体感。

最终效果。

01 一张人物开心地跳起来的图片。

02 添加文本框，输入“WOW”，调整为合适的字体、字号并添加阴影。

03 复制人物图片，并删除背景。

04 让透明人物图层处于顶层。

05 把文字置于顶层，并设置合适的透明度，方便看清重叠的情况。

06 沿着希望穿越图层的人物绘制任意多边形。

07 将透明人物图层与任意多边形进行相交操作，并把相交后的图片置于顶层。

08 取消文字的透明度。

悬浮技

为了营造运动感和层次感，我们往往会给一些比较小的元素如钞票、硬币、饼干、咖啡、雪花、树叶、火花、花瓣等制造悬浮效果，画面的氛围感会很强。

最终效果。

01

一杯草莓果汁和多粒草莓的图片。

02

先把草莓图片放大、居中。

03

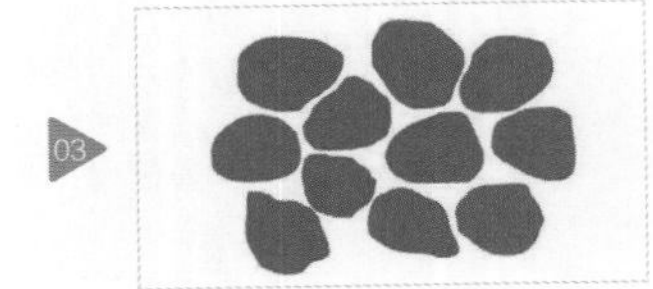

沿着每粒草莓边缘画图形。

04

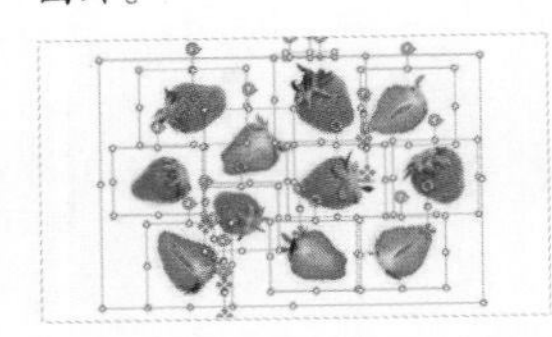

选择图片和所有图形，进行拆分操作。

05

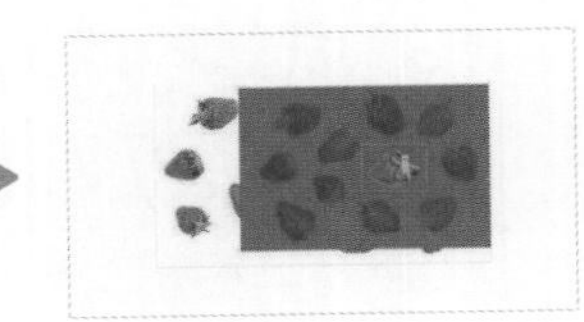

选中每粒草莓图片，并分别删除背景。

06

把草莓果汁放在画面中间并置于底层，把草莓图片拉大或缩小，并分散放置。

07

给较大的草莓粒和较小的草莓粒添加虚化效果。

08

按照大小，分别调整虚化的程度，最大的和最小的虚化程度高。

重影技

扫码观看示例操作

重影效果能让人有运动感和眩晕感，有助于强化科幻氛围。

最终效果。

01

一张具有科幻感的图片，但过于清晰和真实。

02

复制图片，在“图片格式”选项卡中选择“删除背景”命令。

03

删除背景后的图片。

04

把删除背景的图片复制到原图上，复制两次，分别与原图左右错位叠放。

05

给两张删除背景的图片分别更改颜色，一个改为红色，另一个改为蓝色。

06

将两张透明底图的亮度提高到80%，并设置30%的透明度。

07

再复制一张透明底图层，与底部背景重合，将其设置透明度为15%，并增加柔化边缘的效果。

08

左右分别添加红色、蓝色两个矩形，将其设置为从10%透明到100%透明的渐变，增加氛围。

拖影技

扫码观看示例操作

对于武术、舞蹈、足球等运动类的图片，我们可以沿着运动的轨迹添加拖影效果，强化速度感和冲击力。

最终效果。

01

一张踢足球的图片。

02

删除背景。

03

以人为中心画一个正圆形。

04

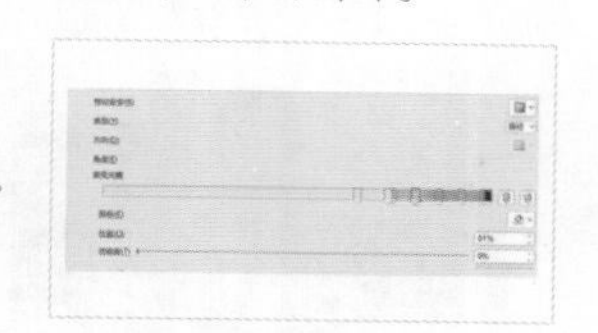

去除圆形边框，并添加多个光圈进行渐变填充。

05

由外到内，采用路径渐变，让图形颜色与人的身体颜色保持一致。

06

因为每个图形只能加10个光圈，所以，我们在里面再加一个圆形。

07

同理，给里面的圆形继续添加渐变填充。

08

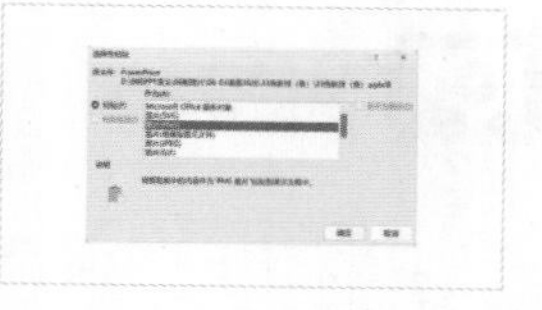

选择两个圆形，剪切，并进行选择性粘贴，粘贴为PNG图片。

09

把粘贴的图片置于人物下一层。

10

沿着人物的右侧手部和脚部画一个任意多边形。

11

选择圆环图片和任意多边形，进行剪除操作。

换脸技

扫码观看示例操作

PPT的图像处理功能可能会超出很多人的想象，比如，可以把一个人的脸部换成另一个人的脸部。如果脸都能换，还有什么是做不到的呢?

最终效果。

01

这张图片中人物的着装是休闲装，怎样才能让他穿正式的服装呢?

02

找到一张正装照人物的图片。

03

把休闲装的图片设为50%透明度，调整大小，与背景图片重叠，让脸部对齐。

04

沿着休闲装人物的面部画任意多边形。

05

把休闲装图片与任意多边形进行相交操作。

06

把相交后的面部图片的透明度调为0%。

07

给面部图片设置柔化边缘的效果，直到与背景图融为一体。

08

调整图片的亮度、对比度和清晰度，使面部更突出，和背景融合更自然。

拼接技

扫码观看示例操作

对比是PPT中最常用的一种表现手法。把两个构型相似但意思相反的物体拼合成一个物体，形成一种强烈的反差，进而表达某种观点。这种手法因为极度的夸张和矛盾，能够给观众带来强烈的情感刺激。

最终效果。

01

找一张绿色大树和一张枯萎大树的图片。

02

选择图片，在“图片格式”选项卡中选择“颜色→设置透明色”命令，去除白色底。

03

把两棵树重叠，置于中间，并用图片裁剪工具，把它们拼在一起。

04

在多余的阴影周围画图形，与图片进行剪除操作，去除阴影。

05

给两棵树分别添加绿色草地背景和黄色干涸土地背景。

06

画一个长矩形。

07

给矩形添加“透明—白—透明”的渐变色，并把矩形置于中间，让背景更协调。

08

给绿色草地添加有云的背景，与右侧的云相对称，并给大树添加阴影。

AI技

随着AI（人工智能）技术的不断突破，近年来涌现出越来越多的智能图像处理软件和网站，抠图、去水印、消除瑕疵、无损放大、加滤镜等功能日益完善，在处理图像方面，这些工具越来越智能，越来越高效，因此，我们在处理图像时也无须局限于PPT自带的功能。

扫码观看示例操作

01

WPS的图像处理功能异常强大，可以抠背景、一键美化、去水印、去瑕疵、矫正角度、放大等。

02

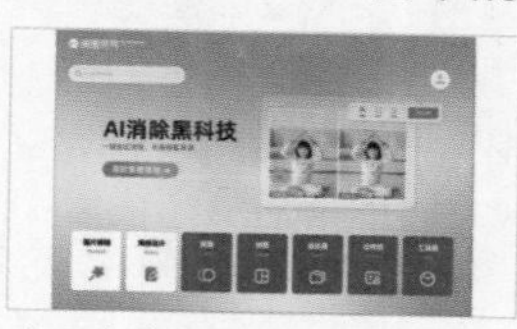

美图秀秀是一款简单到极致、效果超赞的图像处理工具。

03

remove，一个超便捷的删除图片背景的网站。

04

cleanup，一个快速去除图片瑕疵的网站。

05

restorephotos，一个快速修复老照片、模糊照片的网站。

06

magiceraser，一个快速删除照片多余元素的网站。

07

imglarger，一个可以无损放大图片的网站。

08

watermarkremover，一个快速删除图片水印的网站。

09

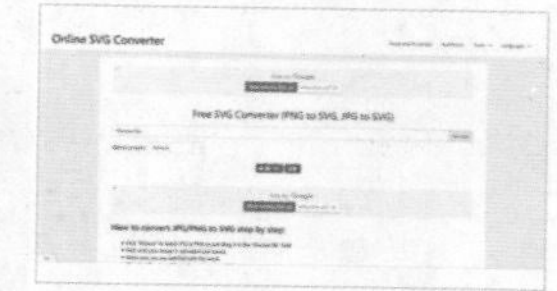

svg-converter，一个能把位图转换为矢量图的网站。

第7章

绘图形

图形，看似可有可无，却在PPT中扮演着至关重要的角色。

越是高手，越善使用图形。

01 图形的秘密

图形是指由线条、形状、颜色等构成的空间元素。在PPT设计中，图形可以用来传达信息，让枯燥的文字变得生动；可以用来划分版面，让杂乱的画面变得井然有序；可以带来强烈的美感，让观众赏心悦目；还可以用来吸引观众的眼球，让观众目不转睛。

不同的图形具有特定的寓意及情感色彩。真正的PPT高手能够了解每个图形的特点并能随心所欲地运用。

矩形

因为矩形和正方形有一个硬朗的轮廓和直角，给人以稳定、坚固和平衡的感觉，能让杂乱的元素变得更有整体感，常常用于标题、图片或整个幻灯片的背景。

某科技公司产品介绍的PPT页面，整个画面体现的是流动感和速度感，标题四周加上长方形框，让画面变得稳固和平衡。

某论坛演讲的PPT页面，流体形状靠右，使整个画面不太平衡，给标题加上长方形框，让重心变得平衡。

 圆形

因为圆形（或圆环形）没有明显的开始或结束，其形状具有连续性，所以常被用来表示联合、完整、完美等积极意义，用在标题、人物、产品、建筑的后方，可以提升对象的形象，也能让观众更加聚焦。

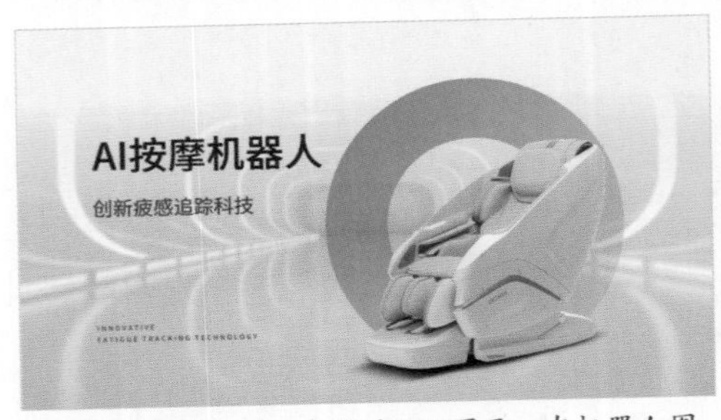

某AI按摩机器人产品介绍的PPT页面，在机器人图片下面加一个略有科技感的圆环，使机器人更容易受到观众的瞩目。

某人物介绍的PPT页面，在人物图片下面加一个鲜艳的圆形，让人物更有吸引力。

三角形

三角形棱角分明，正放给人以力量、稳定的感觉，一般用在建筑、机械、政府等领域；倒放给人以锐利、矛盾的感觉，一般用在科技、娱乐、时尚等领域。

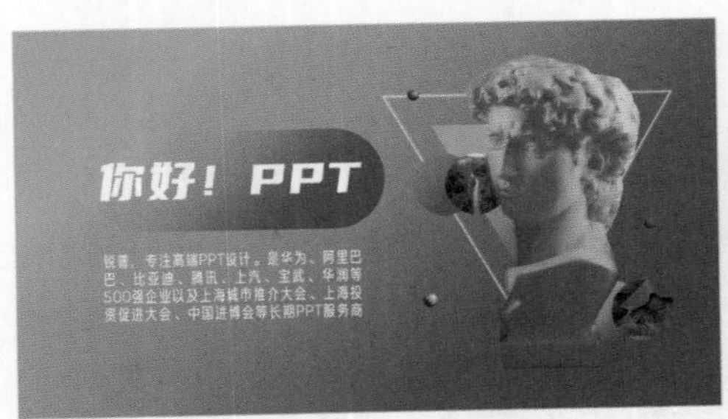

某科幻艺术风的PPT页面，把三角形倒放在雕塑背后，营造了强烈的不稳定、不确定和矛盾的氛围。

某工程机械公司介绍的PPT页面，把三角形正放在标题后，营造了强烈的稳定、坚固的氛围。

 线条

线条在PPT里主要起到4个作用：①放在不同内容之间，起分割作用；②放在文

字下起强调作用；③放在图片或图形与文字之间，起关联作用；④放在图片、文字的四周，起装饰作用。

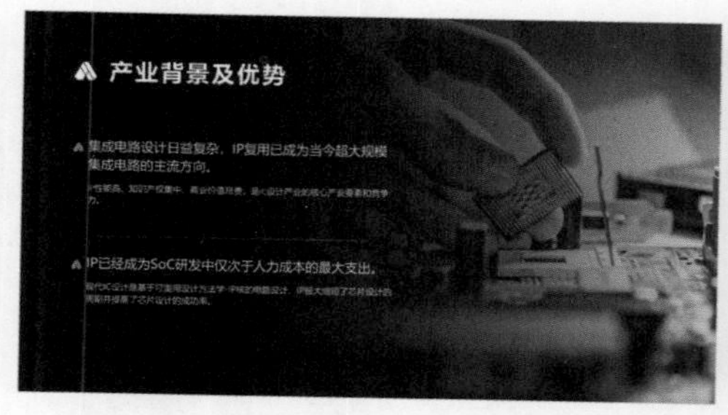

两个小标题的内容之间加了一条蓝色的细线，形成明显的区分。

在大标题下添加了一条蓝色的渐变粗线，让标题更加突出。

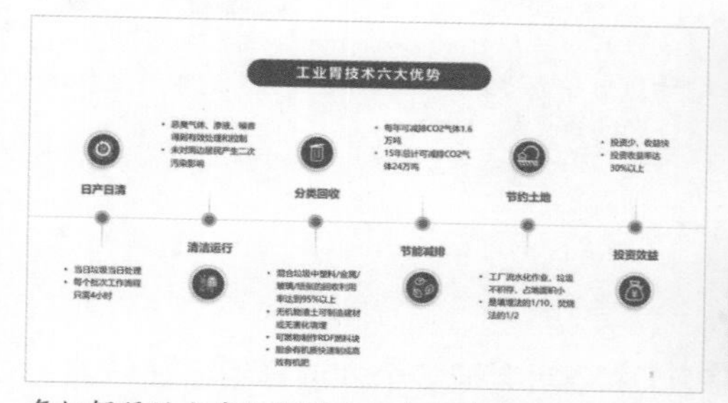

每组解释性文字与标题之间都用线条连接，这样就明确了它们之间的解释关系。

在标题两侧分别加了像流星一样的线条，增强了画面的层次感和美感。

菱形

菱形比较锐利，不够稳定，但又很有美感，所以，在PPT中，菱形可以用来表示竞争、交叉、对比、变化等概念，给人以较强的视觉冲击。

某金融公司企业介绍的PPT页面，菱形代表了该公司的锐意变革和引领潮流，所以被多次使用。

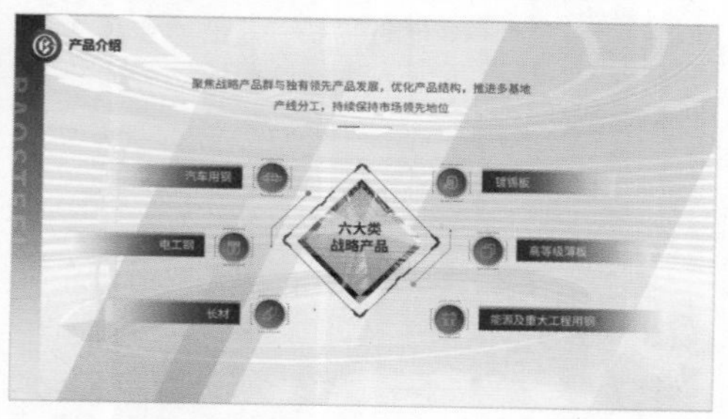

某钢铁企业产品介绍的PPT页面，为体现各产品的激烈竞争，也使用了菱形。

平行四边形

平行四边形因为倾斜而给人以向前运动的感觉，可以营造强烈的速度感，在PPT中往往形象征着速度、活力和现代。

某科技公司品牌介绍的PPT页面，其口号体现的是活力和变革，所以增加了平行四边形的元素。

某互联网公司在国外推介的PPT页面，采用橙色平行四边形作为辅助图形，以渲染激烈的市场竞争和企业的快速发展的氛围。

六边形

六边形具有稳定的结构和对称性，在PPT中经常会把多个六边形组合在一起，表达组织、协作、融合和秩序等概念。

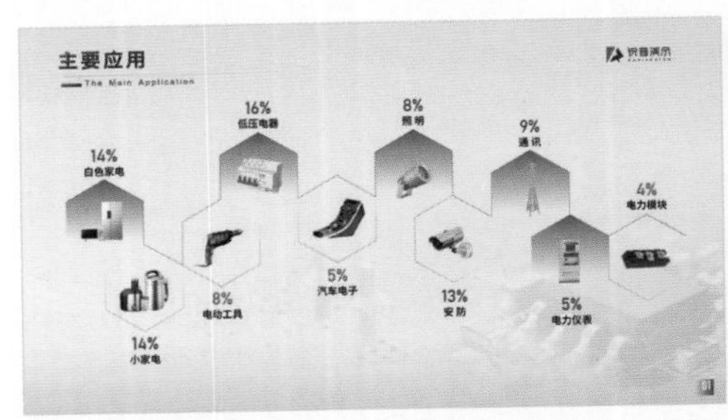

某芯片公司对产品应用分布说明的PPT页面，为了强调这些应用之间是相互补充、共存的关系，采用等边六边形衬底。

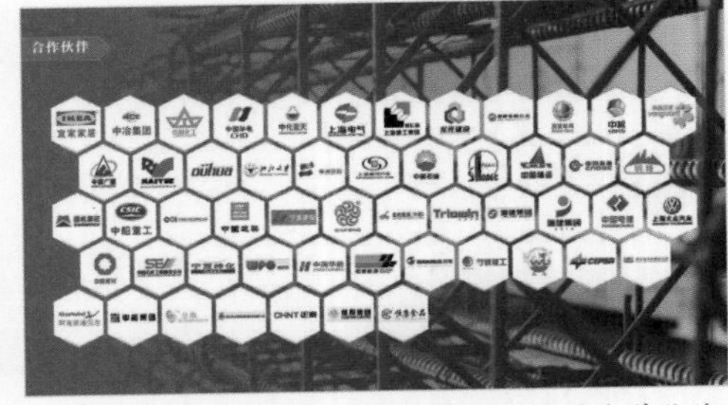

某公司合作伙伴分布说明的PPT页面，这些合作伙伴之间本身就是紧密协作、相互配合的关系，也是用了等边六边形衬底。

箭头

箭头通常被用来表示方向、指向、引导等含义，在PPT中，箭头可以用来指示特定的信息，例如流程图、步骤、导航等，也可以用来引导观众的视线和注意力。

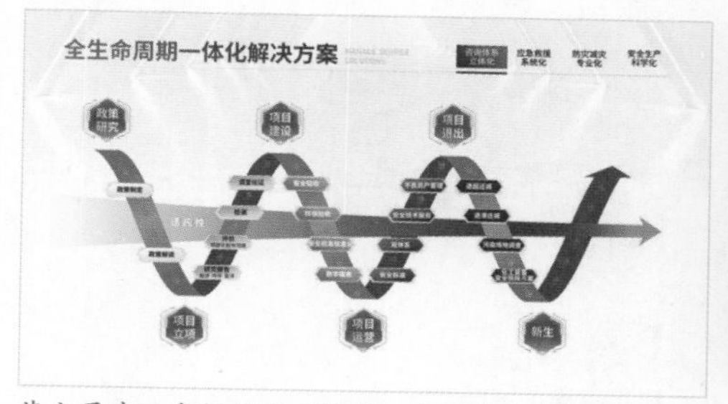

某公司产品介绍的PPT页面，直线箭头与曲线箭头相互盘绕，把产品流程展现得一目了然。

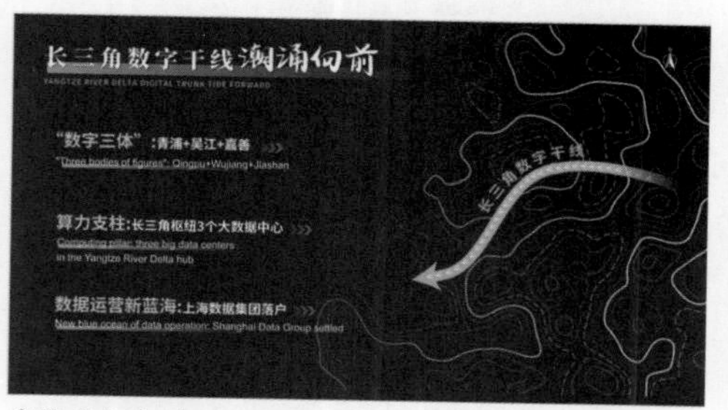

某城市推介的PPT页面，一个曲线箭头横穿示意图，把产业延伸和扩展的趋势清晰地表现出来。

流体形

流体形状是由水、气、油等演化而来的，这些形状多是圆润的、流动的、变化的，运用流体形状的特点可以使PPT更生动、有趣，易于理解。

某企业产品介绍的PPT页面，该产品以年轻女性为主要客户群，设计师采用了橙色—红色渐变的流体图形，用以摆放文字，打造随性、创意和新潮的氛围。

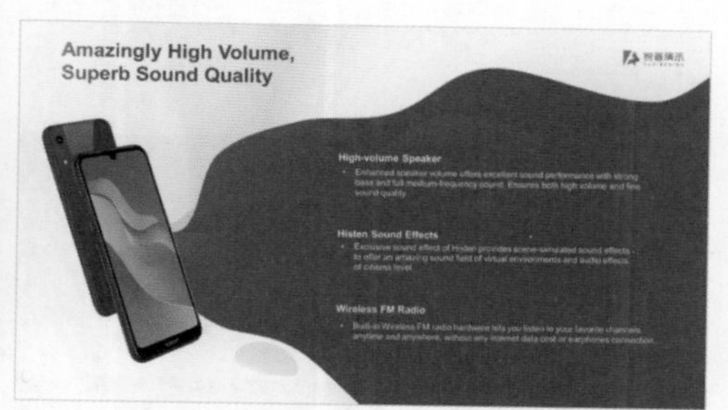

某企业产品介绍的PPT页面，该产品的用户群为年轻人，设计师添加了大面积的紫色—蓝色渐变的流体形状，让画面显得轻松和自由。

传统形

有很多传统的具有中国元素的图形，如窗棂、扇形、拱形、翔云、花鸟、龙凤、印章、梅花、竹子、红日、山水等，这些图形在PPT里可以塑造中国特色或中国传统文化的内涵。

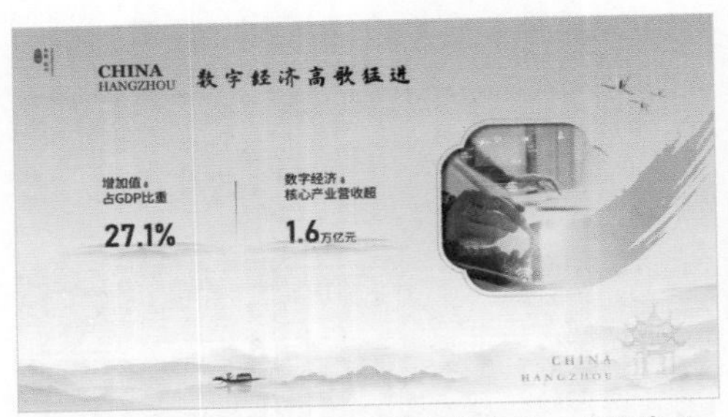

某城市推介的PPT页面，采用红色印章、水墨笔刷、窗棂、水墨山水、八角亭等传统中国图案，体现了该城现代与传统相融合的特点。

某城市推介的PPT页面，采用金色印章、宣纸背景、水墨笔刷等中国传统图案，也为该城赋予了浓浓的历史底蕴。

特殊符号

在长期的演化过程中，有些特殊的形状已经逐渐固化为一些特定的内涵，比如麦穗象征着奖牌，星形象征着荣誉，十字象征着医疗，盾牌象征着安全，齿轮象征着关联，心形象征着关爱，循环箭头象征着环保……这样的符号在形式上已经接近图标了。

某区工作汇报的PPT页面，为强调国家生态文明建设示范区的荣耀，设计师给关键词两边加了麦穗图形，强化其荣誉感。

某部队工作汇报的PPT页面，设计师在关键词两边添加了类似翅膀的两道杠图形，象征着空军的行业属性，顶部添加了五角星图形，象征着军人的荣誉。

辅助图形

有一定规模的企业都会有整套的VI（视觉识别系统），其中的辅助图形一般是从Logo中引申而来的，代表了企业的特定形象，在PPT中应用辅助图形，可以提升PPT的视觉层次和企业专属特性。

某风电科技公司企业介绍的PPT页面，将Logo中的辅助图形“叶片”用在了数字“50”及内页各种可视化元素中，以体现该公司的行业特征。

某芯片科技公司企业介绍的PPT页面，将辅助图形“芯片”用在标题的背景中，构成了一个“芯片之门”，更有气势，也能凸显业务特征。

02 绘图五法

PPT提供了5种绘图的方法，几乎可以在PPT中绘制任何我们想要的图形。

插入基本图形

在“插入”选项卡中选择“形状”命令，在下拉菜单中有各种基本形状。

扫码观看
示例操作

在按下Shift键的同时插入形状，则是正图形（正圆形、正方形、正三角形等）；在按下Ctrl+Shift组合键的同时插入形状，则会以鼠标光标起点为中心，插入正图形。

在PPT中还可以插入各种带有可调节手柄的形状，通过调节手柄可以控制圆角

的弧度。

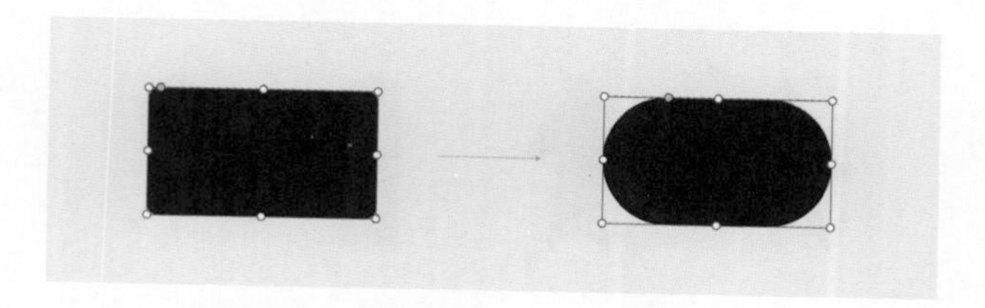

通过调节手柄可以调节顶点的位置。

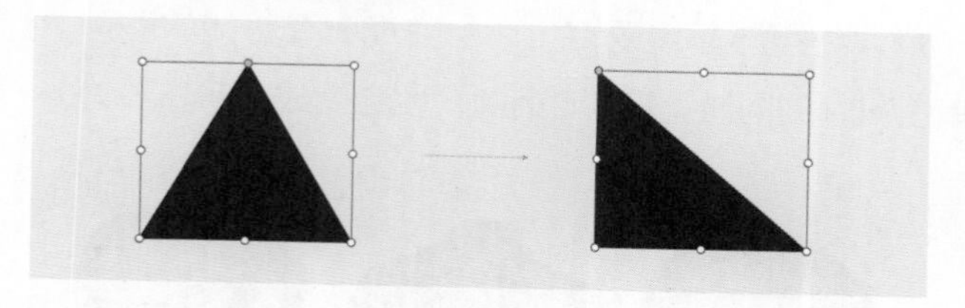

还可以调节图形的宽窄、面积的大小。

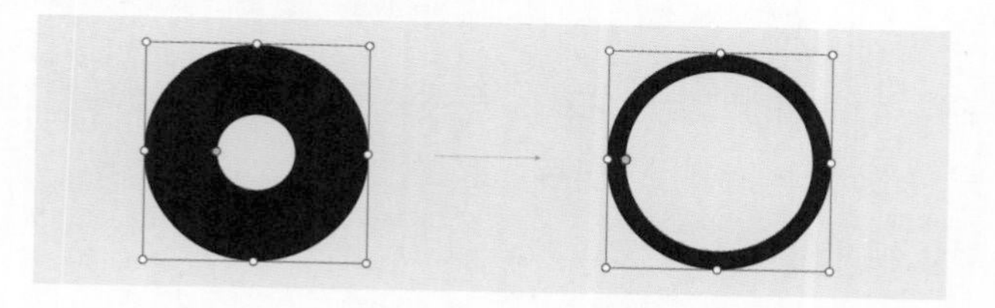

需要特别提醒的是，当我们插入直线时，按下Shift键，可以确保插入的线条是垂直、水平或45°倾斜的。如果一条线是倾斜的，我们只需要把高度或宽度设为0，这条线就会变成水平或垂直的了。

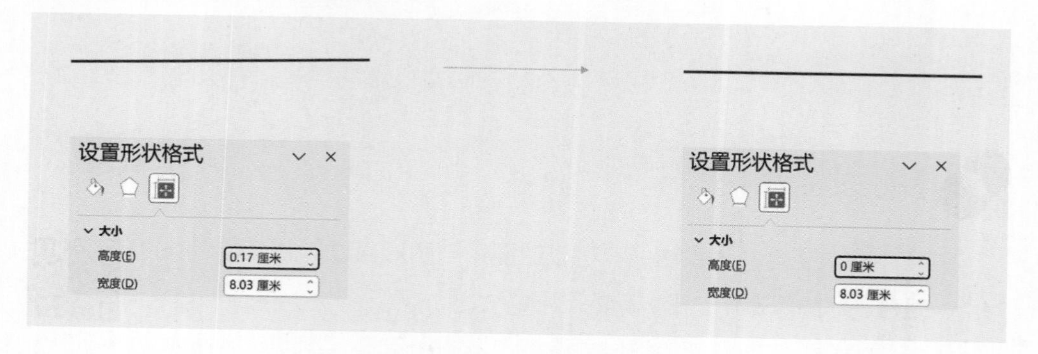

“形状”下拉菜单中的“任意多边形：形状”命令，可以画出任何我们希望得到的多边形图形。单击鼠标，就是一个顶点，松开鼠标并移到另一个地方单击，则连成一条直线，终点与起点重合，就会变成一个封闭图形。当按下Shift键时，连线就会变成45° 倍数的线。按下鼠标并移动，则绘制自由曲线。

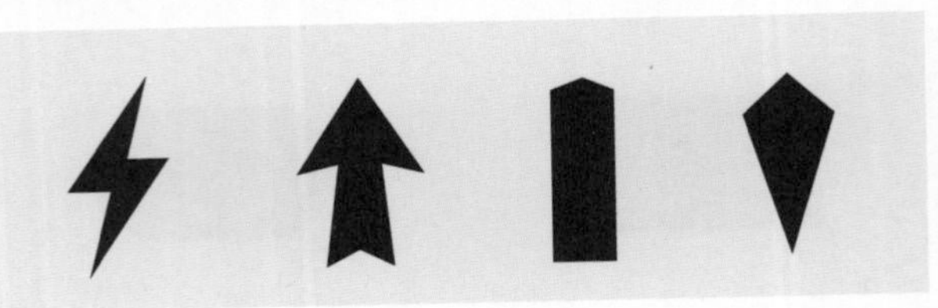

“形状”下拉菜单中的“曲线”命令，可以绘制流体性的图形。单击鼠标，就是曲线的一个顶点，终点与起点重合，就会变成一个封闭的图形，这样的图形边缘比较圆润。在单击鼠标的同时，按下Ctrl键，就会变成一条直线边。

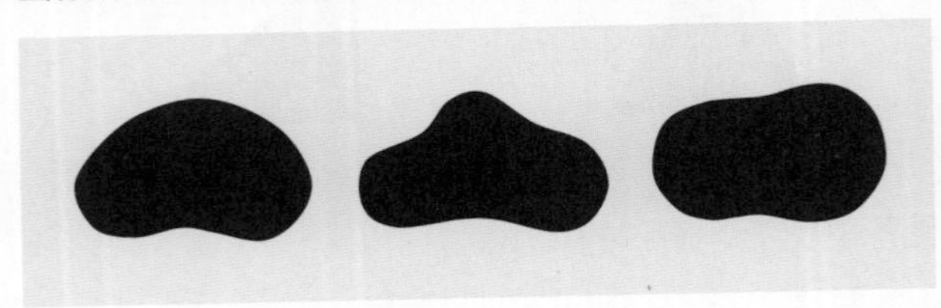

“形状”下拉菜单中的“自由曲线”命令，可以在画面上随意绘制图形，终点与起点重合，即可形成一个封闭的图形。这样的图形，边缘毛糙，更加随意，可以营造轻松的氛围。

拼接图形

PPT中提供了合并形状功能，可以让图形与图形通过拆分、结合、相交、组合、剪除等操作，形成新的图形。

扫码观看示例操作

例如，绘制电池图形。步骤一：绘制一些圆角矩形；步骤二：在大矩形中放置一个小矩形，并进行剪除操作；步骤三：把形状按秩序摆放好，并进行结合操作。

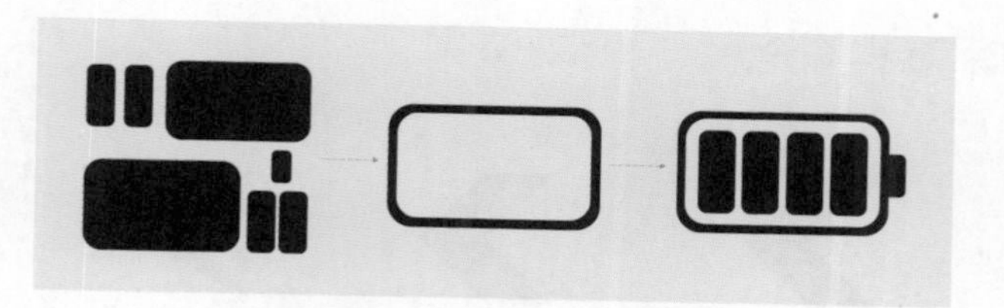

例如，将3个圆形拼接成维恩交叉图。步骤一：画出3个圆形；步骤二：让3个圆形互相重叠；步骤三：选中3个圆形，并进行拆分操作。

例如，用矩形和圆形拼接出齿轮图形。步骤一：首先绘制1个长条矩形，并复制5个，然后依次调整矩形角度为30°、60°、90°……，并插入两个大小不等的圆形；步骤二：全选这些图形，选择横向居中对齐、纵向居中对齐，让它们重叠；步骤三：选择所有矩形和大圆形，进行组合操作，选择组合后的形状和小圆形，进行剪除操作。

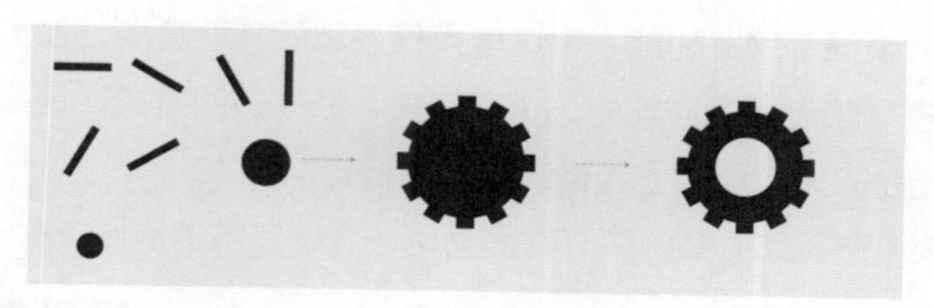

编辑顶点

所有的矢量图形，都可以通过单击鼠标右键，在下拉菜单中选择“编辑顶点”命令来调整顶点，这里面的操作包括添加顶点、删除顶点、拖动顶点位置、拖动顶点手柄、更改顶点类型等，让图形更富有变化。

例如，调整V形箭头的顶点，使之变成更酷的飞镖箭头。步骤一：插入一个V字形箭头；步骤二：在箭头上单击鼠标右键，在下拉菜单中选择“编辑顶点”命令；步骤三：分别在右上方和右下方的两个顶点处单击鼠标右键，在下拉菜

单中选择“删除顶点”命令。

例如，调整三角形的顶点，使之变成更圆润的流体形。步骤一：插入一个三角形；步骤二：单击鼠标右键，在下拉菜单中选择“编辑顶点”命令，并把3个顶点改为平滑顶点；步骤三：把右下角顶点拉到图形中心一带，并拉长白色手柄。（在编辑顶点状态下的白色手柄，除了调整角度，还能调整边线的长度。）

 导入矢量图形

尽管PPT有很强的绘图功能，但这毕竟只是它的辅助功能，如果所有的素材都用PPT绘制，耗时耗力、得不偿失。最高效的方式，还是导入别人已经创作好的矢量素材（.ai格式或.eps格式）。

扫码观看示例操作

我们以某市市政工作汇报的PPT封面为例，介绍其基本操作步骤。

最终效果。

01

找到一张城市剪影的矢量图。

02

用Illustrator软件打开。

03

选择城市剪影的线稿图形，并按下Ctrl+C组合键（复制）。

04

在PPT中新建空白页，按下Ctrl+V组合键（粘贴），即把剪影复制到PPT中了。

05

选中图形，单击鼠标右键，在下拉菜单中选择“取消组合”命令（或直接按下Ctrl+Shift+G组合键）。

06

这时就可以调整图形颜色了，将其改为金色的渐变色。

07

添加标题、红色背景、祥云等元素，这样的封面就很有感觉了。

在PPT中导入矢量图，与PPT本身绘制的图形属性是一致的，可以随意修改颜色、大小和形状。

需要提醒的是，PPT对Illustrator中的网格、半透明、模糊等效果是不支持的，这时的一般做法是先去除这些复杂的效果，或者把这些图片与背景一起导出为.jpg图片，再将其插入PPT中。

例如，下例中的祥云图片带有阴影效果，可以去除阴影后导入PPT中，并在PPT中重新添加阴影效果。

01

用Illustrator打开一张矢量祥云图片，可以看出祥云是添加了阴影的。

02

直接把带有阴影的图形复制到PPT中，就会出现这种杂乱的效果。

03

所以先在Illustrator中取消编组，然后去除阴影图形。

04

采用上述方法将祥云图形复制并粘贴到PPT中。

05

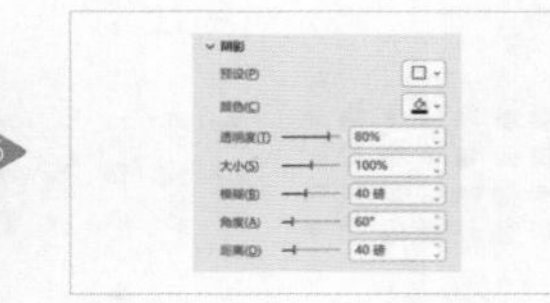

添加阴影效果，并设置相关参数。

06

与原矢量图的效果相差无几。

绘图

扫码观看示例操作

在"绘图"选项卡中可以随心所欲绘制一些个性化的图形。

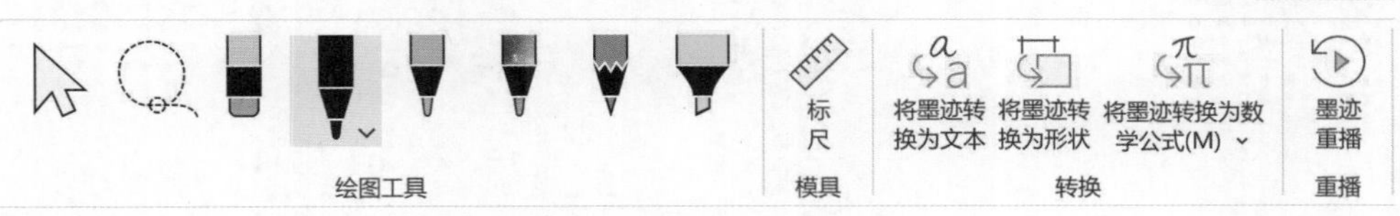

与“插入”选项卡中的“形状→自由曲线”命令相比，通过绘图工具绘制的图形有3个特点：①笔画顺滑，更有美感；②笔画有粗细的变化，绘制速度慢，则笔画粗，绘制速度快，则笔画细；③笔的颜色、质感更丰富，更接近真实的手绘，可以做出更好的插画效果。

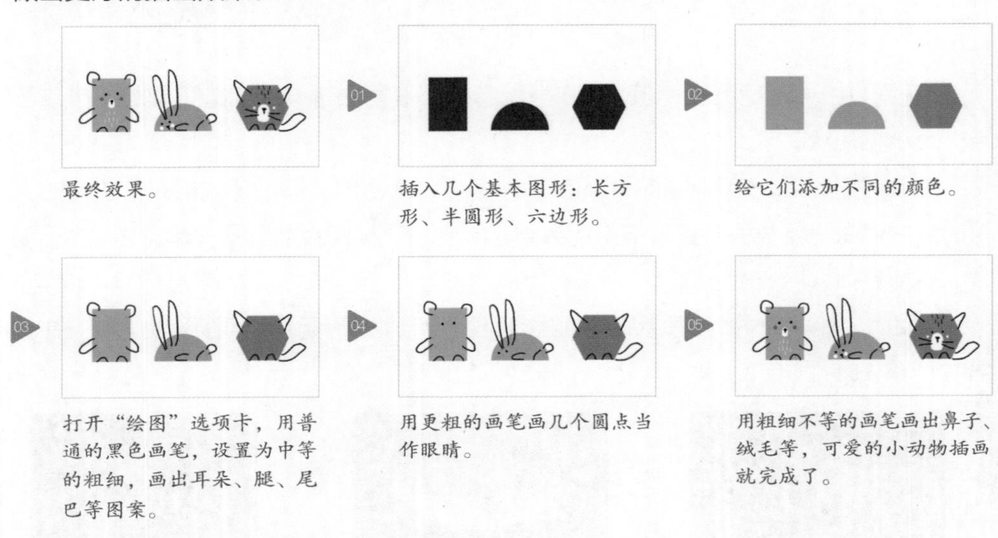

最终效果。

插入几个基本图形：长方形、半圆形、六边形。

给它们添加不同的颜色。

打开“绘图”选项卡，用普通的黑色画笔，设置为中等的粗细，画出耳朵、腿、尾巴等图案。

用更粗的画笔画几个圆点当作眼睛。

用粗细不等的画笔画出鼻子、绒毛等，可爱的小动物插画就完成了。

掌握了这个方法，你的PPT就拥有了艺术气息。

最后，本书附赠了一个强大的基本图形库，拥有3000多个常用图形符号，纯矢量图形，让你制作PPT时更高效，PPT作品更出彩。

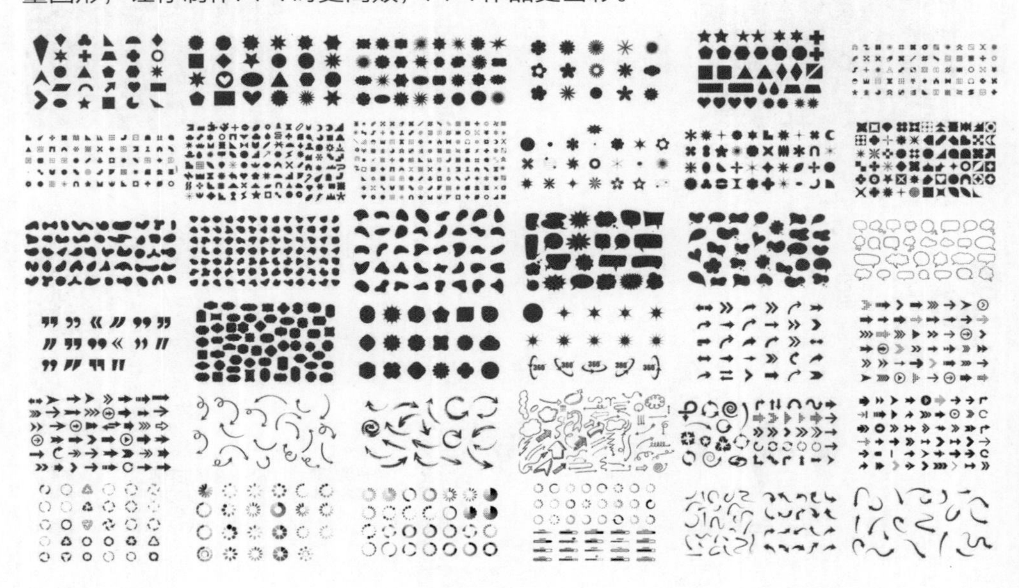

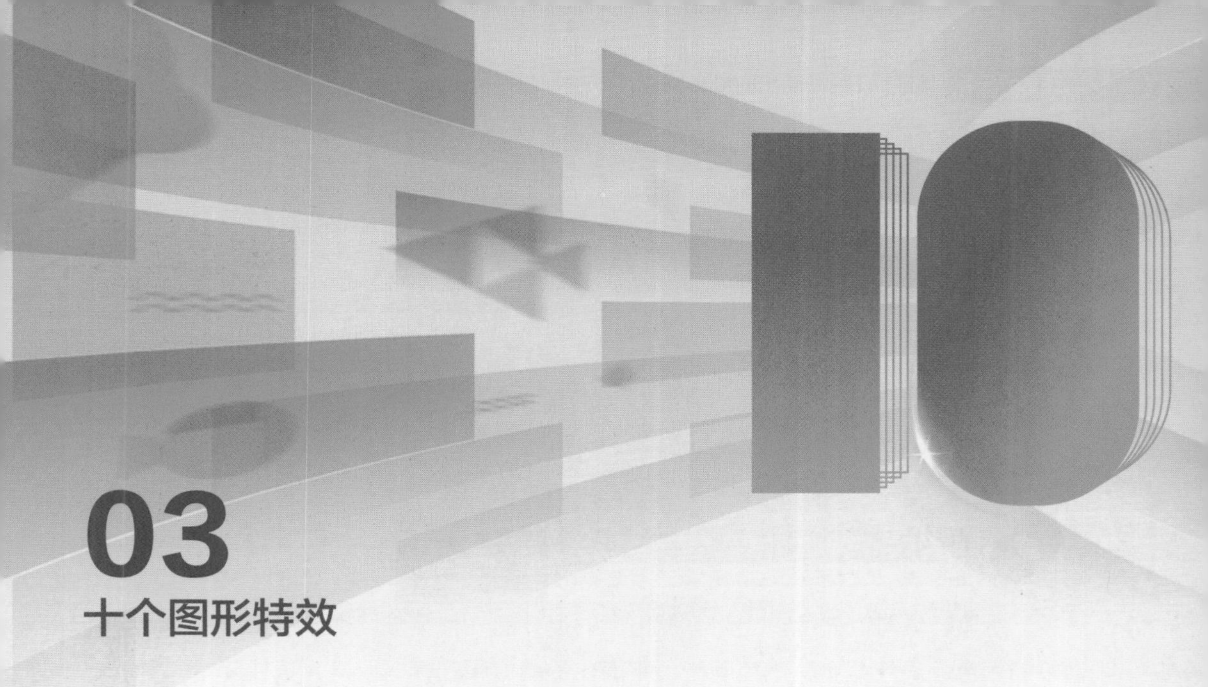

03 十个图形特效

图形在PPT中扮演的作用以及发挥的空间，远超普通人的想象。我们通过各种功能的组合应用，可以实现各种特别的图形效果，让PPT更加丰富多彩。

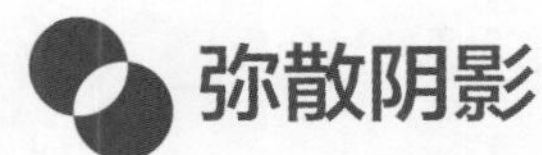

弥散阴影

一般PPT默认的阴影都是黑色的，效果不通透，而弥散阴影在网页设计中很常见，给人时尚、通透、灵动的感觉。

扫码观看示例操作

弥散阴影的制作要点是把黑色阴影改为彩色，并调大阴影的模糊度。

最终效果。

01

这是修改前的PPT页面，所有元素都没有阴影，看起来比较商务。

02

给其中一个图形添加居中的阴影，默认是黑色阴影。

03

把阴影颜色改为红色，与图形颜色保持一致。

04

把阴影大小调整为110%。

05

把模糊调整为80磅。

06

用同样的方式，给文字和图形都添加类似的阴影效果。

新拟态

新拟态是对过去追求立体、高仿真的设计的一种突破，通过使用简单的颜色、浅色背景、浅色阴影、平面化的图像和图标，以及大量使用圆角和柔和的边缘，使PPT页面看起来清爽和易于阅读，从而营造一种现代感和科技感的氛围。

扫码观看示例操作

新拟态的制作要点是使三层图形重叠：底层采用对角的浅色阴影；中间层采用反方向的对角的深色阴影；顶层采用浅色的内阴影。

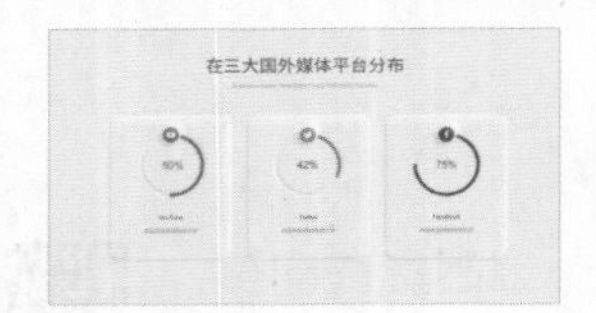

最终效果。

01

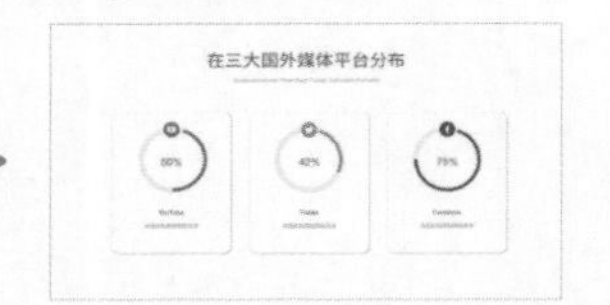

修改前的PPT页面，白色背景，扁平化的商务风格，缺少特色。

02

把背景和图形都改为浅灰色。

03

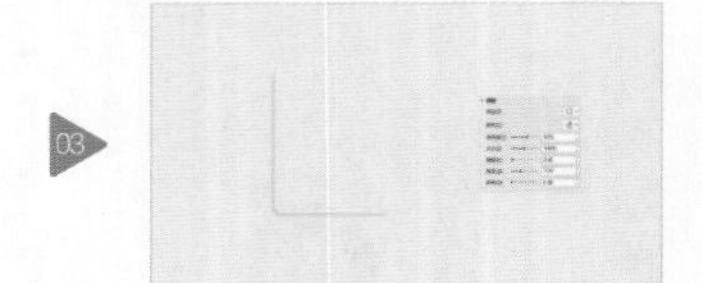

给矩形添加左下方的阴影，阴影为蓝灰色，模糊和距离都设为6磅。

04

复制矩形并与之重叠，阴影设为右上方，颜色为纯白色，模糊和距离都为6磅。

05

再复制矩形，设为居中内阴影，阴影为白色，50%透明度，模糊为30磅。

06

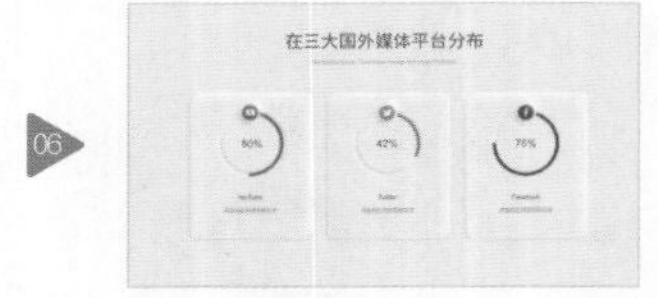

用同样的方式，给其他的图形也添加类似的阴影。

玻璃质感

扫码观看
示例操作

玻璃质感通过模拟毛玻璃的质感，创造出一种透明、光滑、晶莹剔透的效果，为PPT赋予立体感和现代感，多用在科技公司、互联网公司的PPT设计中。

玻璃质感的制作要点是给背景添加模糊效果并作为幻灯片背景，插入图形，在“设置形状格式”面板中选择“幻灯片背景填充”单选项。

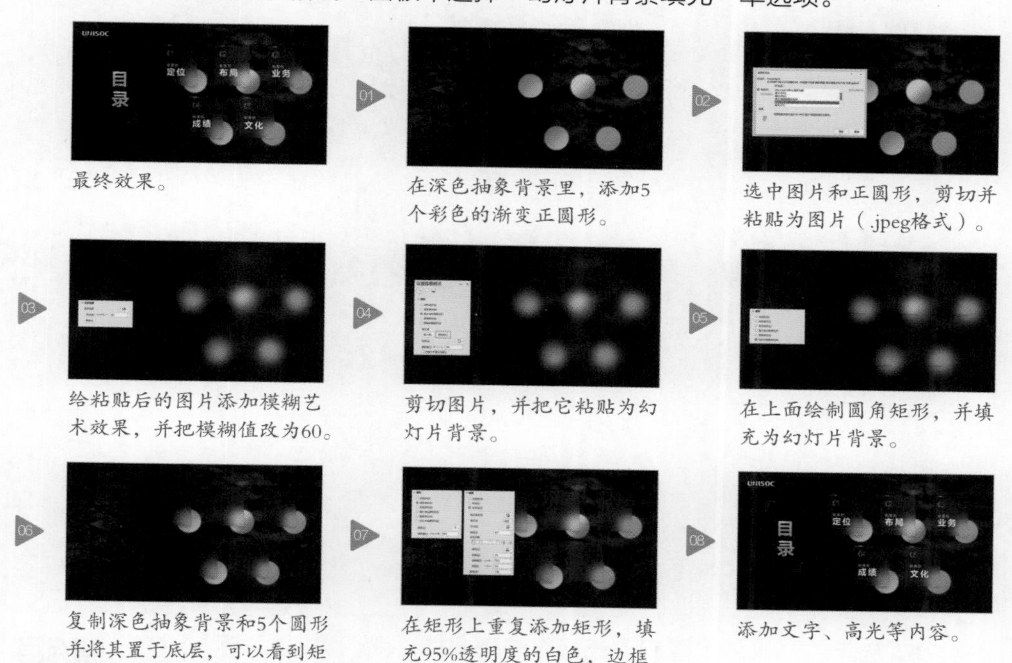

最终效果。

在深色抽象背景里，添加5个彩色的渐变正圆形。

选中图片和正圆形，剪切并粘贴为图片（.jpeg格式）。

给粘贴后的图片添加模糊艺术效果，并把模糊值改为60。

剪切图片，并把它粘贴为幻灯片背景。

在上面绘制圆角矩形，并填充为幻灯片背景。

复制深色抽象背景和5个圆形并将其置于底层，可以看到矩形里出现了毛玻璃效果。

在矩形上重复添加矩形，填充95%透明度的白色，边框为白色渐变。

添加文字、高光等内容。

水晶高光

扫码观看
示例操作

闪闪发光的东西，总能营造高贵的感觉，也能吸引观众的注意力。所以，水晶高光曾经是非常流行的PPT风格，只需要把半透明图形置于按钮、图标、标题等元素之上，就可制造出水晶高光效果。

水晶高光的制作要点：取图形的上半部分区域，新建图形，并把图形设为从半透明到全透明的渐变色。

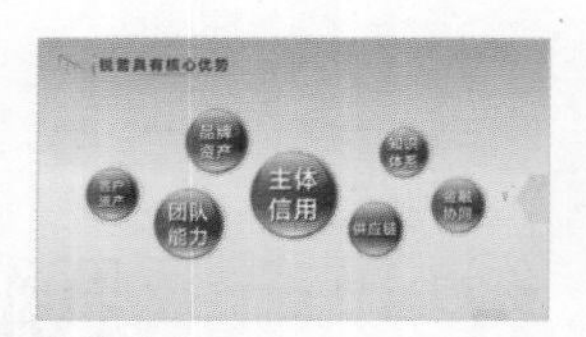

最终效果。

01

修改前的PPT页面，圆形按钮没有阴影和高光，较扁平和商务。

02

画一个比整个图形略小的椭圆形，并与大圆形顶端对齐。

03

椭圆形的填充色为垂直渐变，两个光圈分别为20%透明度和100%透明度。

04

添加一个正圆形，与下面的圆形重合。

05

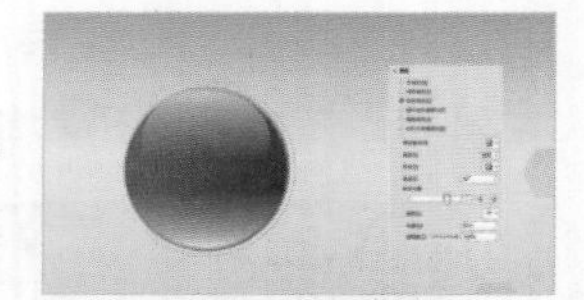

正圆形的填充色为垂直渐变，3个光圈分别为100%、30%、0%透明度。

06

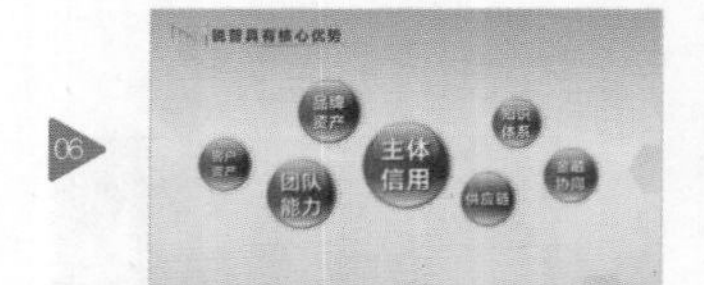

复制这一高光组合到各个按钮，并把文字置于高光图层之上。

07

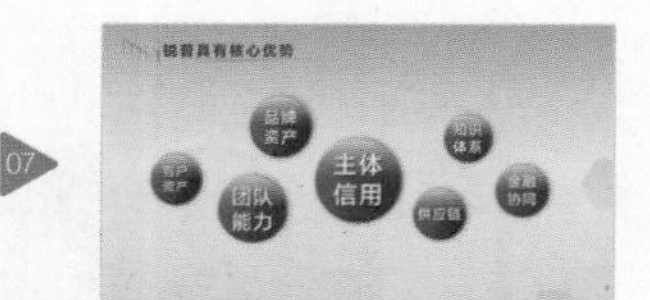

这时圆形的水晶质感太强，把透明度提高，看起来更简约，更受欢迎。

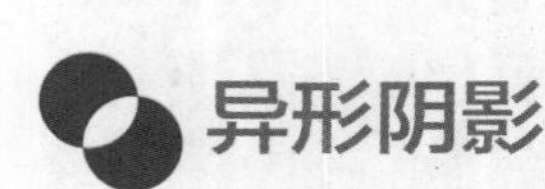 异形阴影

PPT自带的阴影效果看起来还是比较单调的。我们可以根据对象的形状，通过绘制自定义图形并添加透明渐变色、模糊边缘等方式，塑造更加多样、趣味的阴影，从而营造更加有创意的立体感。

扫码观看示例操作

需要注意的是阴影的大小、位置、颜色、透明度等，以确保其与背景和图形相融合。

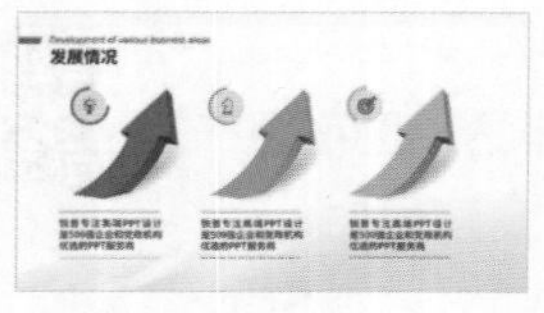

最终效果。

01

手绘或插入一个矢量的箭头形状。

02

添加一个向右上方透视的阴影效果。

03

调整阴影的模糊度为30~40磅，虽然这个效果还可以，但稍微有些僵化。

04

于是我们换一种方法，根据箭头的方向，先绘制一个椭圆形。

05

给椭圆形设置一个从黑色到100%透明度的渐变。

06

给椭圆形添加一个30磅的柔化边缘效果。

07

把椭圆形置于底层，形成一个略微翘起的箭头效果。

08

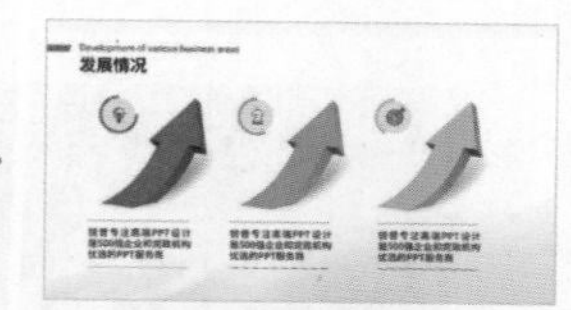

我们还可以把阴影调成与箭头对应的颜色，看起来更加通透。

本书附赠一个异形阴影库，上百个奇形怪状的阴影，让你的PPT特色鲜明。

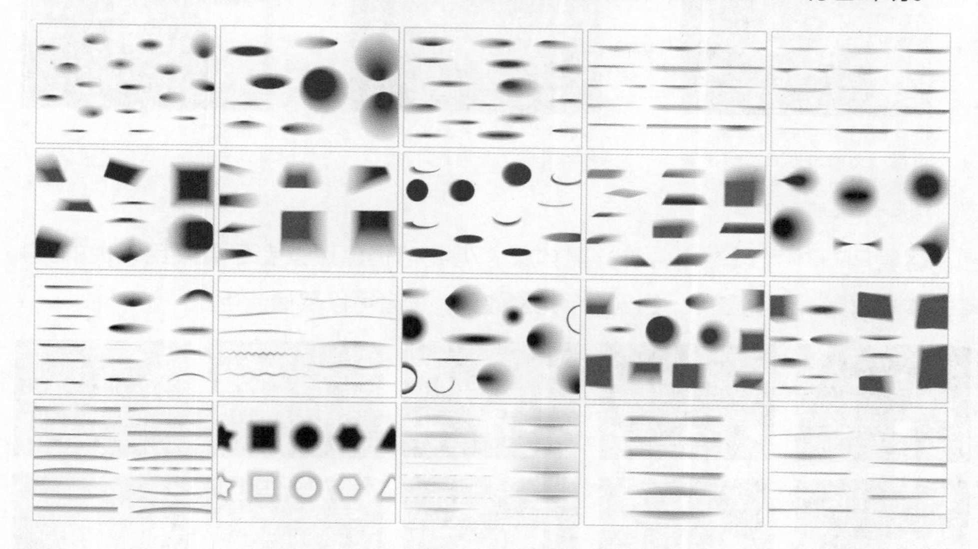

科技光晕

当很强的光线在大气中发生散射、折射、反射等现象时，就会形成光晕。在设计时，给文字、图片等对象添加光晕，可以强化对象的重要程度，让对象更加醒目和突出。

扫码观看示例操作

科技光晕的制作要点：添加多个椭圆形或线段，给它们添加中心亮、四周暗的渐变色，层层叠加，形成类似光晕效果。

最终效果。

01

先画一个极其细长的椭圆形。

02

给椭圆形添加一个路径渐变，内光圈为白色，外光圈为浅绿色，并设为100%透明。

03

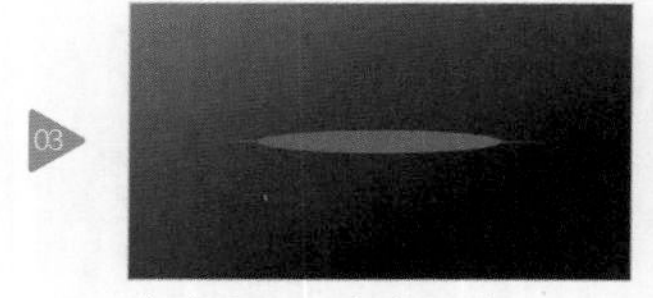

在其上加一个高一些、短一些的椭圆形。

04

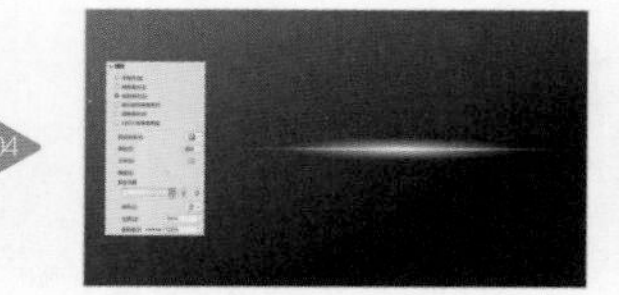

新的椭圆形也是路径渐变，内光圈为白色，外光圈为浅绿色，并设为100%透明。

05

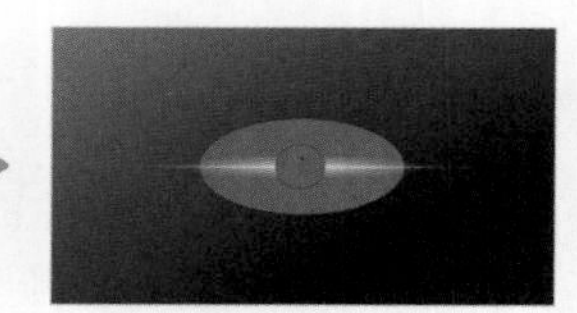

在顶部和底部分别加一个小正圆形和一个大椭圆形。

06

小正圆形采用20%透明度的白色；大椭圆形采用路径渐变，设置为由白色到100%浅蓝色的透明度。

07

再加上一些细长的大小不等的椭圆形，并调整角度。

08

给椭圆形添加路径渐变，内圈白色设为98%透明度，外圈浅蓝色设为100%透明度，呈现若隐若现的效果。

尽管PPT中可以做出各种光晕效果，但我们仍建议读者尽量采用现成的光晕库。本书附赠一个光晕库，约200个光晕效果，读者可以尽情使用。

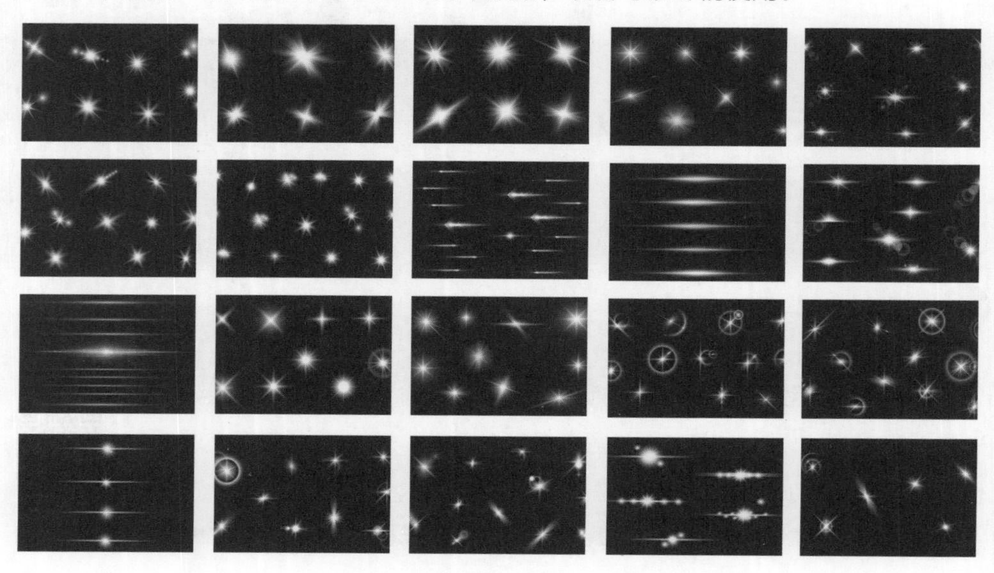

渐变流体

与矩形、正方形、圆形等规则图形相比，流体形状给人以轻松、随意、动感的印象。我们通过编辑顶点、添加渐变色和内阴影等操作，就可以把三角形、圆形、矩形等普通的规则图形变成流体图形了。

扫码观看
示例操作

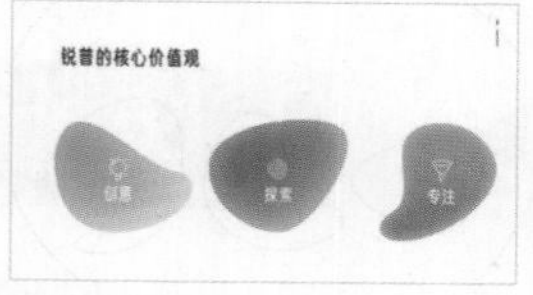

最终效果。

01

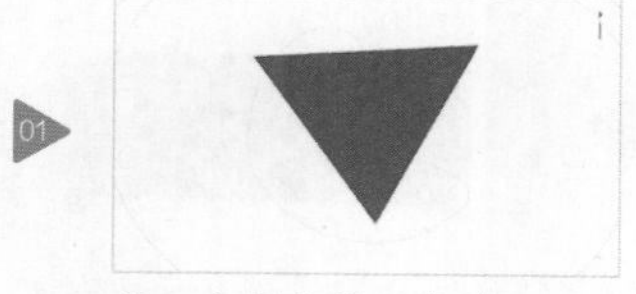

画一个倒立的三角形。

02

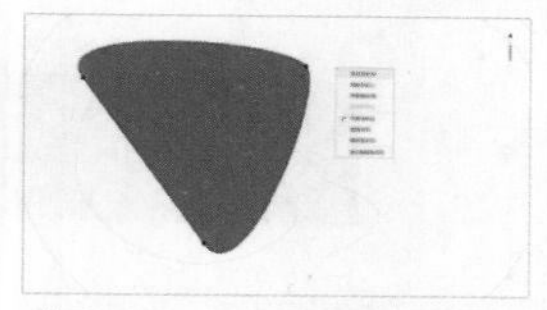

单击鼠标右键，在下拉菜单中选择“编辑顶点”命令，并把3个顶点都设为平滑顶点。

03

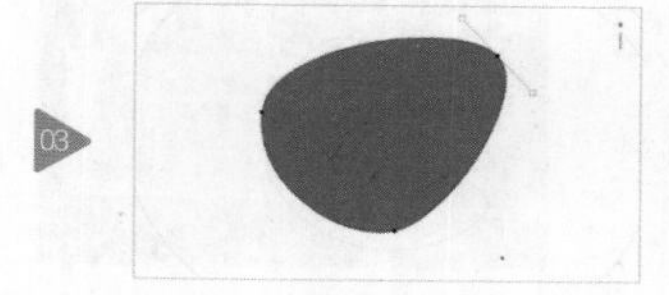

拉动白色手柄，让顶点之间的线条更加圆润。

04

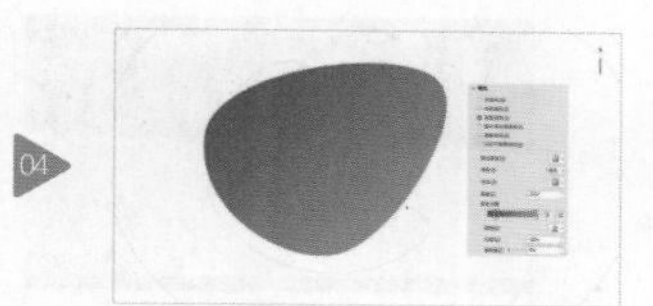

添加一个从深蓝色到浅蓝色的渐变色。

05

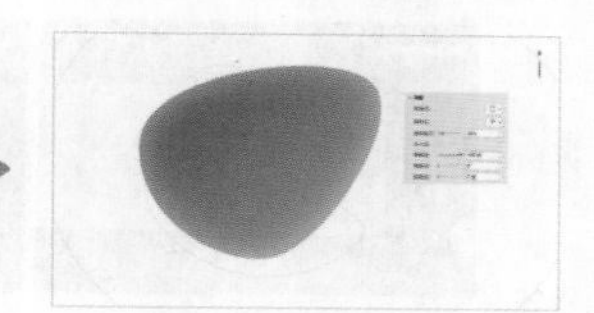

再添加一个内阴影，阴影颜色为白色，透明度为20%，并把模糊度设为100磅。

06

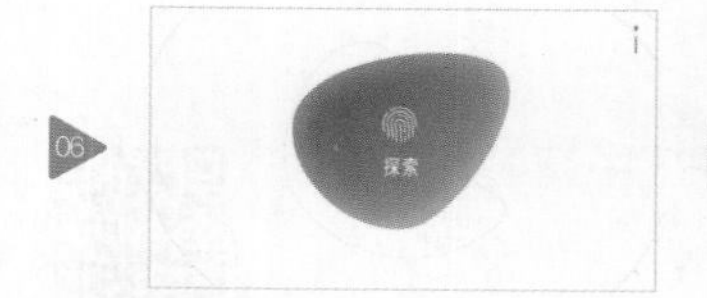

加上图标和文字。

07

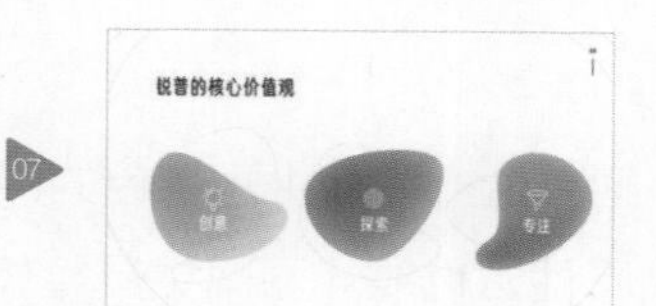

用同样的方式，能做出各种各样的流体图形。

撕纸效果

撕纸背景可以为PPT增加一种手工制作的质感和自然感，其不规则的边缘和纹理，可以使PPT更加亲切和温暖，并赋予故事感。

撕纸效果的制作要点：用“自由曲线”命令绘制两个多边形，置于矩形之上，作为撕纸的边缘。

扫码观看
示例操作

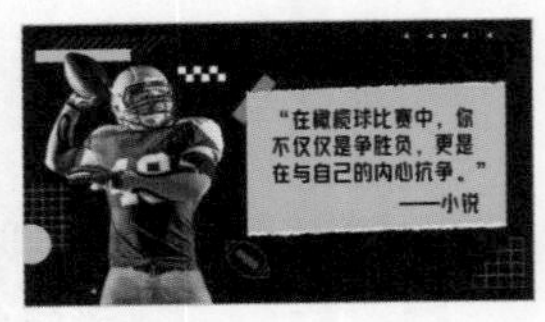

最终效果。

先画两条平行的线条，作为撕纸边缘的参考。

插入自由曲线，沿着两条线上下分别绘制两个多边形，路径要随意一些。

插入任意多边形，沿着撕纸多边形中部绘制，不能突破两个撕纸多边形。

两端插入矩形，让多边形多次与矩形进行剪除操作，并让两端对齐。

把两个撕纸多边形置于顶层，并去除最初的两条线。

调整背景和图形的颜色。

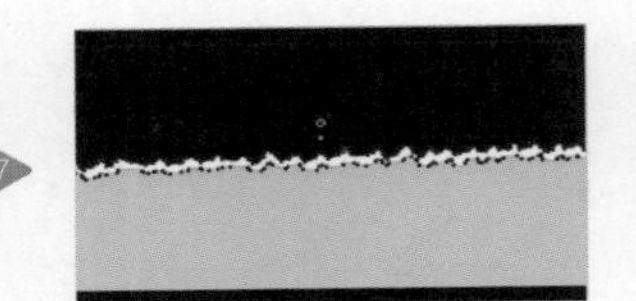
为了让边缘更自然，用鼠标右击撕纸多边形，按下Ctrl键的同时，删除尖锐的顶点。

添加文字和装饰，效果很赞。

水墨笔刷

水墨笔刷图形在政府、国有企业以及中国特色的PPT中有着广泛的应用，不仅能赋予传统文化属性，也能让画面更具整体性。考虑到水墨笔刷的复杂性，并不建议直接在PPT里绘制水墨笔刷，推荐读者直接导入水墨笔刷的矢量图形。

扫码观看示例操作

最终效果。

这是一个章节页，标题直接放在空白区域，看起来有点散。

找到一个能体现“奋楫”“潮头”内涵的海浪形状的矢量水墨笔刷。

把笔刷复制到标题下面。

把笔刷改为白色，笔刷是用来装饰和提升氛围的，不能太抢眼球。

调整笔刷的大小和角度，看起来更稳定一些。

06

也可以用更常规一些的笔刷图形，让文字更突出。

07

也可以用更洒脱的笔刷图形，让画面更积极、大气。

本书附赠一套水墨笔刷库，500多个精选的矢量笔刷效果，让你不再缺素材。

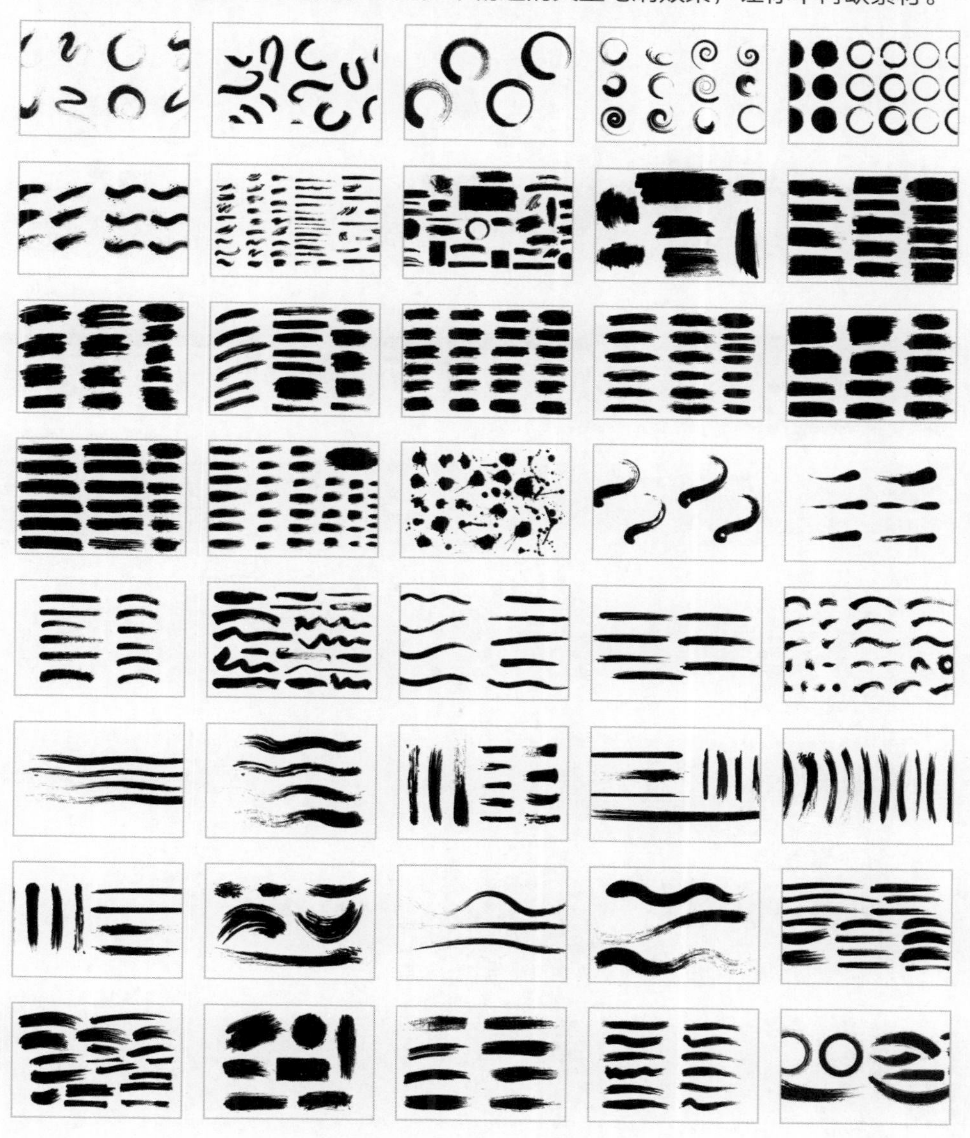

三维模型

PPT已经实现了与三维模型的完美对接（如.fbx、.obj、.3mf、.ply、.glb等格式），只需要插入三维模型，就可以使PPT的空间感、冲击力大不一样。

扫码观看示例操作

三维模型的制作要点：把在3D图画、3D Builder、3ds Max等软件中制作的3D模型复制到PPT中。

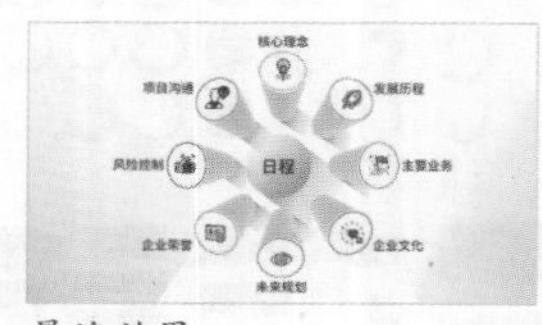

最终效果。

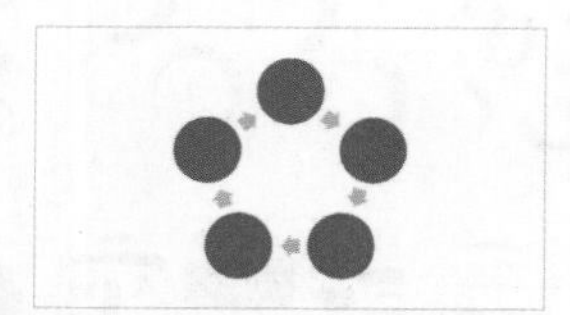

插入一个圆形的SmartArt循环图。

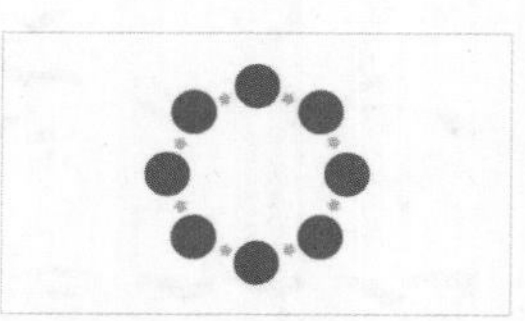

选中其中一个圆形，单击鼠标右键，在下拉菜单中选择“添加形状”命令，持续添加3个。

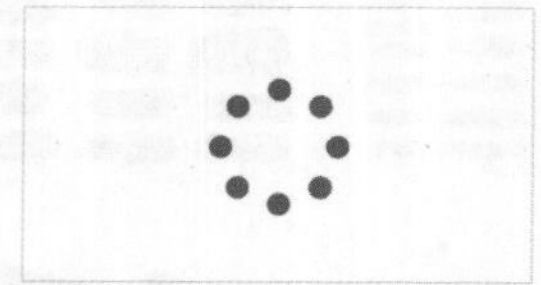

缩小整个图形，并两次取消组合，删除那些箭头。

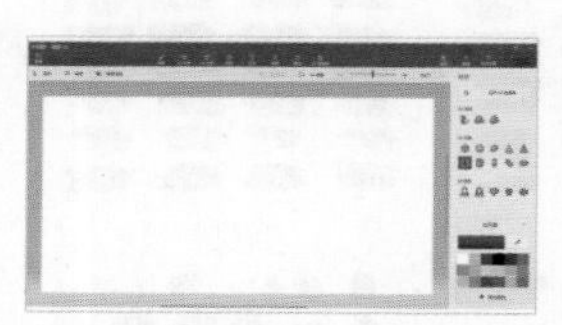

打开微软Windows系统自带的3D图画软件，插入一个柱状的3D形状。

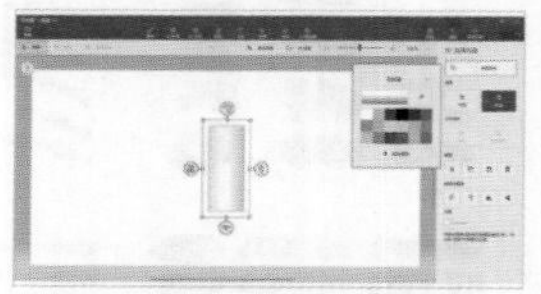

把3D柱形填充为白色，并按下Ctrl+C组合键复制图形。

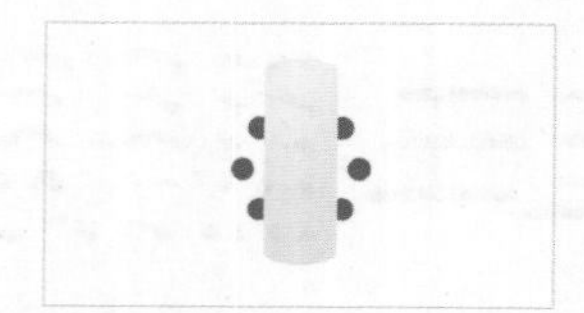

将3D柱形粘贴到PPT中，就是3D模型了。

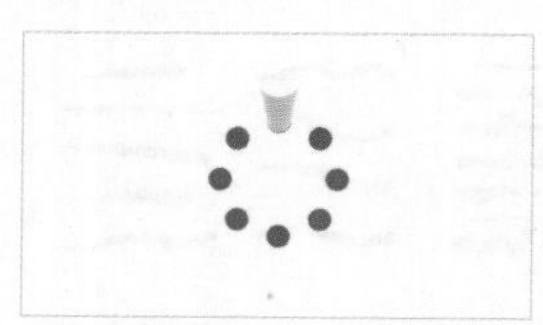

缩小这个3D模型，调整角度，放到其中一个圆形里。

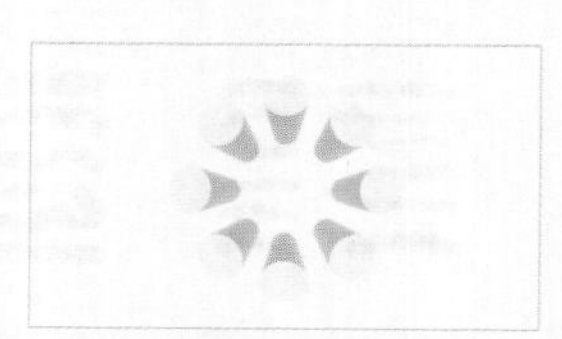

复制7个模型，分别调整角度和位置。

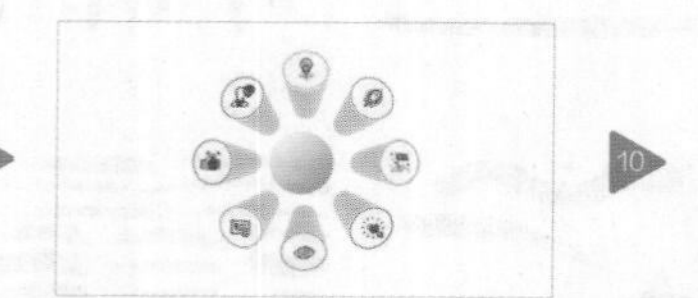

再添加一些圆环形，以及合适的图标。

10

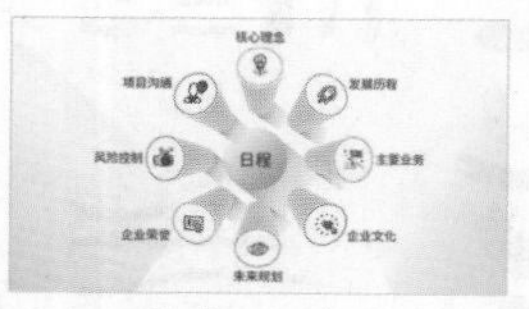

添加阴影并调整背景。

第8章 加图标

图标在PPT中具有神奇的魔力，它能用最简洁的图案，点亮主题，吸引注意力，让观众一目了然。

01 图标的魔力

图标的本质是简化、符号化的图像表达，它比图形的内涵更丰富，与图片相比又更简洁、更抽象、更轻盈。在PPT中，适当使用图标可以大大提升整体演示效果和观众的体验。图标的作用体现在以下3个方面。

更有吸引力

图标能够为PPT增添视觉上的吸引力，吸引观众的注意，使PPT更加生动和引人注目。

某产业园区对外介绍的PPT页面，纯文字的介绍看起来比较枯燥，画面不够有冲击力，观众的注意力很容易从PPT中离开。

分别给各个标题添加了对应的图标，让整个画面有了焦点，能快速抓住观众的眼球。

更容易理解

图标可以传达复杂的概念、主题或内容，以简洁、直观的方式展示信息，提高观众对内容的理解和记忆。

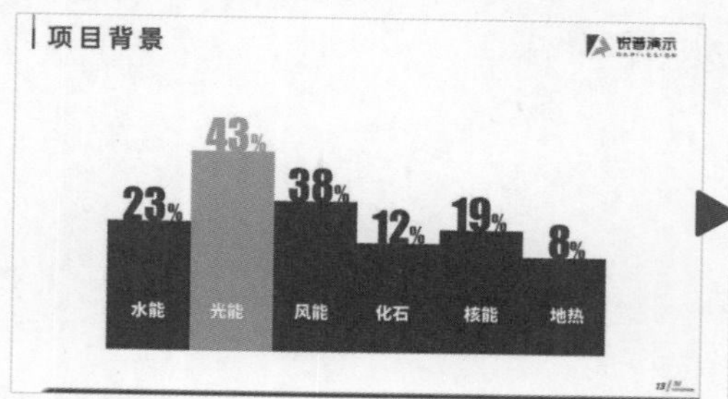

某公司对能源行业分析的PPT页面，6个柱形分别代表6种新能源，但读者只有通过阅读文字才能理解。

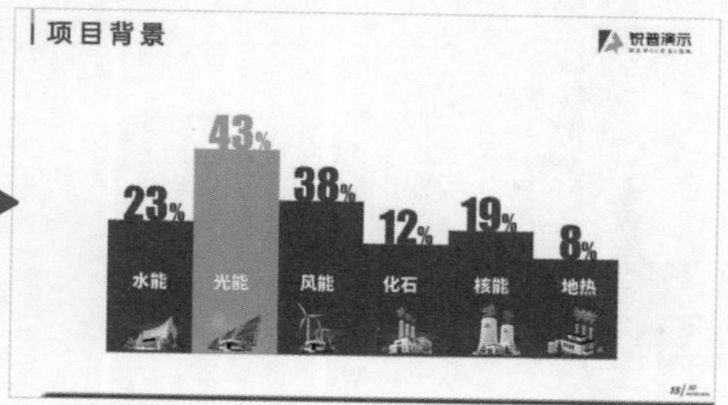

在每个柱形下面都放置了对应的图标，文字+图标双说明，观众往往只要瞟一眼图标就理解了所代表的含义，大大提升效率。

增强品牌形象

使用特定的品牌相关图标能够增强PPT的品牌一致性，树立品牌形象，并使其在观众心中留下深刻的印象。

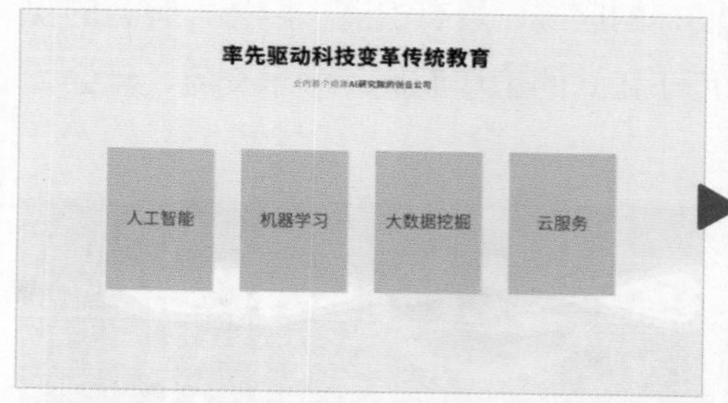

某教育公司产品介绍的PPT页面，浅灰色的渐变背景，4个标题放在4个灰色块上，缺少特色。

更换为与学习有关的积木背景，并添加该公司吉祥物；标题位置分别添加了图标，并把该公司Logo与图标融合，打造独一无二的个性。

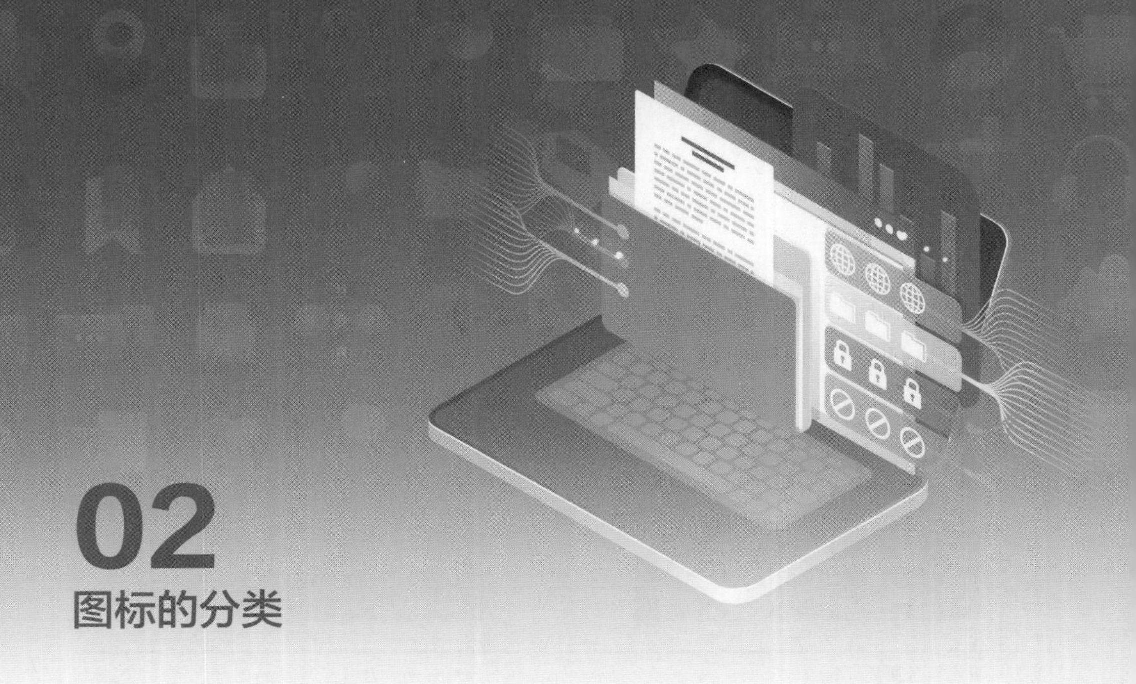

02 图标的分类

每个图标都归属于特定的风格和样式，其带给观众的感受也是截然不同的，高手会根据PPT的风格选用特定的图标。

面性图标

面性图标使用色块的形式，完全填充图标的区域，具有饱满、厚重、有力的视觉效果，容易被观众注意。这类图标一般用于正式的工作汇报、学术交流、年会，以及传统制造企业、党政机构的演示。

赠送面性图标库：内含2000个面性图标。

党政机构汇报的PPT页面，使用面性图标，给观众严肃、踏实、震撼的感受。

线性图标

线性图标使用简洁的线条描绘形状，通常采用单色或双色，具有简洁、现代的视觉效果，是目前PPT主流的图标样式。这类图标特别适合用于互联网、金融、科技、建筑、时尚等行业。

赠送线性图标库：内含12000个线性图标。

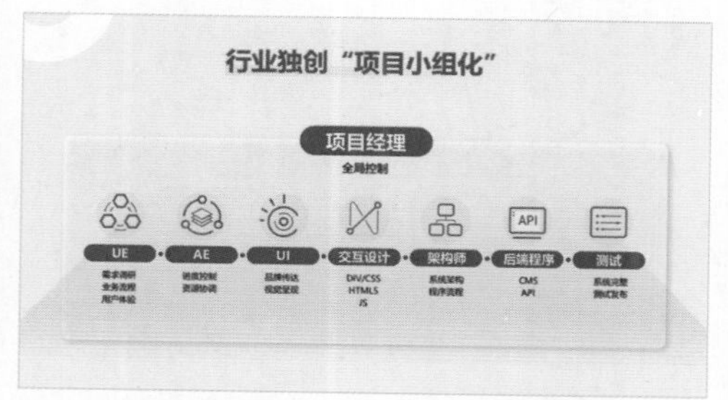

某科技公司介绍的PPT页面，采用线性图标，给观众塑造现代、时尚的印象。

线面图标

线面图标是在线性图标的基础上，加入一些彩色或浅色的色块，这样不仅保留了线性图标的简洁性和现代感，还通过用色块来丰富其视觉效果，增强视觉冲击力。线面图标更适合用于科技、设计、创意、教育等行业。

赠送线面图标库：内含5000个线面图标。

某钢铁公司介绍的PPT页面，采用线面图标，既能体现该公司的工业属性，也能体现其科技特征。

点线图标

点线图标是在线性图标的基础上，把某些线段切开，将其中一部分替换成圆点或椭圆的点，这样可以呈现出一种动态感和层次感，更加个性。点线图标在科技、互联网、软件等行业深受欢迎。

赠送点线图标库：内含21000个点线图标。

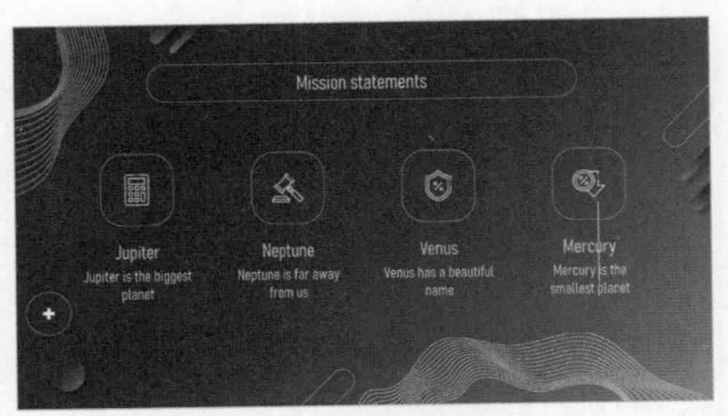

某手机科技公司产品介绍的PPT页面，点线图标与流体风格的背景相呼应，能营造出动感、时尚、活力的氛围。

扁平图标

扁平图标是介于立体图标和面性图标之间的一种图标风格，它不像立体图标那样有复杂的渐变、高光、阴影、边框及细节元素，也不像面性图标那样简化到只有一个色块、一个线条，扁平图标通过多层次的形状、明亮的颜色，把三维图片二维化，让图形丰富但又保持简洁，营造了一种现代、简约、轻松的形象。扁平图标在科技、社交、教育、医疗等领域应用广泛。

赠送扁平图标库：内含3000个扁平图标。

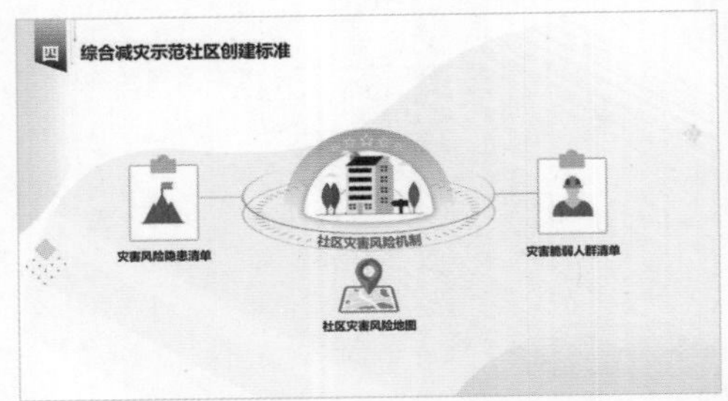

某科技咨询公司方案汇报的PPT页面，采用扁平图标，让复杂的科技原理变得易懂，让紧张的汇报氛围变得轻松。

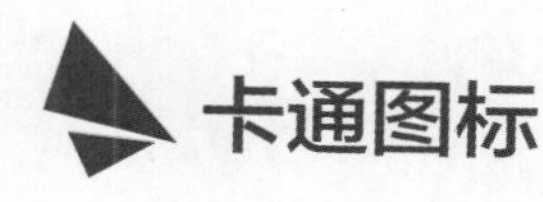

卡通图标

卡通图标具有卡通或漫画风格的设计，形象夸张、色彩鲜艳、生动活泼，适用于轻松、幽默的场景，在儿童产品、培训、娱乐、游戏、零售、餐饮等行业使用较多。

赠送卡通图标库：内含600个卡通图标。

某学校教学课件的PPT页面，采用卡通图标，可爱、醒目，更容易被孩子们注意和理解。

玻璃图标

通过模仿玻璃材质的外观和效果，创造出透明、光滑且有光泽感的图标，即玻璃图标。玻璃图标的基本特征为色块较大、半透明质感、柔化边缘、色彩饱满，适合用于科技、社交、互联网、数字化建设等行业。

赠送玻璃图标库：内含300个玻璃图标。这类图标素材较少，一般需要专门定制。

某科技公司的PPT页面，蓝色玻璃图标强化了科技、领先的效果。

立体图标

与普通的平面图标相比，立体图标通过阴影、高光和透视等技巧，添加更复杂的细节，呈现出更加真实、有深度和立体的外观。这类图标更有冲击力，也更容易理解，在制造、房产、医疗、教育、游戏等行业应用较多。

赠送立体图标库：内含3000个立体图标，绝大部分图标都是3D模型，可在PPT中编辑和添加动画。

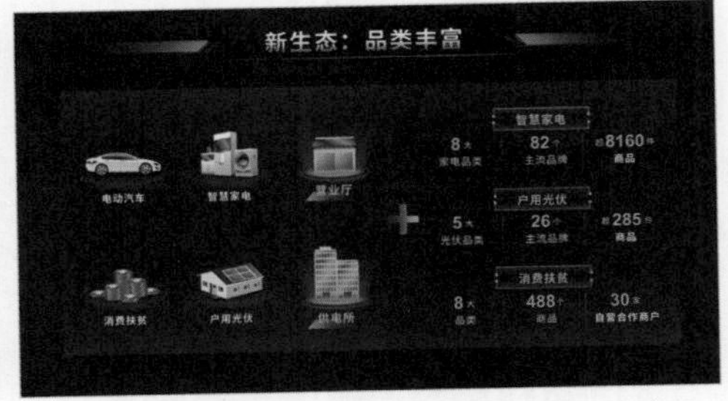

某能源公司发布会的PPT页面，其中用到了逼真的立体图标，具有很强的吸引力和冲击力。

其他图标

除了以上常用图标，还有描边、等距、长阴影、手绘、细线、色块、负空间等各种风格的图标，本书也给读者准备了足够多的图标库，让大家尽情使用。

赠送描边图标库：内含7000个描边图标，精细又可爱，多用于商务、咨询服务、教育、文化艺术等行业。

赠送等距图标库：内含1000个等距图标，也被称为2.5D质感图标，简约又现代，多用于互联网、科技、时尚等行业。

赠送长阴影图标库：内含2000个长阴影图标，简约、时尚，层次感强，多用于科技、互联网、数字媒体等行业。

赠送手绘图标库：内含6000个手绘图标，随意又充满个性，常用于管理咨询、商业、餐饮、旅游、创意、儿童教育、环保等行业。

即便本书提供了数以万计的图标，但在实际的PPT制作中，仍然会有一些特殊的图标需求，所以，这里再给读者提供一些免费的图标网站供参考。

thenounproject	500多万个免费矢量图标，搜索功能强大，你需要的图标几乎都能找到。
iconfont	阿里巴巴矢量图标库，2000多万个免费矢量图标素材，超多、超全、超精美。
flaticon	1000多万个免费和付费的矢量图标资源，各类别、各风格，图标成套、成体系。
iconfinder	600多万个图标素材，超大量、高品质、成系列图标资源，每套图标都有部分免费版。
icons8	130多万个免费图标资源，按照风格分类，方便成套使用。
iconarchive	80多万个图标素材，完全免费。

03 图标五规则

PPT高手与PPT新手的区别，不在于是否使用图标，而在于能否用好图标。PPT高手在使用图标时，一般会严格遵守以下规则。

适度使用

图标应该在PPT中起到辅助和强调的作用，而不能过度使用。在制作PPT时，要避免将太多的图标放置在同一页中，以免分散观众的注意力或造成视觉混乱。如果有一个图标不是必需的，就可以不加。

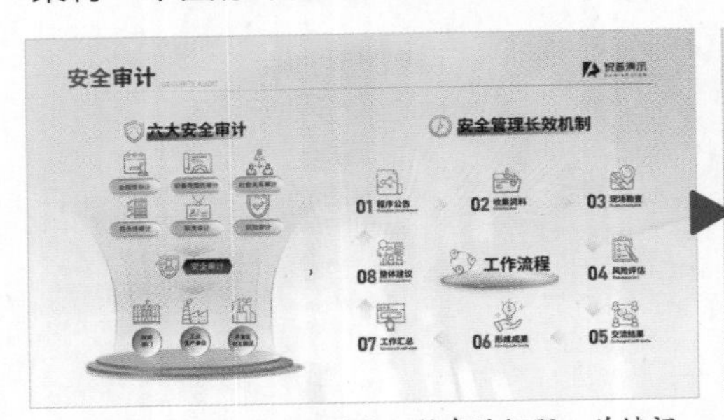

某公司企业介绍的PPT页面，所有的标题、关键词都添加了图标，画面太满、太繁杂，每一项都强调，观众反而不知道哪个更重要。

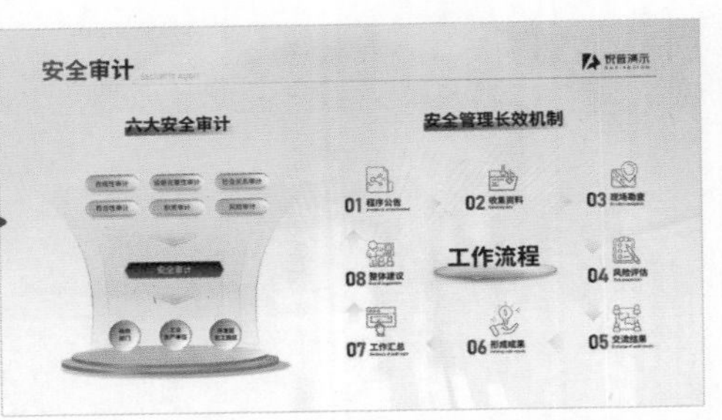

标题很大，所以标题不用加图标；左侧的条目只是为了说明更全面，不需要强调，可以不加图标；右侧内容比较重要，不容易理解，图标保留。

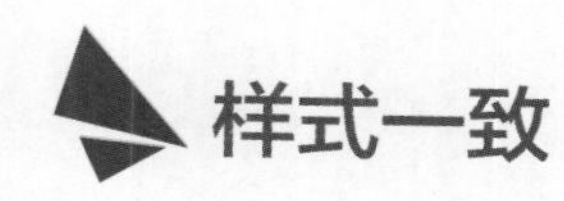

样式一致

选择一种图标风格或图标系列，并在整个PPT中保持一致，比如，若采用面性图标，则这个PPT应统一为此风格，不混入线性图标、点线图标等，同时还要保持色彩、质感、大小的统一，让整个PPT看起来更协调。

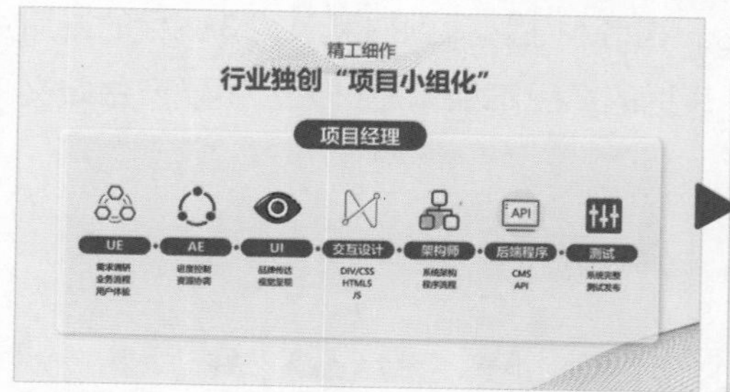

图标杂乱，7个图标的样式分别为粗细结合的线性图标、线面图标、描边图标、细线图标、色块图标、线性图标、负空间图标。

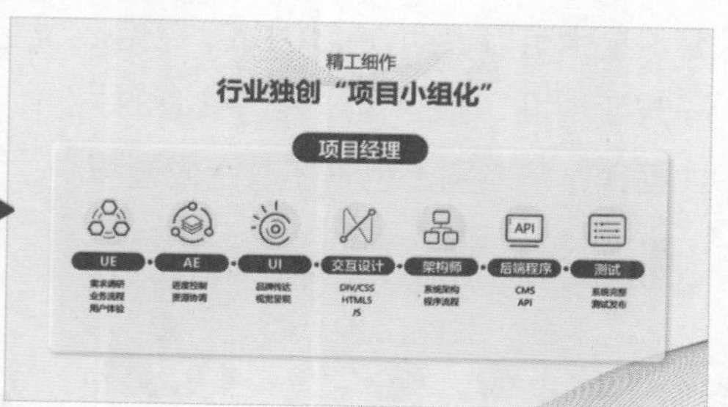

将图标样式统一，全部采用粗细结合的线性图标，并添加浅灰色的圆形背景，以强化图标的整体感，这样看起来就很协调了。

简洁明了

图标的本质就是用容易理解的图形表达难以理解的主题，所以要尽量选用简洁、清晰、一目了然的图标，而不能使用过于复杂、细节过多、容易产生歧义、难以理解的图标。目的是要降低观众的理解成本，而非增加其理解难度。

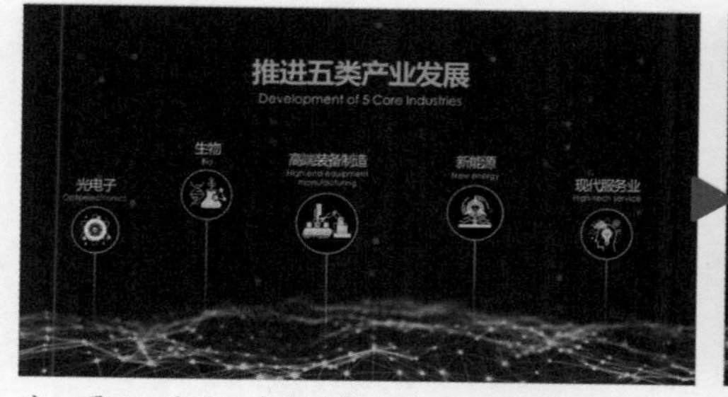

这一页PPT的图标采用了复杂的图形、线条和颜色，内涵丰富，但因为太复杂，观众需要仔细研究才能理解图标的意思，反而给观众带来干扰。

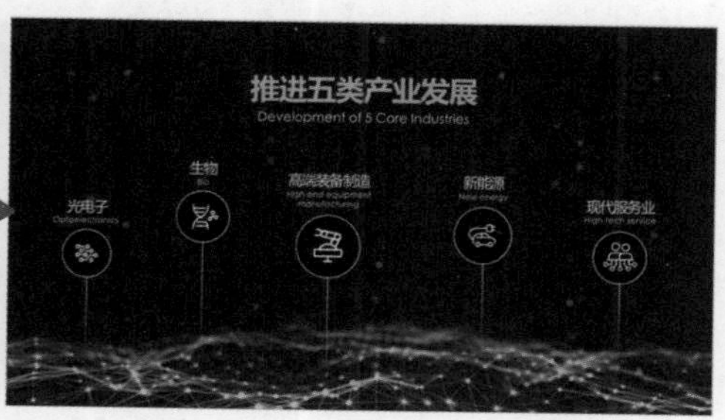

修改后，更换了一批更简洁的图标，只用线条和单色，只呈现最核心的内涵，使观众能够一目了然地理解所表达的主题。

表意准确

怎样选择图标呢？①用具象元素代表抽象概念，比如用钟表代表时间、用盾牌代表安全、用书本代表学习、用灯泡代表创意等；②用相关的元素代表相近的主题，比如效率与速度有关、服务与爱心有关、勇敢与狮子有关、旅游与行李箱有关等（这也可以借助ChatGPT、豆包、文心一言等AI工具得到提醒）；③图标的选用一定要精准，要尽可能表达核心的内涵，表达的意思不能偏差过大，不能产生歧义或误导，在范围上也不能过宽或过窄。

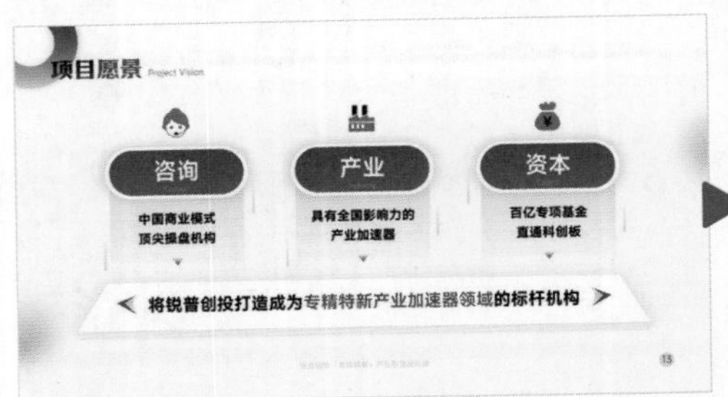

这页PPT采用的图标不准确，这里的咨询不是客服咨询，而是商业模式咨询；产业不是传统的化工厂，而是高精特新；资本不是存款，而是股票和基金。

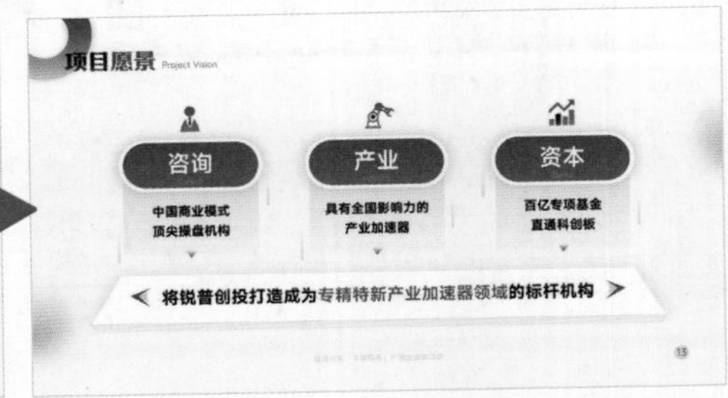

修改后，用管理专家形象的图标替换了客服图标，用机器人图标替换了化工厂图标，用股市图标替换了钱袋图标，就把该公司的业务更精准地体现出来了。

特色鲜明

普普通通、习以为常的事物总是难以获得别人的注意，也不会让人记忆深刻，所以，我们要多采用特色鲜明的图标，包括独特的形状、独特的线条、独特的色彩、独特的纹理、独特的细节、个性化的元素等。

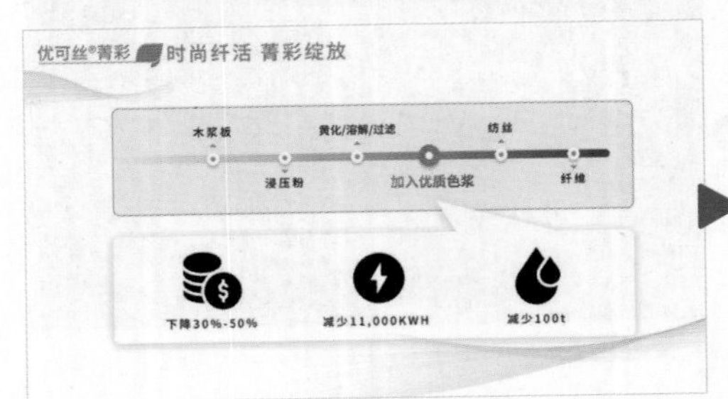

某环保纺织公司产品介绍的PPT页面，介绍其优点时，选用了3个普通的面性图标，色彩突兀，缺少特色。

修改后，更换了绿色的手绘立体图标，风格独特，能凸显该产品特色，赏心悦目，并能体现环保的主题。

第9章 转图示

图示，就是逻辑关系的可视化设计。这包括把复杂的逻辑简单化，把抽象的逻辑具象化，把理性的逻辑感性化，把晦涩的逻辑亲切化，从而提升观众的

01
让内容逻辑看得见

PPT中最难理解的就是逻辑关系，因为它们过于抽象、复杂和晦涩，人们对这种内容天然是排斥的。PPT的使命，就是让这些晦涩难懂的逻辑关系，变得更容易理解和富有吸引力。图示是表达逻辑关系的利器。

首先，图示可以让逻辑关系更容易理解。

锐普咨询集团的业务共分成应急与安全、环保、职业卫生、检测分析、节能评估、软件开发等六大板块，并在各板块下设置了双重预防体系、培训类、隐患排查、专业事故调查业务、环保一体化评估、污染源普查、标准化类、职业健康、环境监测/职业卫生检测/实验室分析、新媒体宣教、技术服务类、评价评估类、设计类、大数据人工智能等14个类目的功能，能够为客户提供全面、深入、一站式的咨询与解决方案。

大段文字，需要逐字阅读并仔细分析其中的逻辑关系，会增加观众的理解负担。

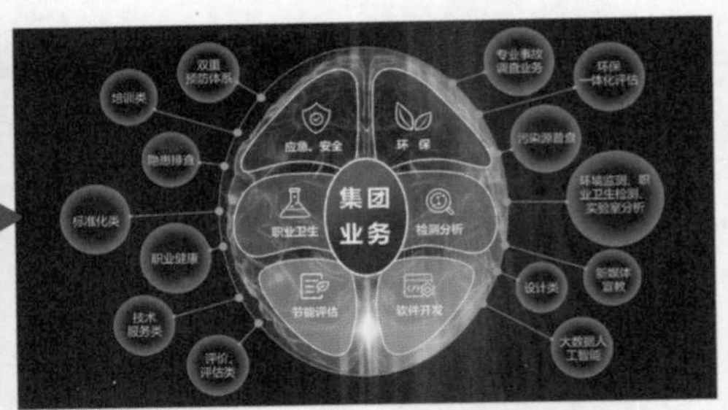

根据内容逻辑关系，用一组逐步展开的图示和形象图标来表达，其逻辑关系一目了然，观众很容易理解。

其次，图示可以让观众更好地记住信息。

锐普产品系列

锐可丝系列产品分成两大类，一类是纺织纤维，旗下的产品包括锐普BV纤维BVF/BVR/BVM/BVO 、锐普安泰贝抗菌纤维、锐普菁彩纤维；另一类是无纺纤维，旗下的产品包括锐普标准型、锐普清新纤维、锐普纤柔纤维、锐普安护纤维。两类产品坚持高级别环保标准、赋予丝般触感，是您和家人的安心之选。

aRapidbrand

大段文字，观众读完印象不深刻，很难记住。

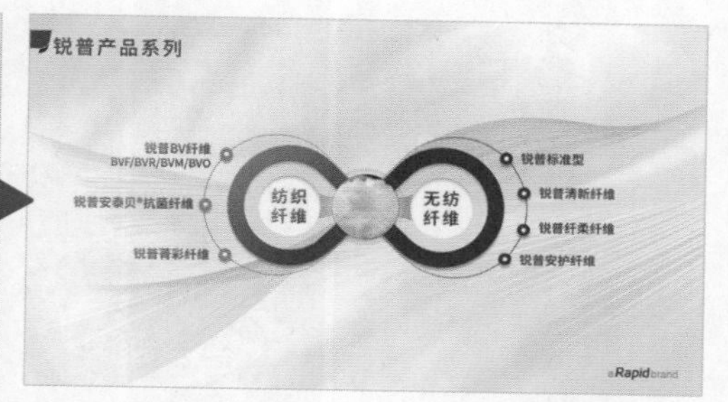

把大段文字转化成图表，“无限符号”的图形居于画面中心，两大类产品分列两边，让观众过目难忘。

最后，图示还可以增强PPT的吸引力和说服力。

锐普集团对所有社区用水都采用远高于国家标准的水质检测和控制机制。第一步，所有的用水都采用严格的三层过滤：前置过滤、中央净水和低氙气设备，这三层设备可以确保实现饮用级的水质。第二步，经过三层过滤的水会进行分流，第一类生活用水直接进入洗衣机、马桶、绿化等用水终端，第二类饮用水又进行分流，一部分经过末端净水器过滤，可用于厨房的洗刷服务，另一部分经过净饮一体机进行更严格过滤，可以让每个家庭成员直接引用。

大段文字，对观众来说没有吸引力，逻辑过于复杂也会影响说服力。

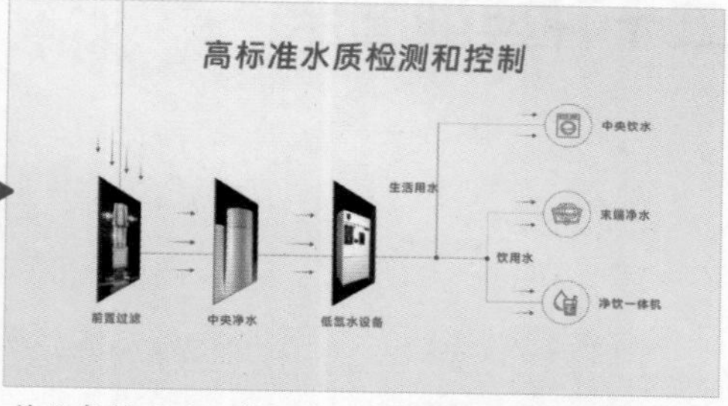

转化成图示后，每一道工序都看得见，流程一目了然，让观众更放心。

02
二十种典型图示

逻辑可视化的本质，就是把大段的文字转化为清晰的图示关系。按照第3章所述，只要我们理解了某页的逻辑关系，选一种合适的图示样式，并更改文字，就可以快速做出精美的PPT。

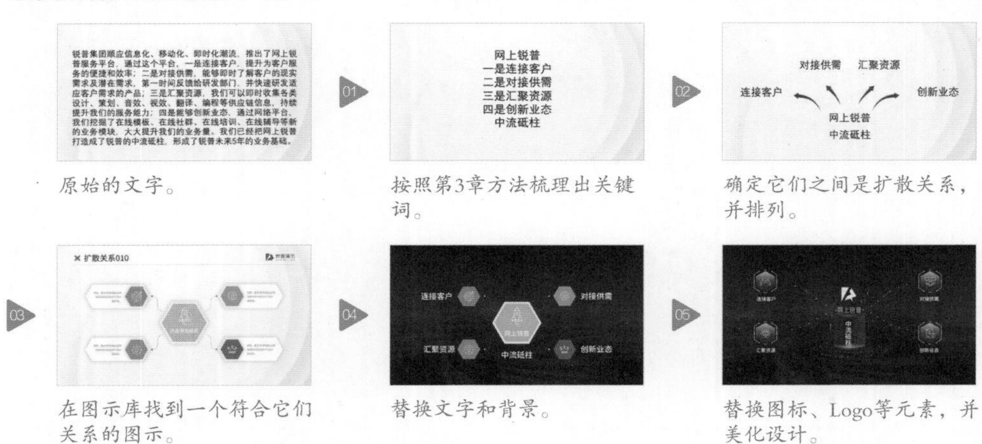

原始的文字。

按照第3章方法梳理出关键词。

确定它们之间是扩散关系，并排列。

在图示库找到一个符合它们关系的图示。

替换文字和背景。

替换图标、Logo等元素，并美化设计。

怎样选择图示样式呢？本书提供一个强大的图示库，涵盖20种关系，每类包含25页原创精美图示。对你来说，制作PPT，就是根据逻辑关系找到相应的图示即可。

并列关系

并列关系中选项之间是平等的、同级的关系，没有优劣、高低、轻重之分。

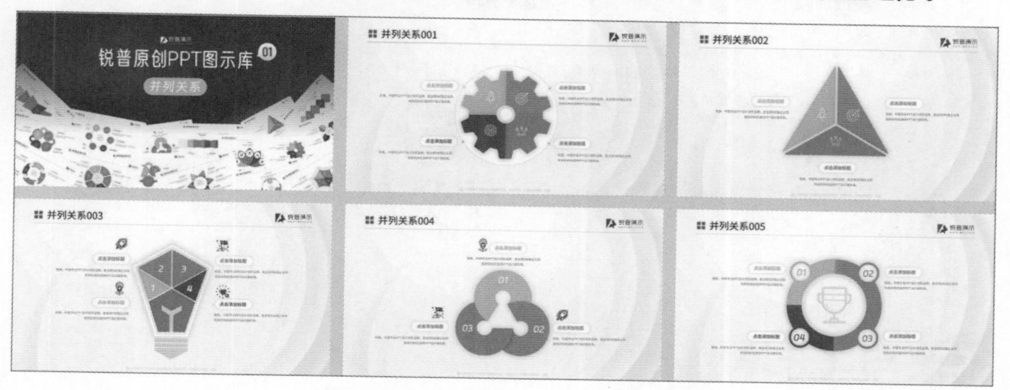

总分关系

总分关系即一个主题或概念（总）被分解为各组成部分或子主题（分），“总”通常位于顶部或中心，而“分”则会从“总”分出，位于下方或周围。

交叉关系

交叉关系通常用于描述两个或多个选项之间既相互独立，又存在交集的关系，表现概念或项目之间的相互作用、共享特性或共有区域。

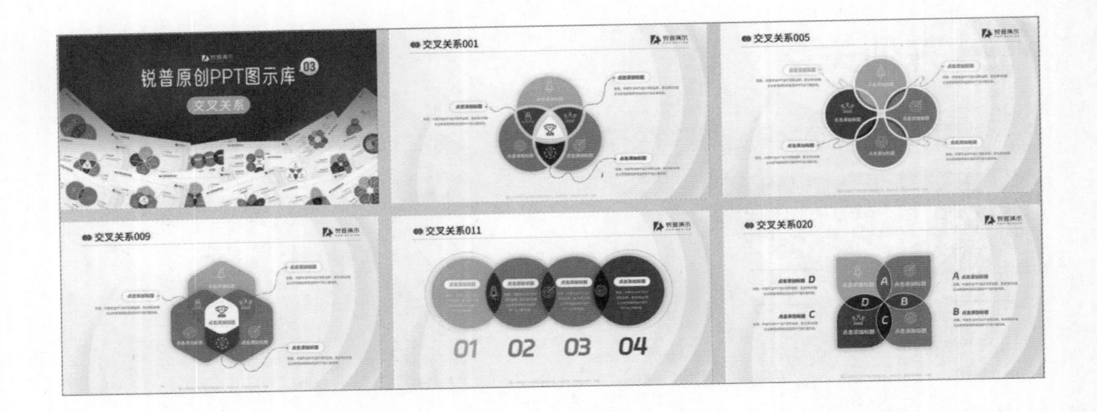

对比关系

对比关系就是把两个项目、主题或概念进行一对一的对比和分析，以便清晰地展示它们之间的相似性和差异，比较的内容可以是数据的大小、产品的优劣、特性的强弱、效果的好坏等。

联动关系

联动关系指的是两种以上的元素之间既保持相互独立，又共同构成一个整体的关系。这些元素相互依赖、互相影响，当某一个元素发生变化时，其他元素也会同步发生变化。

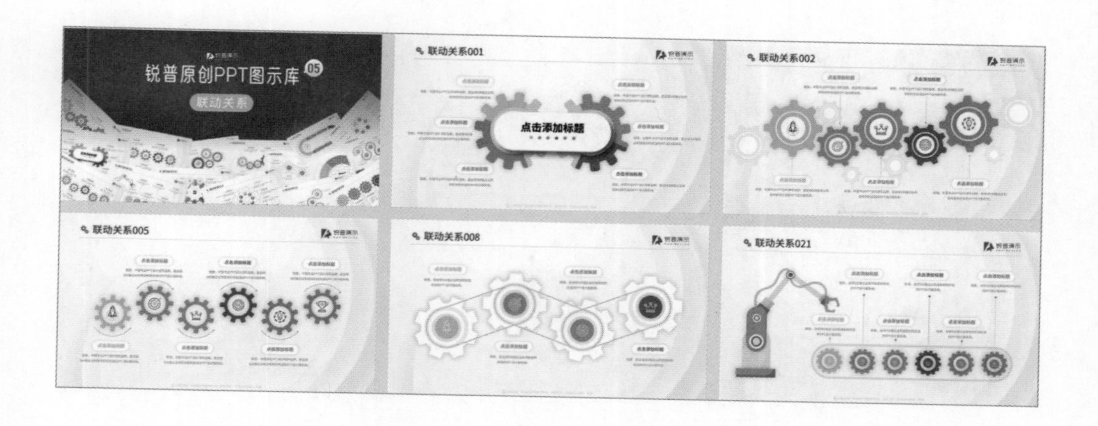

递进关系

递进关系指的是多个元素存在时间上的先后、流程上的次序、程度上的递增或递减等关系，后一个部分在前一个部分的基础上进行发展或演化。

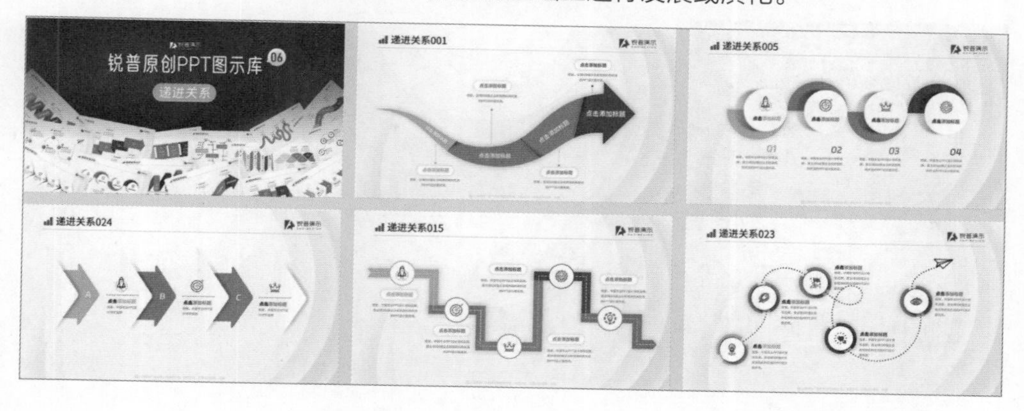

层级关系

层级关系指的是多个元素之间存在地位、优先级、重要性、层次性等的差异，通常体现为“上下”“高低”“内外”“大小”等结构，需要分层次地去认识和解释。

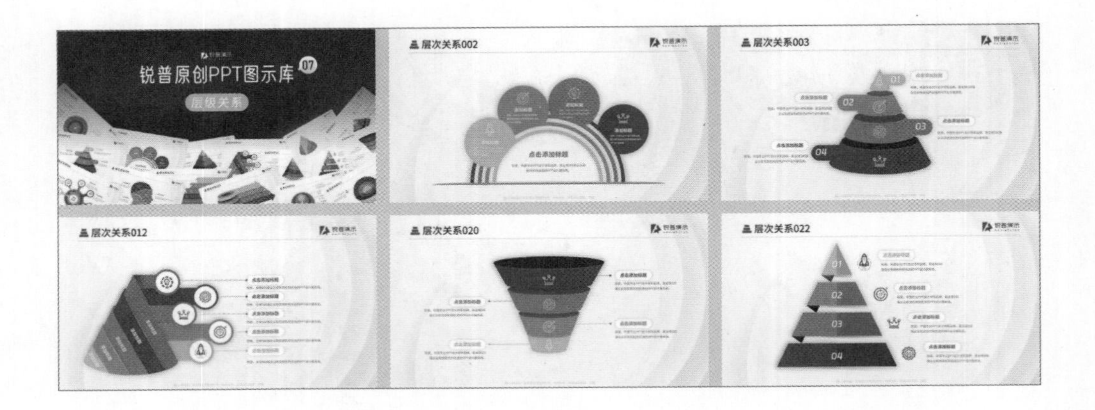

循环关系

循环关系指的是多个元素之间形成一个相对封闭的循环体系，这些元素相互依赖或相互影响，并且这一过程呈现出周期性的重复。

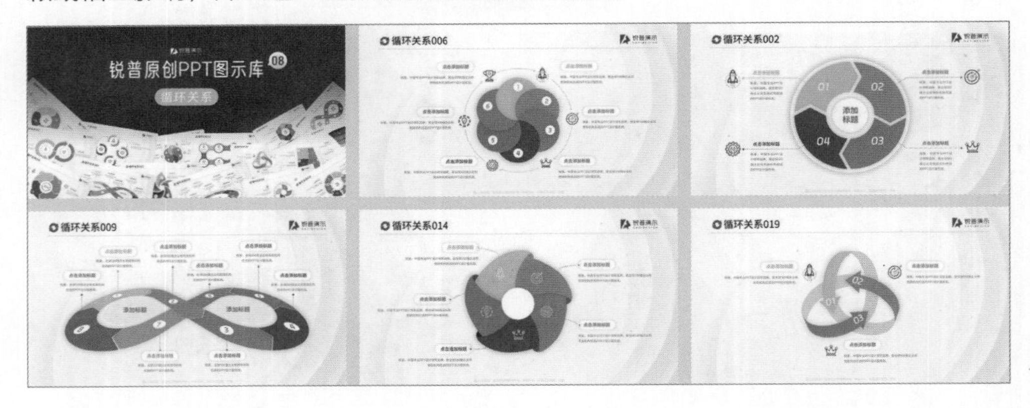

选择关系

选择关系指的是对一组选项或方案进行比较，从而确定一个最优方案的逻辑关系。各个方案之间一般是相互排斥的，即在多个选项中只能选择其中之一，或者不同方案之间存在互斥性。

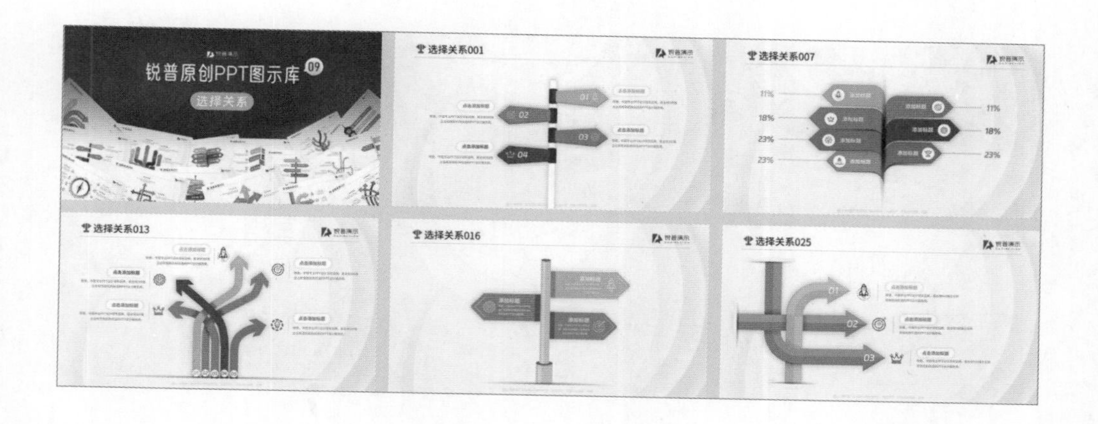

强调关系

强调关系是指通过对比选项大小、位置轻重、色彩强弱、元素多少等方式，突出或强调某个主题、概念或信息的一种逻辑关系。强调关系可以使特定的内容在整个演示中显得更为重要、引人注目，或者在复杂信息中突出显示某个关键点。

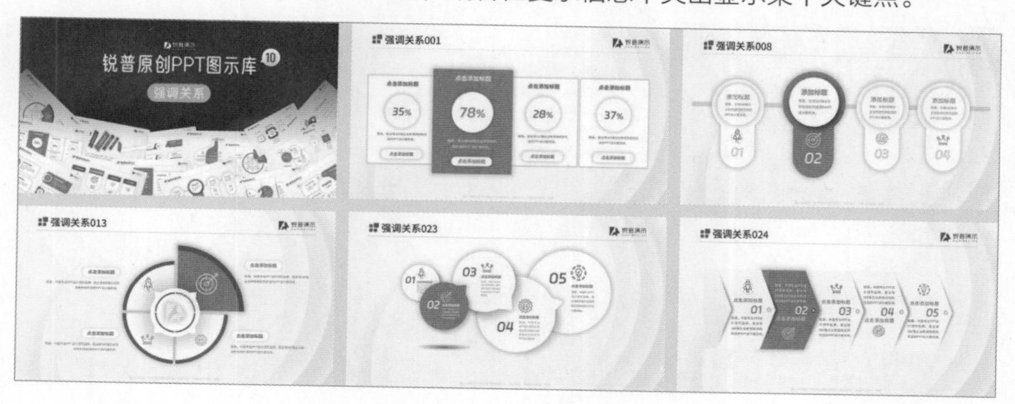

互补关系

互补关系指的是不同的元素、概念或要素之间相互交错、相互补充、互相支持、互相依赖的关系，通过它们的协同作用，能够共同达到更好的效果或目标。这种关系常用拼图、魔方图来表示。

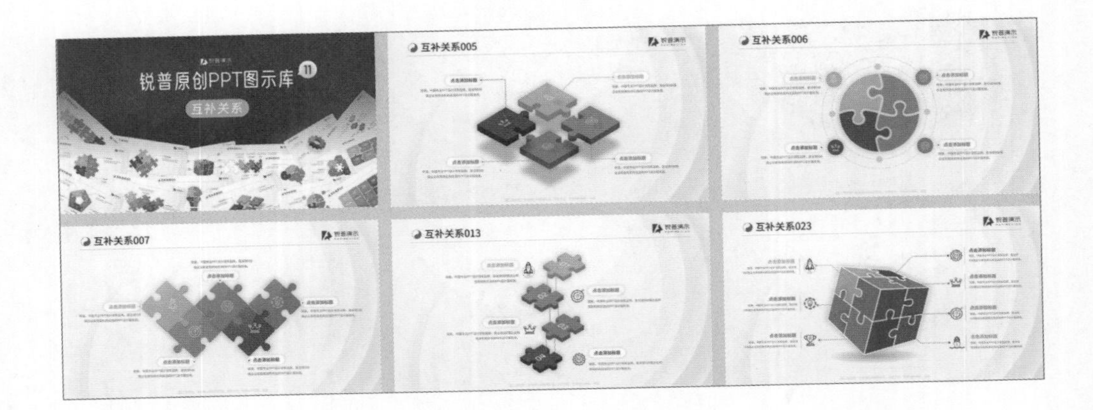

因果关系

因果关系是指某一个事件、行动或情况的发生直接导致了另一个事件、行动或结果的发生，它不仅体现在时间的先后，更主要的是表现条件与结果之间的关联。这种关系常用鱼骨图来表示。

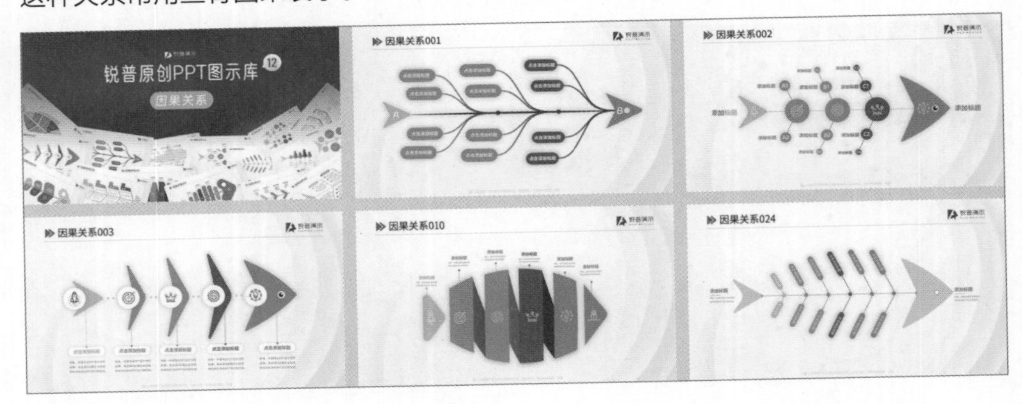

平衡关系

平衡关系用于表现不同要素之间的权重关系，特别是强调两个或两组元素之间的轻重、大小、多少、效果、影响等方面的比较。

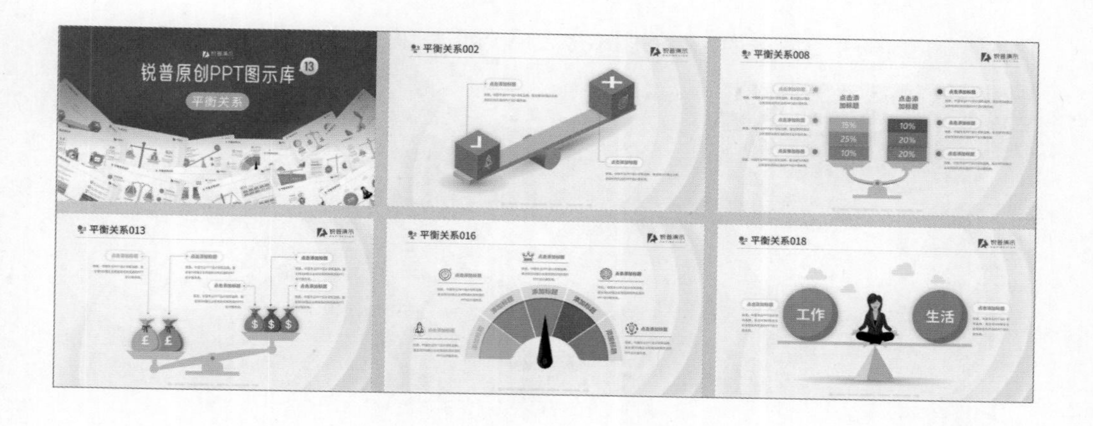

主次关系

主次关系指的是内容或信息的层次结构，其中某些元素被视为更重要或更主要的，而其他元素是从主要元素引申出来的，被认为是次要或次级的。这种关系常用树状图或组织结构图来表示。

表里关系

表里关系指的是事物的表面或外在表现与其内在或深层本质之间的关系。这种关系通常强调事物具有不同的外在特征和内在属性，表明外表不一定反映事物的全

部本质。这种关系常常采用比喻的图示来表现，如冰山图、洋葱图等。

聚合关系

聚合关系表示将不同元素或不同部分汇总、集合成一个整体，并相互协同、竞争或合作，以形成新的特性或产生新的价值。

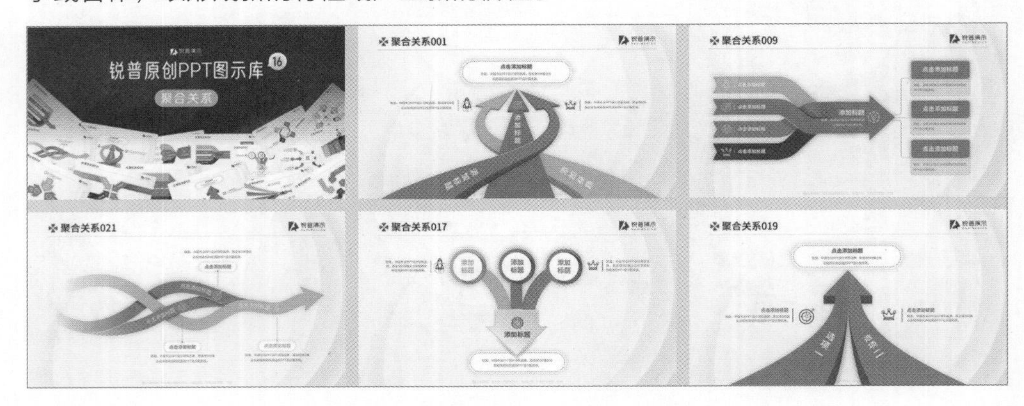

扩散关系

扩散关系表示一个元素向两个以上的方向或元素传播、分散或扩展的效果。这种关系通常用来表示信息、趋势或效应等的传播、蔓延和扩散，与聚合关系相反。

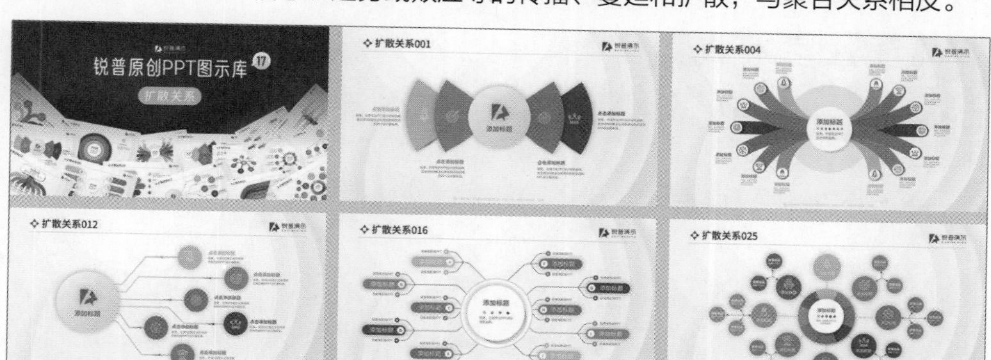

过滤关系

过滤关系表示如何通过特定条件、标准或参数来筛选或过滤数据、信息或元素，以获得所需的结果。这种关系常用漏斗图来表示。

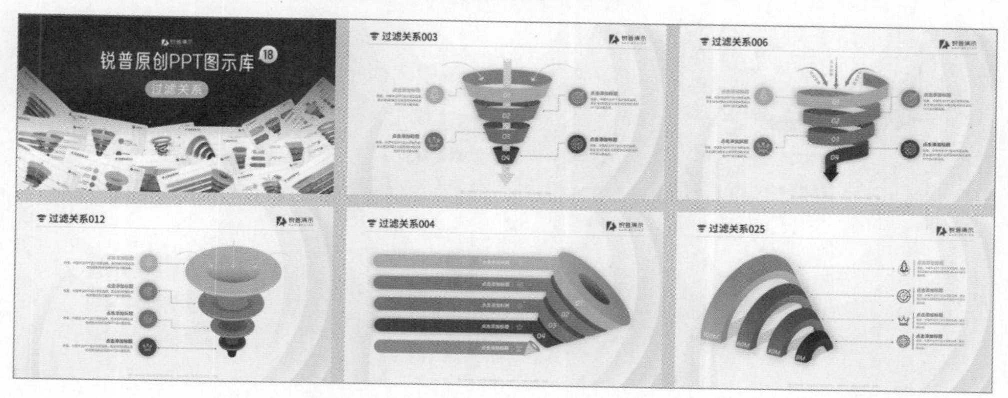

链接关系

链接关系表示元素之间如何相互连接、关联在一起，以实现特定的目标或效果。这种关系强调了元素之间的环环相扣、密不可分的特征。

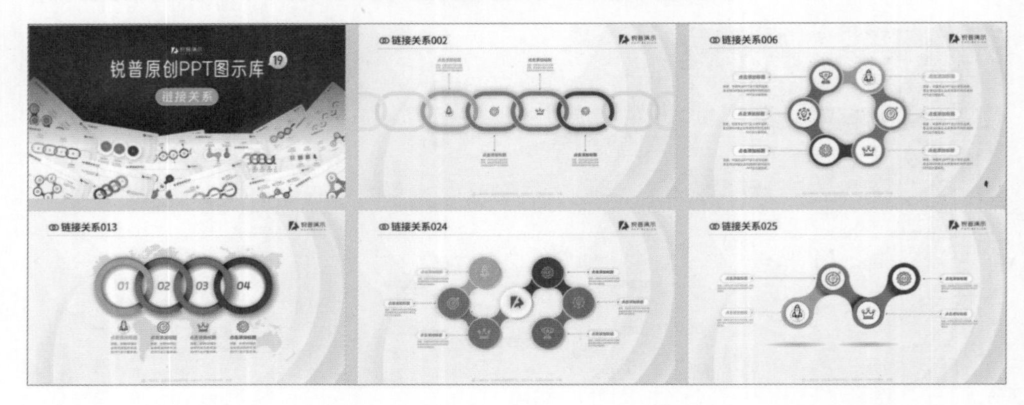

矩阵关系

矩阵关系通过横向和纵向的坐标轴来表示两个不同的条件、属性或分类，而在交叉点上的信息或数值用于描述相应维度之间的关联性、互动或其他特定关系。

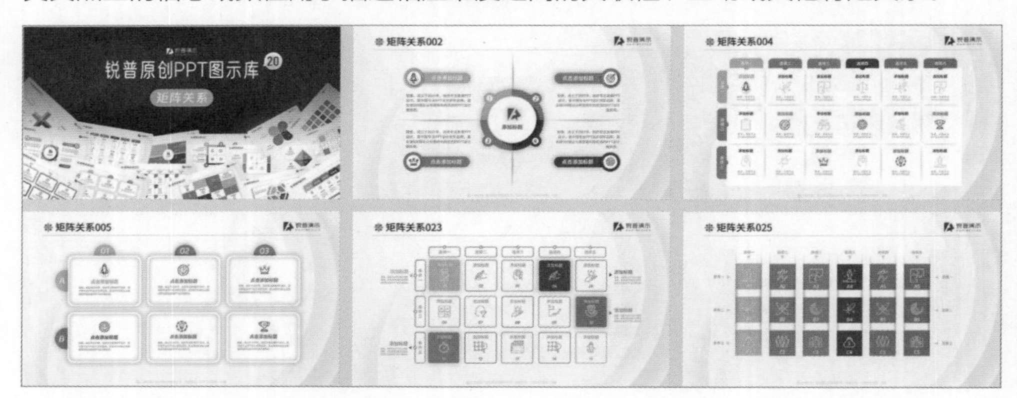

03
图示创意二十四术

PPT中的图示化有以下3个层次。

初级的图示化，就是套用图示——在图示库中找到合适的模板，将文字替换。这种图示看起来“模板化”，缺少个性和吸引力。

中级的图示化，就是图示美化——不仅套用图示，还对图示进行深度美化，让图示和主题融为一体，更美观、更赏心悦目。

高级的图示化，则是图示创意——采用比喻、变形、场景、抽象等手法，对图示进行创意设计，不仅能够准确表达主题意思，更能表达出深层次的内涵，让观众叹为观止。

比喻术

比喻术即用一些常见的、形象的、具体的对象来描述不常见的、复杂的、抽象的对象。

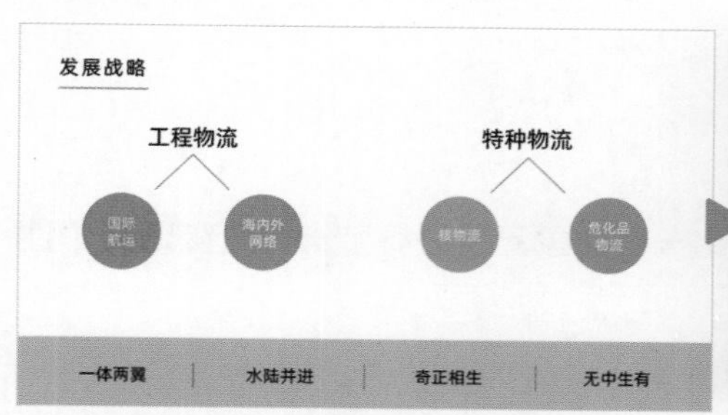

某物流公司发展战略介绍的PPT页面，采用简单的4色图示，缺少个性。

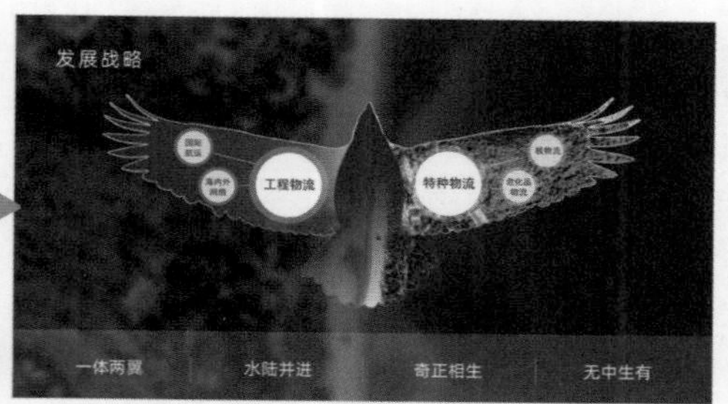

根据“一体两翼”的特征，用一只张开翅膀的雄鹰来作为比喻；根据“水陆并进”的特征，给雄鹰的图形填充了水陆相接的图片，更生动、更易记。

变形术

变形术即把某些晦涩难懂的文字、数字、逻辑转化为容易理解的图形。

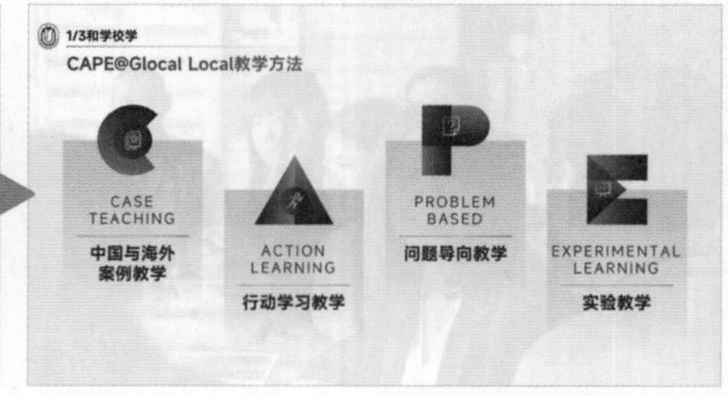

某学校教学方法介绍的PPT页面，采用了简单的并列关系图示，特征不明显，也不容易记忆。

把“C”“A”“P”“E”这4个字母提炼出来，放大，并用更学术性、更有美感的几何图形拼接，很容易被记住。

场景术

场景术即给产品添加一个具体的场景，强化产品的氛围感和感情色彩。

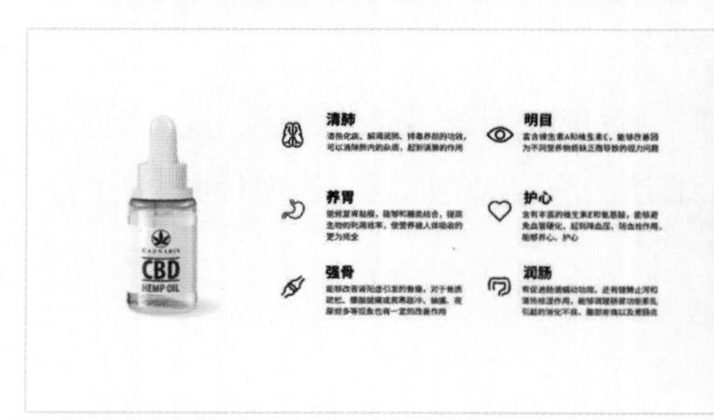

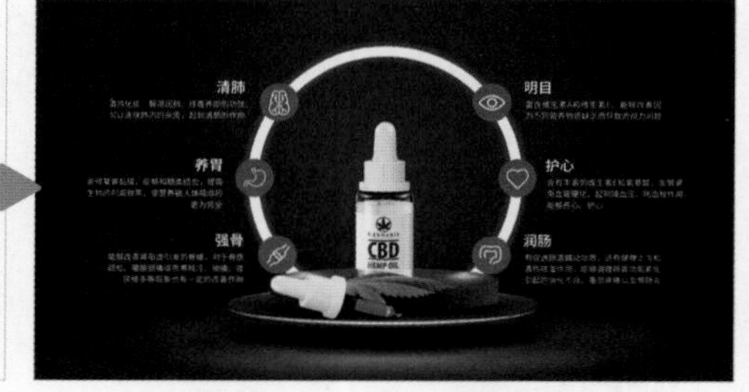

某产品功能介绍的PPT页面，产品在左、文字在右，看起来比较清晰，但过于平淡，缺少冲击力。

把产品置于画面中央，并添加光圈图形，使图形环绕产品周围，产品形象更加高端、大气。

抽象术

抽象术即结合行业属性和主题，提炼出一些抽象元素进行装饰，既简洁又个性鲜明。

某公司发展历程描述的PPT页面，平铺直叙，缺少吸引力。

因为该公司主要是做金融运营的，所以采用无数的小点汇聚成网的样式来体现，很有运动感和科技感。

代入术

代入术即加入能引起观众共鸣的人物，让画面更人性化，给观众更强的感染力。

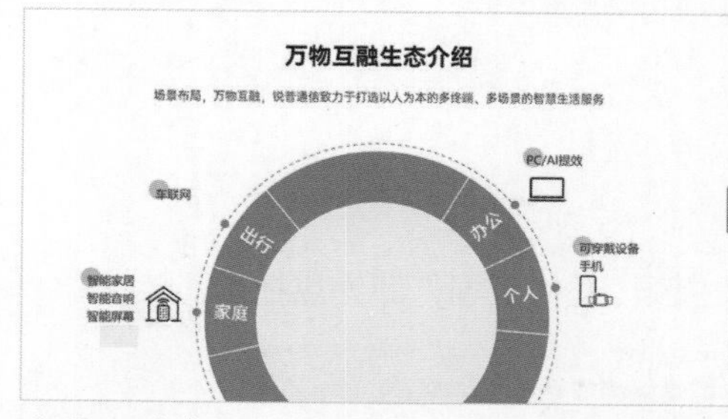

这页PPT是某公司的产品分布介绍，只用文字和图形来表现，看起来冷冰冰的。

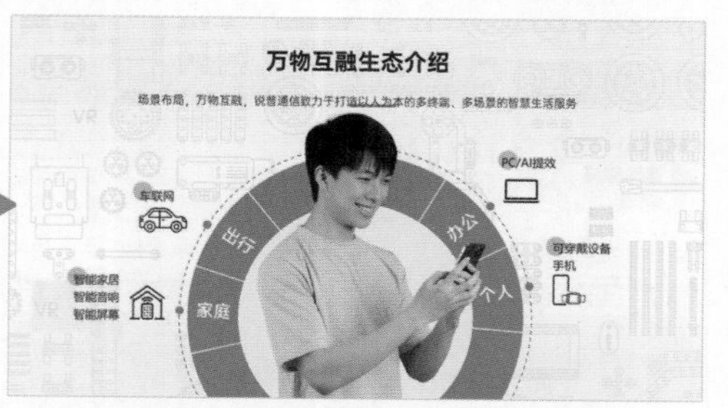

加入一个帅气又有朝气的青年手持手机的图片，让画面更人性化和具有亲和力，也能有代入感。

对比术

人们天然地对冲突更敏感，不同颜色、不同图形、不同图案的高度对比，可激发观众的注意力和思考，这就是对比术。

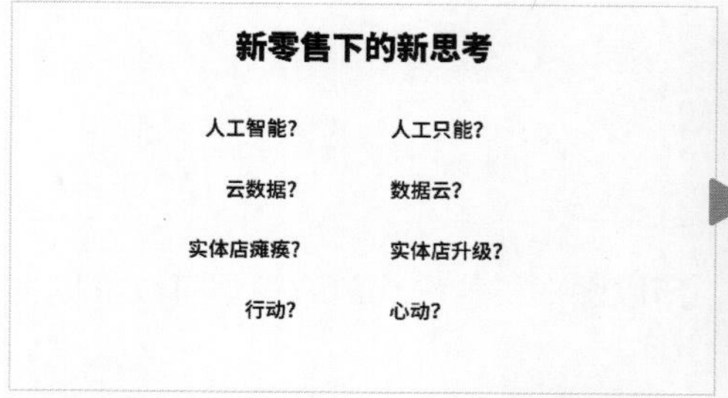

这页PPT需要激发观众思考，但这样罗列所带来的冲击力比较弱。

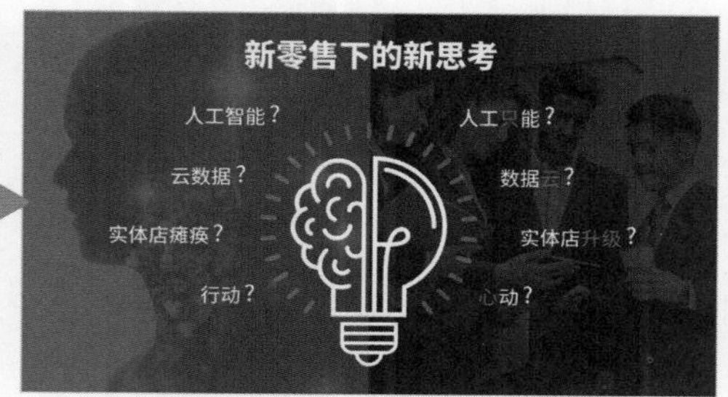

左右分别添加不同的背景，设置红色与蓝色的对比色，中间的灯泡图标也强化对比效果，用强烈的视觉冲击引发观众的思考。

构造术

构造术即用符合企业调性的元素构造一些超现实的场景，更能让人眼前一亮，更有说服力。

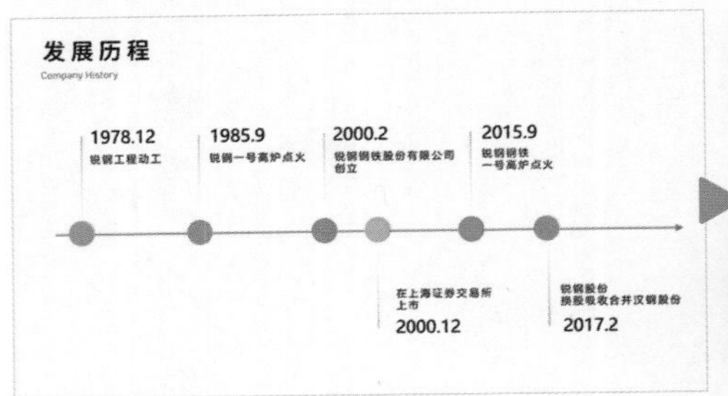

这页PPT采用了普通的发展历程图示，缺少个性。

用绸带连接工厂和办公楼，很符合超大型国有企业的调性，也能够凸显这些年的发展变化，衬以巍峨的雪山、翱翔的飞机，更显大气。

烘托术

用背景、色彩、图形、字体等元素烘托主题，强化氛围，即为烘托术。

这页PPT介绍的是冷链管理，但文字和箭头用了暖色调，与主题不匹配。

换上冰凉感觉的背景，文字和箭头采用冷色调的蓝色，再配上雪花元素，营造出冷链的氛围。

呼应术

所有元素都应该是为强化主题服务的，所以图形、背景、色彩等都可以根据主题而变化，这就是呼应术。

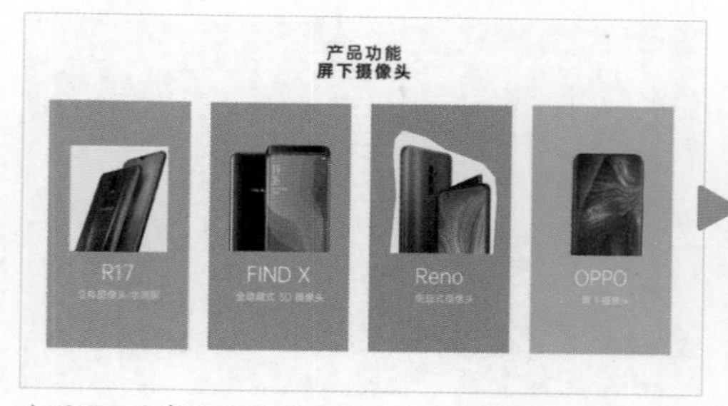

这页PPT为每种型号的手机添加一个矩形背景，但色彩和图片之间并没有直接的关联。

因为介绍的是手机的屏下摄像头，所以，每个矩形都根据摄像头的样式进行了变形，与产品特征相呼应，强化了产品特征。

借势术

借势术即借助与主题相关的图片的构图，摆放文字、图标等元素，可以强化主题、营造吸引力。

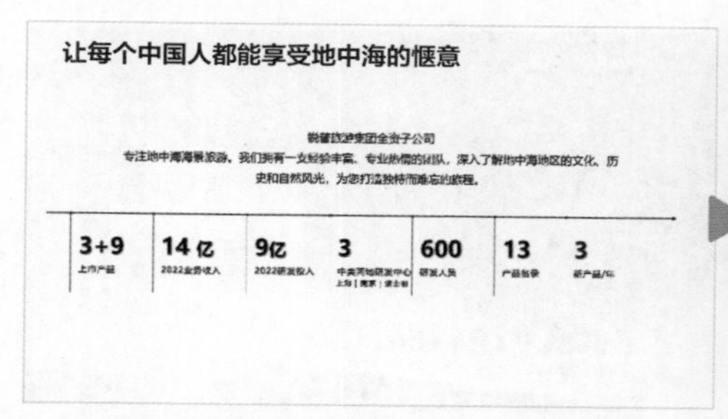

这页PPT是白色背景，线条加文字，单调又缺少吸引力。

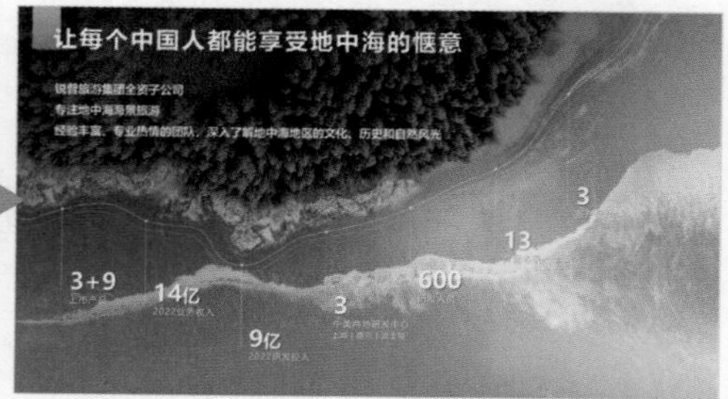

因为这是地中海旅游方面的介绍，所以选取了地中海的海岸航拍图，借助海岸线的绵延趋势来展开文字，更有吸引力和感染力。

看板术

看板术即利用黑板、白板、屏幕、天空、舞台、墙面等空白区域摆放内容，可以聚焦观众注意力。

疫情防控和经济社会发展双赢
4856.9亿元
全市实现规模以上工业增加值
102.2%
同比增长
587.4亿元
工业投资
50.8%
增长

这页PPT在白色背景上摆放文字，画面单调。

借助城市图片，能展现经济发展的面貌；围绕标志性建筑，在天空绘制色块，营造一个面板，让观众更聚焦于文字。

夸张术

夸张术即放大某些重要元素，大到超乎常理，营造反差，可以带来很强的冲击力。

这是介绍某项政策的PPT页面，把文件对齐排列，看起来平淡，表现平平。

把城市标志性建筑置于旁边，把文件放大、立体摆放，以突出文件，这种夸张的效果更能体现文件的权威性。

立体术

立体术即制作3D立体效果，更逼真，层次感和冲击力更强。

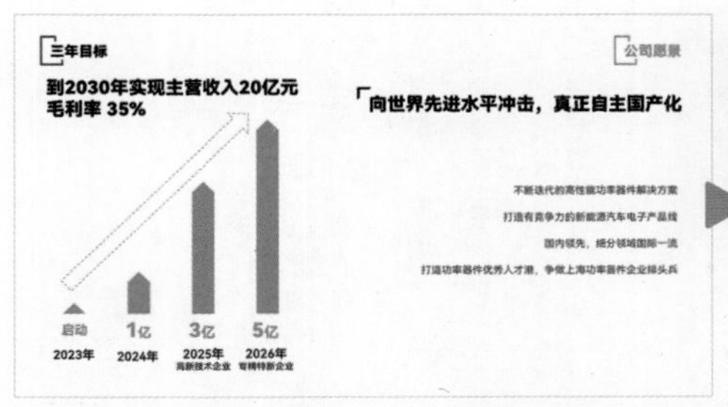

这页PPT采用平面的设计方案，给人简洁、商务、学术的感觉，但冲击力会相对较弱。

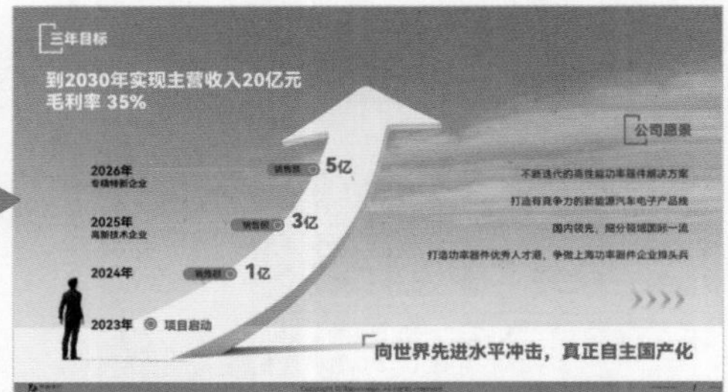

换成立体的箭头，更逼真、更有层次感，可以营造很强的视觉冲击力。

凌乱术

在排列大量素材时，采用凌乱和随机的布局更有气势，更有艺术感，这就是凌乱术。

规整的排列，过于死板和严肃，而且会让观众逐个查看每张图片的细节，反而会忽略结论。

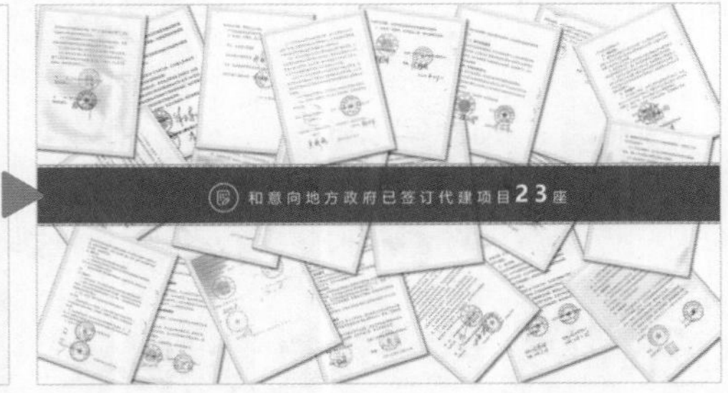

凌乱和随机的排列，更凸显数量众多，让观众关注总体结论，而不是停留在某一张图片上。

密集术

把规矩的表格转化为密密麻麻、参差不齐的文字云图形，显得数据更多、冲击力更强，这就是密集术。

青海省	16	云南省	166	河北省	510	山西省	309	宁夏回族自治区	20
内蒙古自治区	211	香港	350	天津市	154	安徽省	276	甘肃省	47
新疆维吾尔自治区	2	广东省	3,482	贵州省	146	重庆市	332	黑龙江省	182
江苏省	1,390	河南省	539	浙江省	574	吉林省	212	四川省	533
北京市	1,062	辽宁省	878	广西壮族自治区	508	湖南省	294	海南省	141
陕西省	125	江西省	206	湖北省	682	西藏自治区	4	云南省	166
山东省	947	福建省	345	上海市	662	其他	4		

单位：亿人民币

规规矩矩的列表，重点不突出，缺少冲击力。

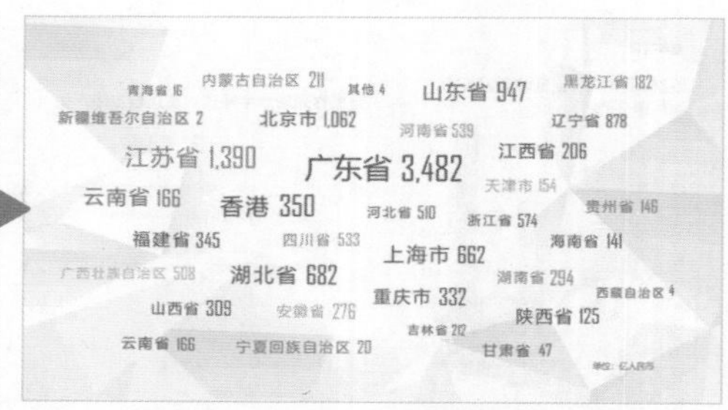

把选项按照权重进行排列，有大有小，有深有浅，选项之间的间隙更小，密度更大，更能凸显数量众多，让画面更有冲击力。

拼接术

拼接术即找到不同图片的共同点，将它们拼接在一起，打破时间和空间的阻碍，营造超时空连接的氛围，让观众叹为观止。

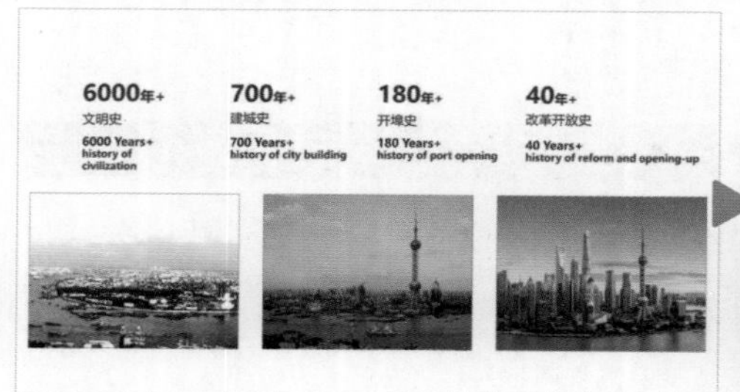

这页PPT表现发展轨迹，文字和图片罗列，普普通通。

把不同年代的3张照片，按照统一的水岸线拼接在一起，把东方明珠等建筑重叠起来，营造超时空的巧妙感。

强调术

该强调的，就要足够大，大到挥之不去；不该强调的，就要足够小，小到视而不见，这就是强调术。

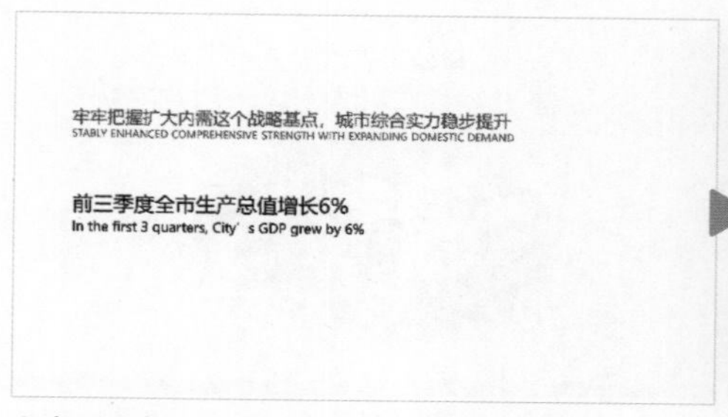

文字大小都一样，让观众找不到重点。

把数字字号放到足够大，字体更加特别，让观众聚焦关键信息，过目难忘。

视频术

视频术即找到或创作出符合主题的视频，用它来表现逻辑关系，能带来强烈的震撼效果。

纯色背景、渐变色背景，以及图片式背景，给观众带来的吸引力、冲击力都是有限的。

把背景换成扩散式的视频，用扩散动画的幅度体现发展的高度，更能准确表达主题，也能始终吸引观众的注意力。

双关术

在准确理解主题含义的基础上，用一张简单的图片，就能表现多重内涵，给观众带来豁然开朗的感觉，妙不可言，这就是双关术。（这种图片可以在图库里找到，也可以借助一些AI图片生成工具来实现。）

把Logo整齐排列，并不能让观众的视线停留。

鉴于母公司名字是“雀巢”，于是使用鸟巢和金蛋的图片（金蛋图采用Midjourney生成），把子公司的Logo贴在金蛋上“一图双关”，寓意深刻。

填图术

图片是PPT中最真实、最有说服力的元素，在普通图示基础上添加真实而精致的图片，可以大大提升图示的说服力，这就是填图术。

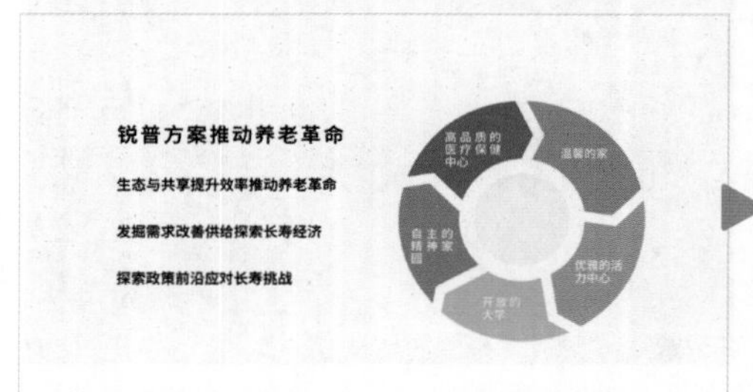

纯粹的文字加图形，看起来很抽象也很学术，所传达的信息有限。

把图形填充为图片，内涵表达就非常生动和具象了，也能增强画面的说服力。

托底术

给Logo、图标等添加统一的隔板、底座等背景，可以让画面更整体、更有场景感，这就是托底术。

把Logo排列整齐，但图标还是很散，缺少整体感。

给Logo添加统一的隔板，让这些Logo浑然一体，能够打造很强的场景感，画面更精致。

虚实术

图片是实的，图形是虚的，把实的图片和虚的图形结合起来，构成一个整体，可以带来很强的趣味性和冲击力，这就是虚实术。

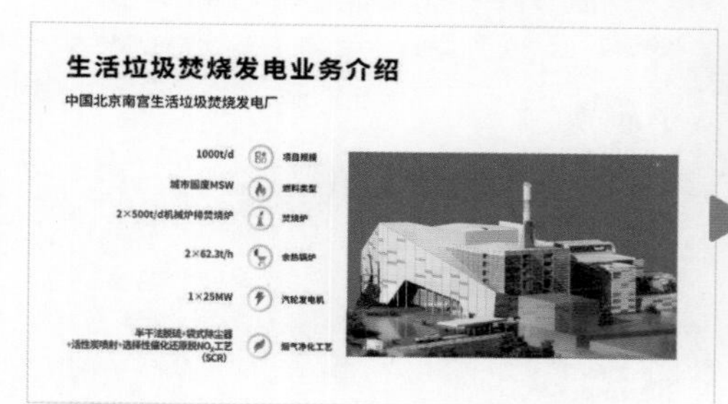

图片和说明性文字相互分离，缺少整体感。

把真实的画面（工厂）抠出来，添加虚拟的光环轨道，让图标和文字按照轨道排列，构成了一个完美的整体。

遮掩术

遮掩术即通过在图片上添加拉链、幕布、撕纸等元素，营造半露半遮的效果，越是遮掩越能引起观众的好奇心。

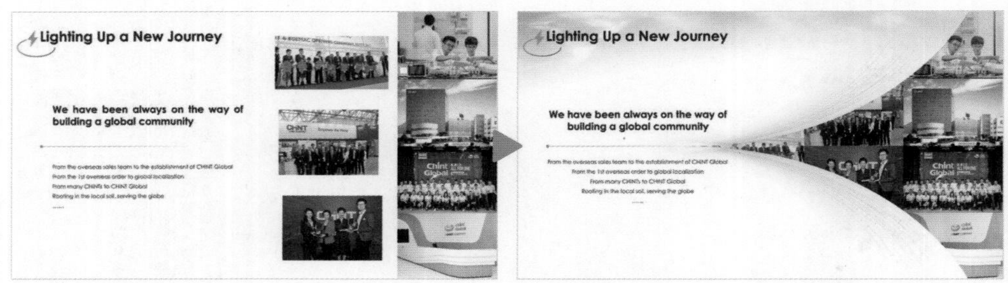

左文右图是一种很普通的排版格式，难以让观众产生兴趣。

在图片上覆盖一层帘式白板，并通过开口看到图片，营造一种“欲盖弥彰”、犹抱琵琶半遮面的艺术感。

指引术

手势、手指、眼神都有很强的视觉引导性，善于使用，可以大大提升画面的吸引力和集中度，这就是指引术。

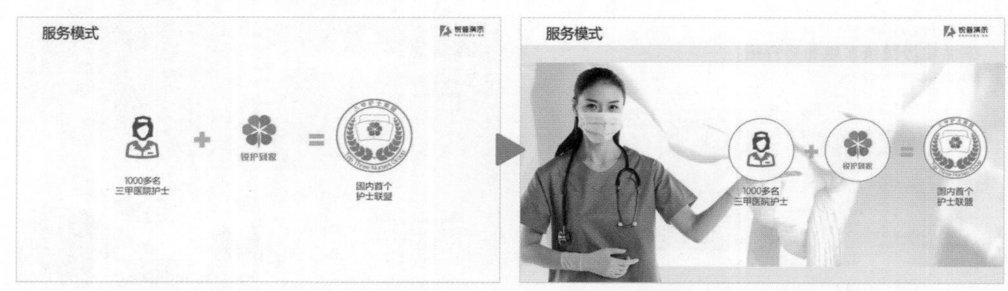

这页PPT采用公式图示的表现手法，已经很好了，但是画面还是有些分散，难以吸引观众眼球。

美女护士，很有亲和力，也能强化医疗主题；其手势指着3个图标，把观众的注意力集中到主题上。

第10章
制图表

图表，就是可视化的数据表达，

以图表的形式将数据信息转化为易于理解的形式。

01

常用图表十二类

长期以来，在设计专业已经形成了各种固定化的图表样式，我们需要理解每种图表的含义、特点、适用领域，并根据数据情况选择合适的图表。

柱形图

柱形图适用于比较一组或多组对象的绝对值大小，特别是当数据很多时。它用竖立的矩形高度表示数据大小，突出各系列之间的差异。

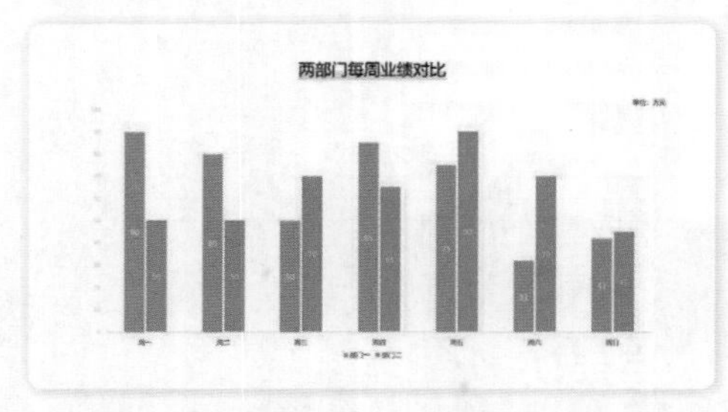

最典型的是簇状柱形图，其可以直接比较两个或多个系列数值的大小。

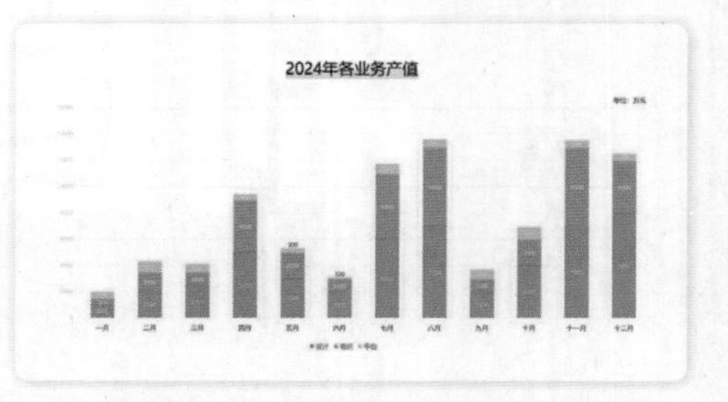

堆积柱形图不仅可以比较各个系列在当前类别中数值的大小，还能看到各个系列所占的比例，以及各类别的数值之和。

条形图

要让数据的大小更明显，则可以使用条形图。条形图是横向摆放的柱形图。因为演示屏幕的横向宽度一般都大于高度，所以，柱形图可以摆放更多项目，但项目高度的对比就没那么明显；条形图虽然不能摆放更多项目，但选项的长度却可以拉开差距，数据对比更加明显。

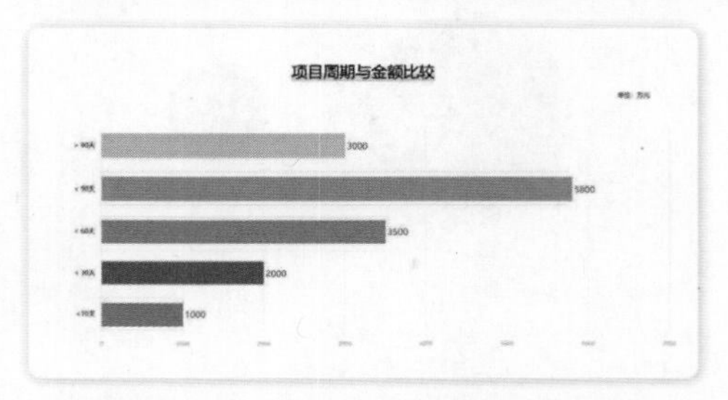

最典型的是簇状条形图，其可以直接比较多个系列数值的大小，数据之间的比较一目了然。

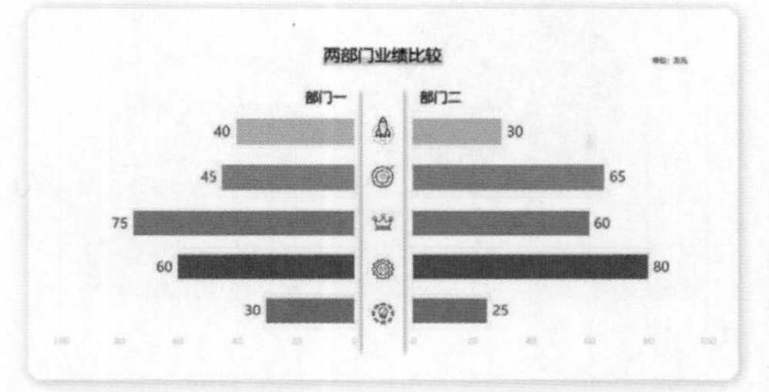

还可以采用这种变异的双向对数表条形图，通过把数据设置为“正”“负”数，可以很直观地对数据进行逐项对比。

折线图

折线图用于表示数据的变化趋势。用线条连接数据点，表示数据随时间或序列的变化而变化。

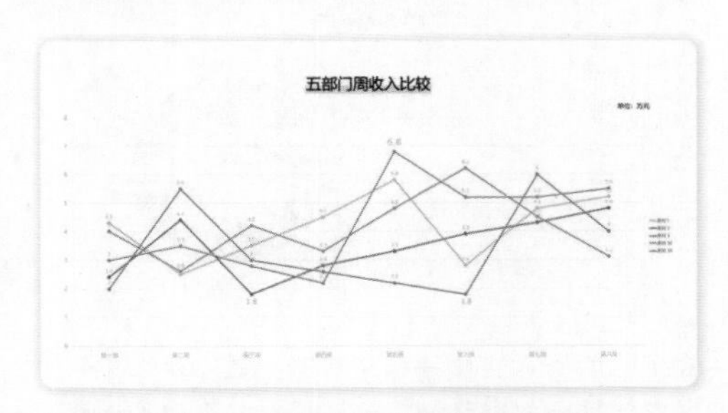

典型的折线图，两点之间以直线进行连接。

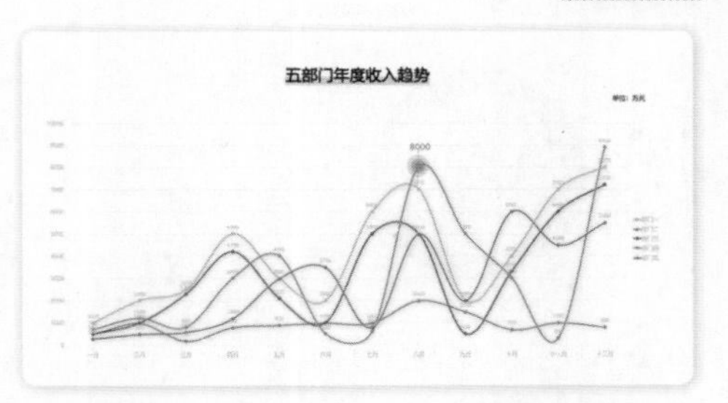

选中折线，在“格式”选项卡中选择“设置所选内容格式”命令，在右侧“设置数据系列格式”面板中勾选“平滑线”复选框，可以把直线调整为曲线，看起来更顺滑。

饼图

扫码观看示例操作

饼图用于表示各对象在整体中所占的比例。以圆形区域表示整体，各扇形的大小表示各部分的比例。

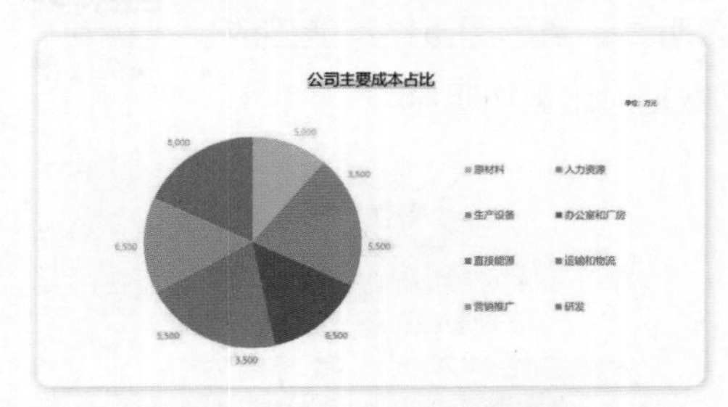

典型的饼图每项为一个扇区，可以紧密相连，也可以相对分离。

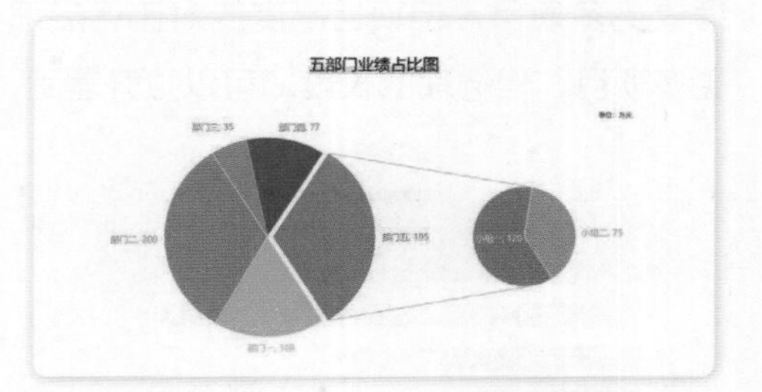

还可以制作子母饼图，给其中一个扇区添加新的饼图，对这个扇区进一步分解；选中扇区，还可以把这块扇区与别的扇区相对分离。

环形图

扫码观看示例操作

在饼图的基础上，如果要展现更多信息，则可以使用环形图。环形图是饼图的变形，用空心圆更美观。在保持饼图功能的前提下，中间可以留有更大空间，以放置更多元素。

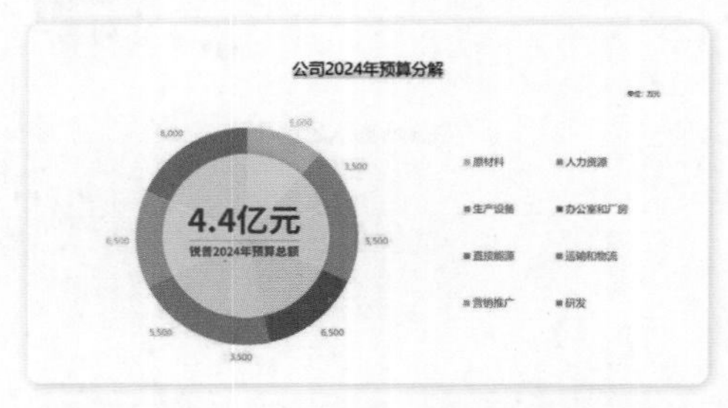

在饼图中心加一个圆形，即可把饼图变成环形图，中间即可加上文字等信息。

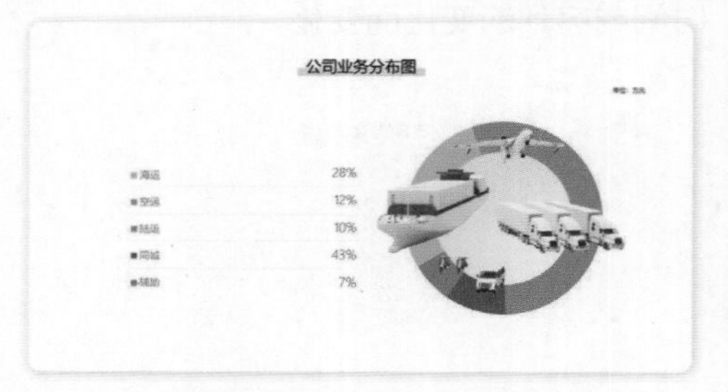

常规的做法是直接插入环形图。还可以在中间空白区域添加图片，渲染主题，让画面更有冲击力。

雷达图

雷达图表示对象在各维度的优劣势。以同心圆放射状排列的轴表示多个变量，把各个变量的值用线连接，就会形成一个封闭的多边形。通过比较各个顶点所对应区域的大小，可以直观地看出各变量之间的差异。

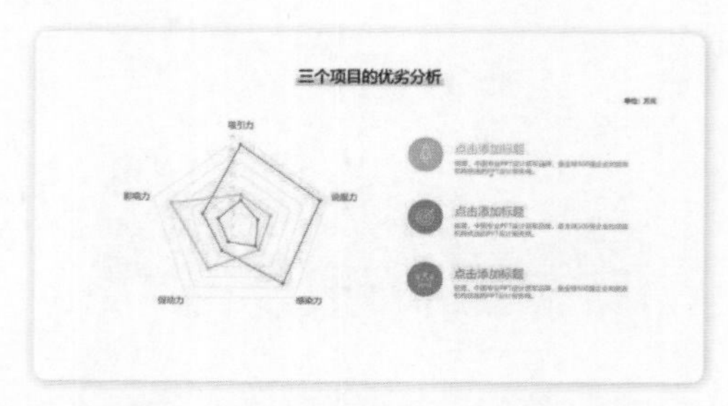

典型的雷达图用线把各个顶点连接起来，类似蜘蛛网。

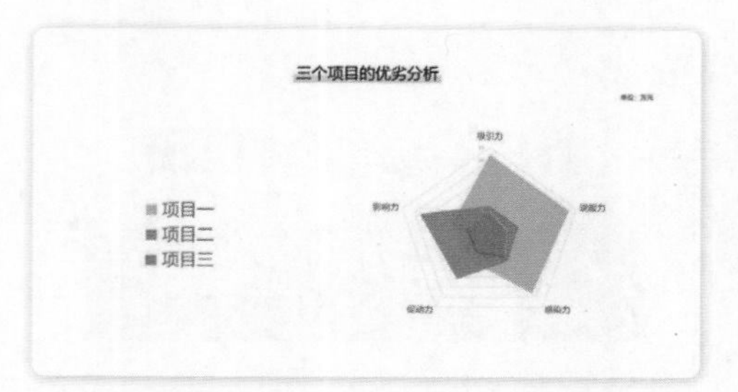

还可以选择填充型雷达图，边界更清晰，各个项目的优劣一目了然。

散点图

散点图用于表示一些对象受两个变量影响而发生的分布状态。在散点图的基础上，还可以用点的大小表现规模，把散点图升级为气泡图。

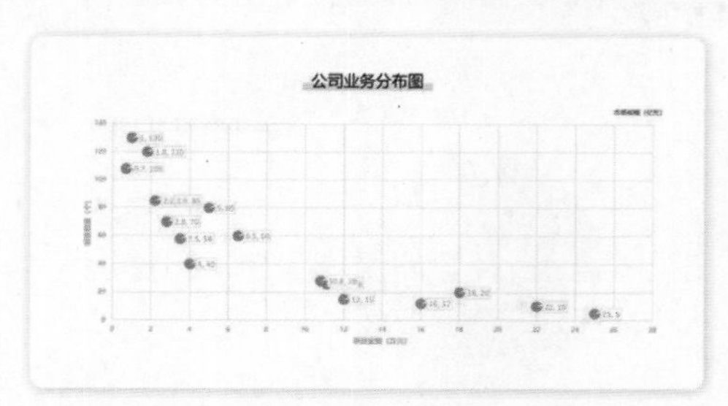

每一个点都是项目金额与销售数量的交汇点，从这张分布图可以看出单价和项目金额总体上为反比关系。

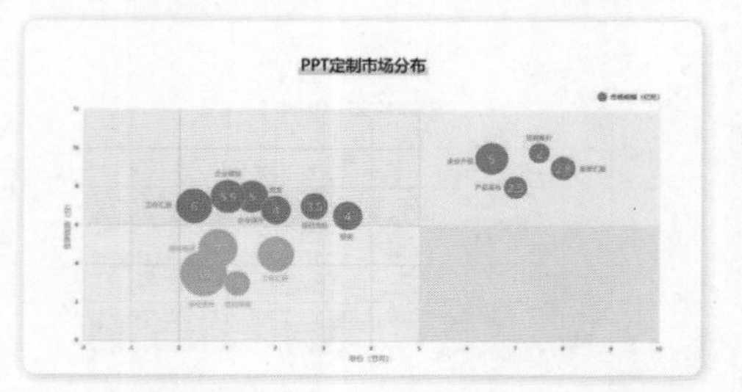

用气泡图分析各种产品在市场的表现，可见该公司应该把主要精力放在蓝色区域的产品上，并考虑舍弃黄色区域的产品。

面积图

面积图用于表示随时间的变化而累积的变化趋势。面积图类似折线图，但填充线下的区域强调区域的累积效果。面积图主要区分为独立面积图和堆积面积图两种，前者主要在于比较各自的面积，后者除了区分各自的面积也能看到总和的面积变化。

扫码观看示例操作

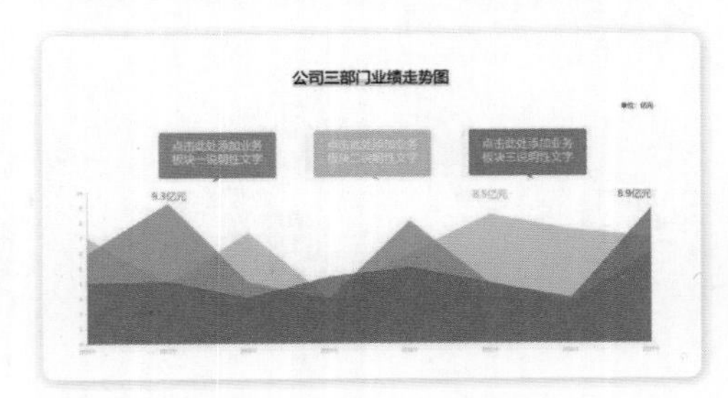

典型的面积图通过设置20%的透明度，可以清楚地看到3个部门的业务发展趋势及各部门累积业绩的大小。

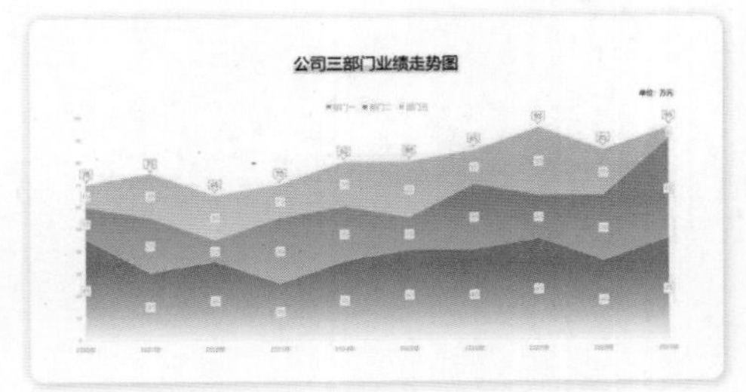

采用堆积面积图，不仅能看到各部门的业务发展趋势、各部门累积业绩的大小，还能看出3个部门的业绩总和也呈总体增长的趋势，更直观。

旭日图

旭日图用于表示多层次的数据分解。旭日图是一种特殊的饼图，它通常用来表示整体数据层层分解为各个子类别或组件的情况。

扫码观看示例操作

典型的旭日图是空心圆，3个颜色表示不同的部门，每个部门下又分了组和团两个层次，可以看到各个层次的任务情况。

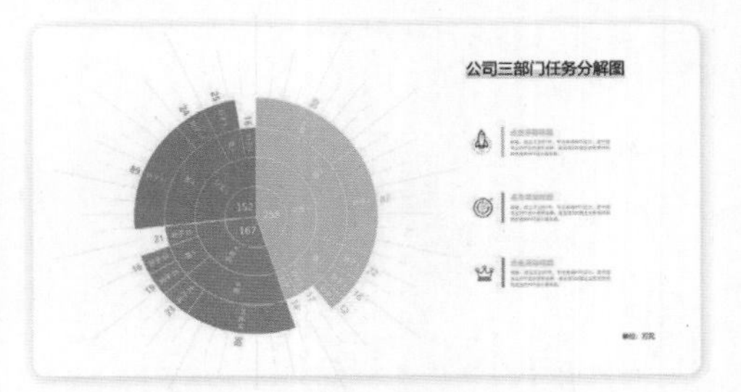

通过复合图表，可以把空心圆变成实心圆，同时添加光线装饰，让旭日的氛围更强烈。

瀑布图

瀑布图用于表示数据序列中各个阶段对总体的影响。瀑布图能显示项目的起始值、中间变化和最终总和，以便更清晰地理解数据的增减过程。

扫码观看
示例操作

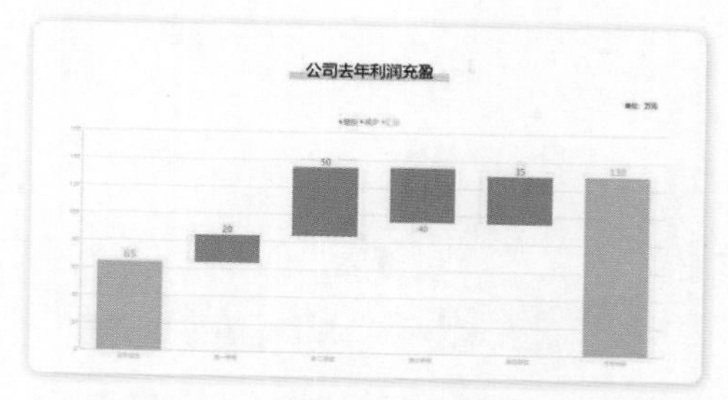

典型的瀑布图左侧为起始数据，中间为阶段性增加或减少情况，右侧为最终累计数据。

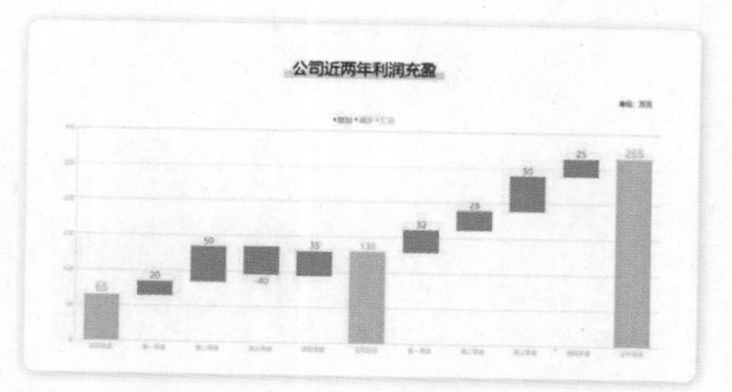

还可以在中途增加多个累计数据，这样，各个阶段的增减趋势、增减幅度就一目了然了。

树形图

树形图用于表示多个层次及层次内部多选项之间的比例关系。它由根节点、分支节点和叶节点组成，其中，根节点表示整体，分支节点表示主要的分支或类别，叶节点表示子分支或具体的数据点。树形图在内涵上接近旭日图，只是它采用矩形布局，面积更大，能容纳更多信息；更强调绝对值，在比例上没那么直观。

扫码观看
示例操作

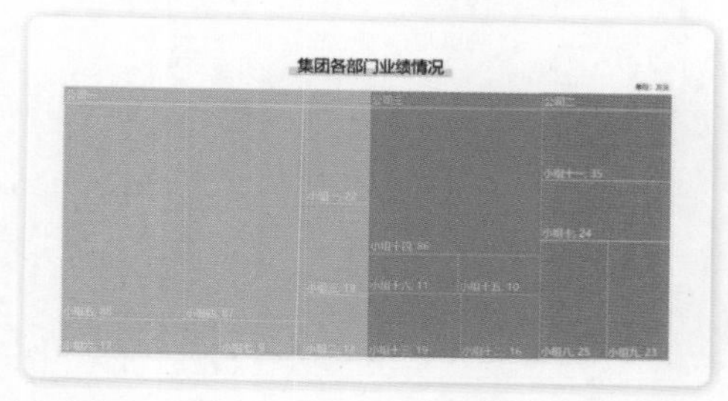

典型的树形图，可以清晰地显示各部分之间的大致比例。按照数值大小对部门和小组进行排序，能直观看出它们之间的权重差异。

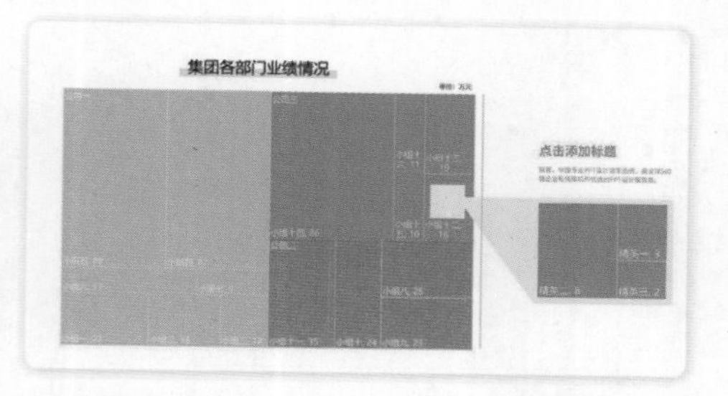

为了详细介绍某些分支，还可以另外添加树形图，从总树形图中添加色块、箭头，引申放大。

直方图

直方图用于表示数据分布和频率。它主要用于呈现连续性数据的分布情况，通过将数据分成若干区间（柱形），显示每个区间内的数据频率或占比。

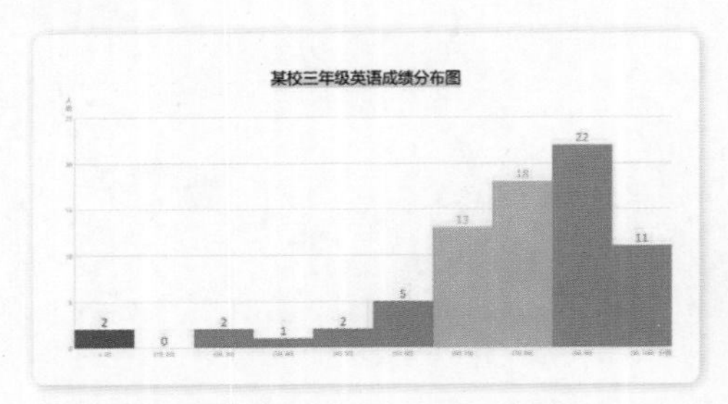

用直方图表现某校学生的成绩分布，可以看出大部分成绩都分布在及格线以上，也有个别学生问题比较严重，需要格外关注。

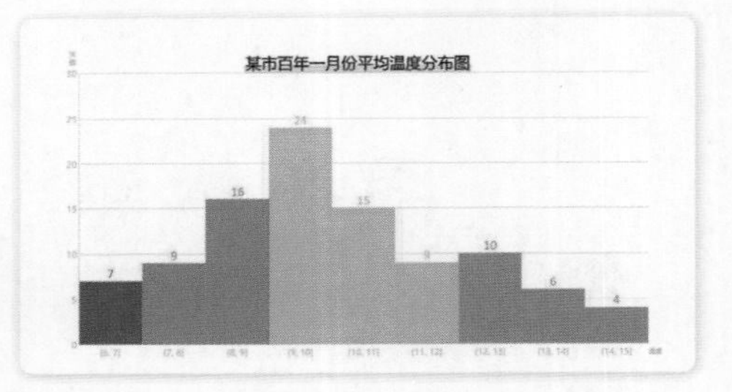

还可以用来表现温度的分布，可以看出该市总体比较温暖，偶尔温度会略高或略低，但变化幅度不大，相对稳定。

02 图表创意十二法

是不是觉得图表比较单调?

不，掌握以下创意法，枯燥的数据也能变得妙趣横生。

扫码观看示例操作

组合法

扫码观看示例操作

通过图表的组合应用，可以表现更加丰富的内涵和更复杂的逻辑。组合的方式有两种：①把一组图表中的某些系列换一种图表样式；②把多组图表进行叠加，构成新的样式。

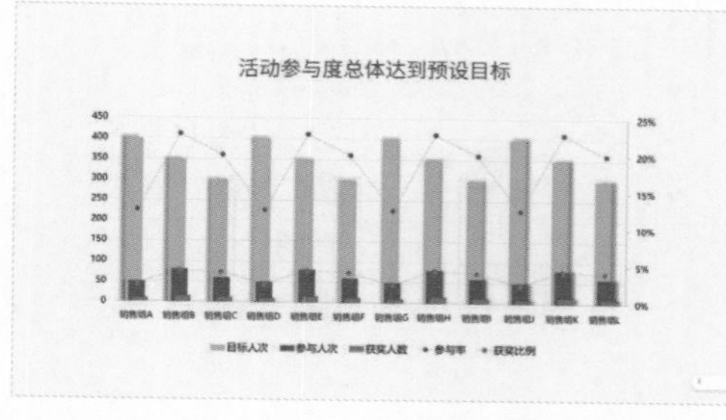

要比较数个单位的参与度和获奖比例，先把所有数据用柱形图表示，然后更改图表类型，把参与率和获奖比例变成线形，并显示双纵坐标轴。

把多个环形图按照大小依次叠加，并给每个环形图添加阴影效果，这样就构成了一个环形金字塔，能够比较本科学历在不同层级的占比情况。

变异法

扫码观看示例操作

常规的图表往往千篇一律，缺乏吸引力。我们可以对图表的样式进行细节调整，使之更有美感和个性，比如，让柱形变成三角形，让柱形的顶部变尖，让环形的顶点变成椭圆形，等等。

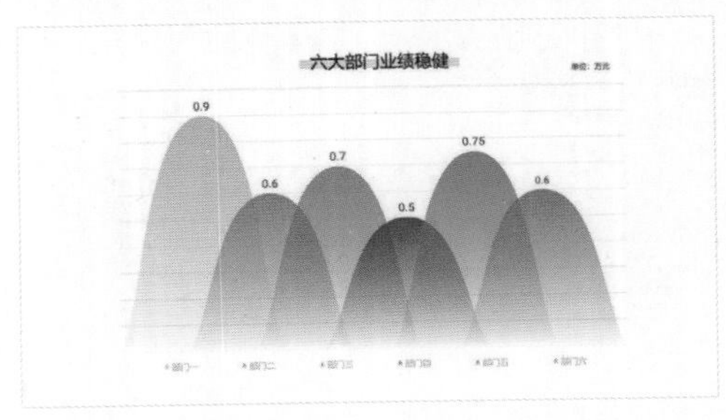

为突出业绩的稳健，把柱形变异为山的样式。操作要点：绘制三角形，将顶点调整为平滑顶点，调整颜色，复制并将各柱形填充为剪贴板即可。

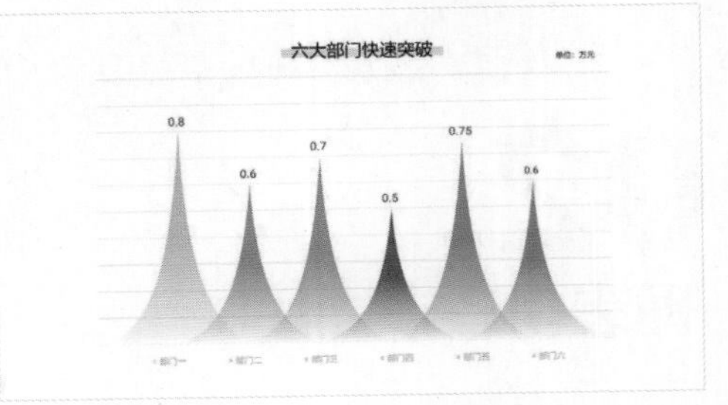

为表现业绩的快速突破，把柱形变异为尖塔形状。操作要点：绘制三角形，编辑顶点，拉动顶点，调整颜色，复制并将各柱形填充为剪贴板即可。

重制法

扫码观看示例操作

扫码观看示例操作

在原有图表的基础上重新绘制，可以打造更加丰富多彩的效果。重制法一般有两种做法：①把图表剪切为增强型图元文件，使之变成图形，然后随心所欲地进行排版；②把原图表置于底层，通过在其上面插入自定义图形重新绘制，更加灵活多变。

把普通的饼图粘贴为增强型图元文件，通过两次取消组合的操作，就将其变成了图形，这时可以随意拉伸饼形的大小和位置、美化，画面更有层次。

把环形图置于底层，根据环形大小和比例分别插入弧形，可以随意调整弧形的手柄、色彩、粗细、线段类型并添加装饰，更有个性和美感。

嵌套法

扫码观看
示例操作

根据图表所表达的主题和构型，把它放在特定的图形中，可以营造一种独一无二的巧妙感。比如，饼图可以放在圆形的物体里（如镜子、杯子、圆盘等），柱形图可以放在方形的物体里（如屏幕、窗户等）。

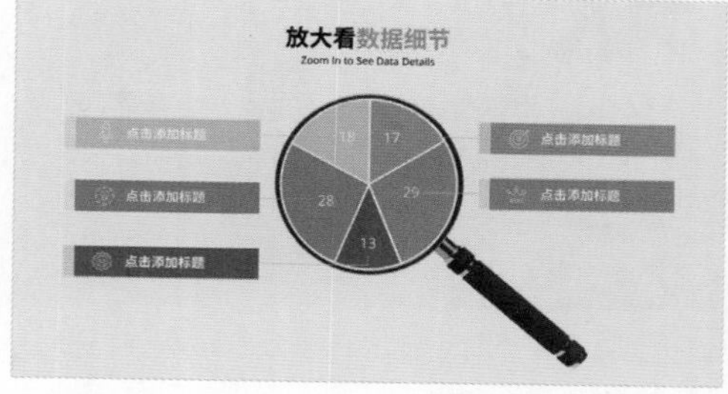

因为标题有“放大”两个字，图表也是饼图，于是把饼图放在放大镜的镜面里，能够生动形象地展示主题。

因为是咖啡主题的调研，而调研的数据又用饼图呈现，所以根据咖啡杯的角度对饼图进行三维旋转，并将其置于咖啡杯中。

替代法

扫码观看
示例操作

根据主题，用人、车、飞机、水果、金币等具象的图形替代抽象的色块，要表达什么，就用什么替代，让图表更加形象。

要介绍营业额，就用金币的侧面图填充柱形，并选择层叠，即可实现金币叠加的效果，在每个柱形旁加一个侧立的金币图片，更有立体感。

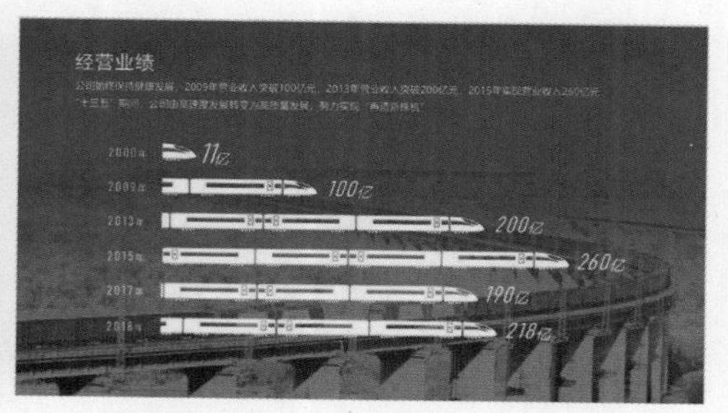

某公司经营业绩的介绍，采用长长的高铁侧面图代替长条形。

填图法

扫码观看示例操作

扫码观看示例操作

把抽象的色块填充为相关的图片，会让图表更有吸引力和感染力。

选中各个色块，分别填充为玉米、水稻、小麦等实物图片，并勾选“将图片平铺为纹理”复选框，根据实物真实大小调整图片的比例。

因为比较的是各种球，这些球都是圆形的，所以将这些球重叠，再根据所占比例进行切割、拼接。

立体法

扫码观看示例操作

PPT自身已经提供了很逼真的立体效果，与平面的图表相比，可以带来更强的冲击力。

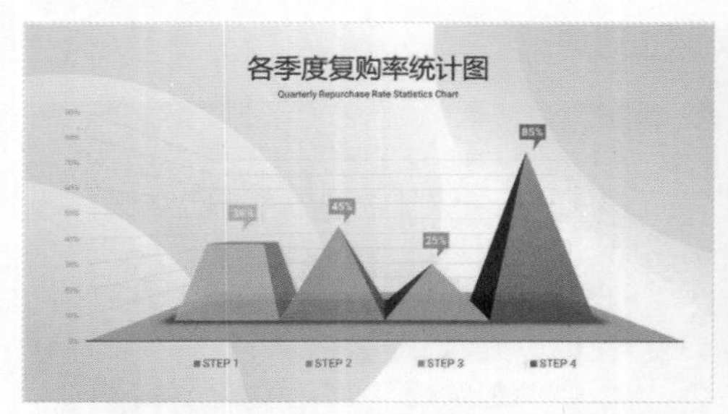

选择“插入”选项卡中的“图表”命令，在“插入图表”对话框中选择“柱形图→三维簇状柱形图”命令，即可实现立体的柱形图效果。选中柱形，在选项中可以将其改为完整棱锥或部分棱锥，让图表更特别。

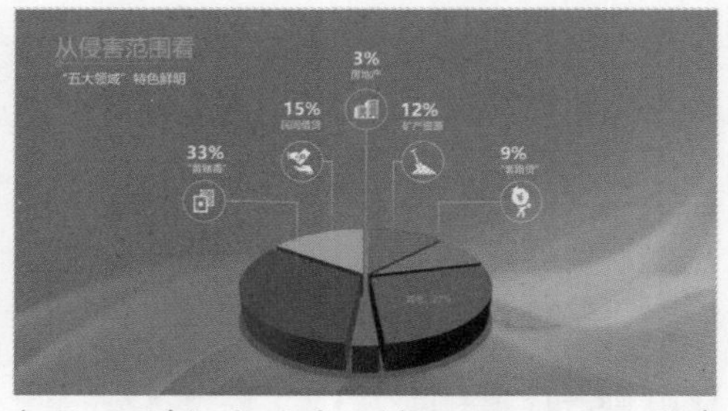

在“插入图表”对话框中，选择“饼图→三维饼图”命令，即可实现立体的饼图效果。选中饼图，设置“饼图分离”为5%，再添加一些垂直的直线和标签，强化立体感。

图标法

扫码观看示例操作

在图表里添加大大的图标，让图标与图表融为一体，构成全新的画面，带来更强的视觉冲击力。

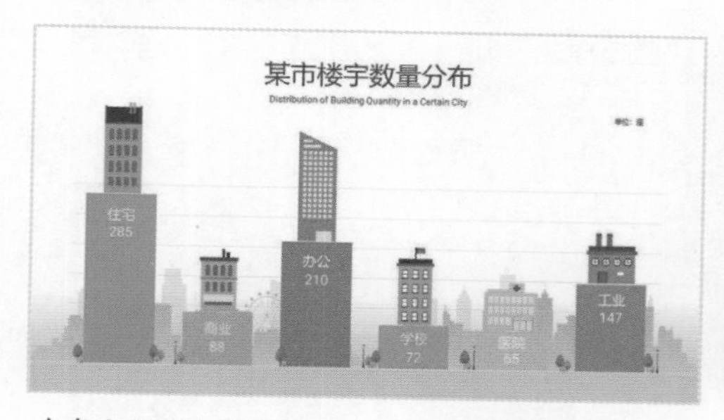

在每个柱形上放置对应的建筑图标，图标颜色与柱形颜色一致，更能凸显该柱形所代表的内涵，更形象。

给每个柱形添加一个可爱的动物形象，大大增强了图表的趣味性。

场景法

扫码观看示例操作

扫码观看示例操作

根据演示主题构建一个清晰的场景，把图表放在这个特定的场景里，可以让图表更有吸引力和感染力。

为体现市场占有率，采用了商务办公场景。把图表放在空白的桌子上，两个小姑娘开心地指着本公司的数据，能彰显“遥遥领先”的内涵。

从正上方俯视，圆形的办公桌就像一张饼图，5个人围绕办公桌展开讨论，更有“瓜分”的意思。

遮罩法

通过制作一些镂空图形（如温度计、速度表、人、楼宇、花朵、树木等），让这些图形覆盖在柱形图、饼图等图表之上，可以制作出一些象形的图表样式，让图表更生动。

导入一个矢量的花瓣图形，用满屏的矩形与其进行剪除操作，插入一个饼图，饼图大小超出花瓣，与花瓣重叠并置于底层，再添加装饰即可。

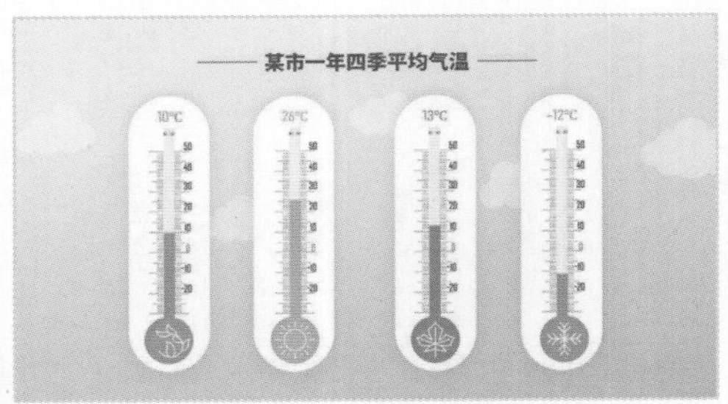

要表现气温，则可以使用温度计。插入4个矢量温度计图形，把椭圆矩形和长条矩形进行剪除操作，形成镂空图形，再在底部插入柱形图即可。

借形法

借助一些与图表形式比较接近的实物（如圆形的、条形的、扇形的、线性的、层叠的等）表达图表的内涵，可以增强图表的趣味性和生动性。

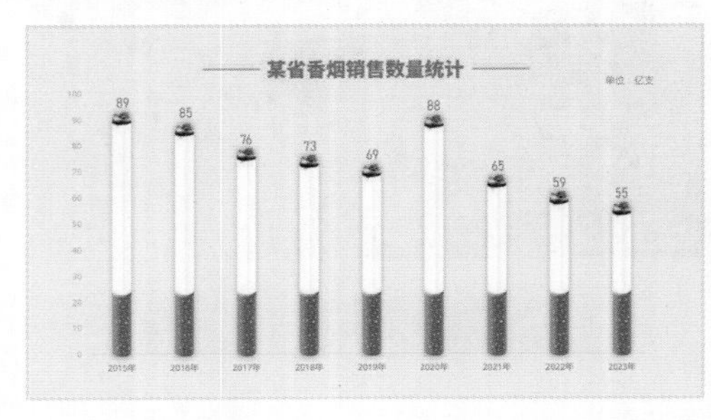

把柱形图置于底层，插入矢量香烟形状的图形，并调整香烟白色部分的长短，让香烟高度与柱形图高度一致，这样的图表一眼就能看出是介绍香烟的。

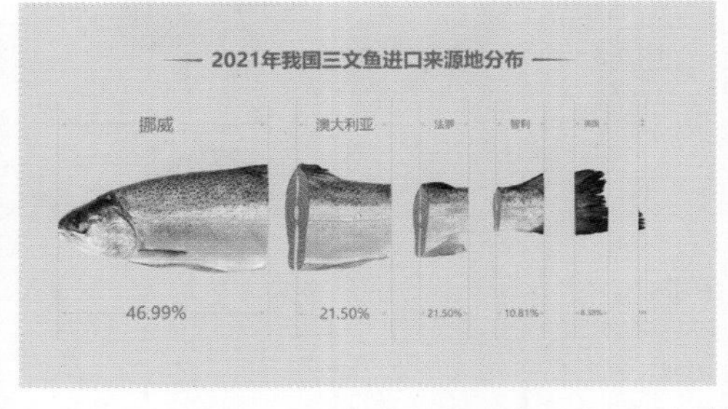

把条形图置于下方，按照条形图的比例对三文鱼进行裁剪，并在裁剪部位添加三文鱼的横断面，呆板的数据就变得活灵活现了。

满屏法

扫码观看示例操作

整个屏幕就是一张图表，观众仿佛置身于图表之中，会带来极强的视觉冲击力和沉浸感。

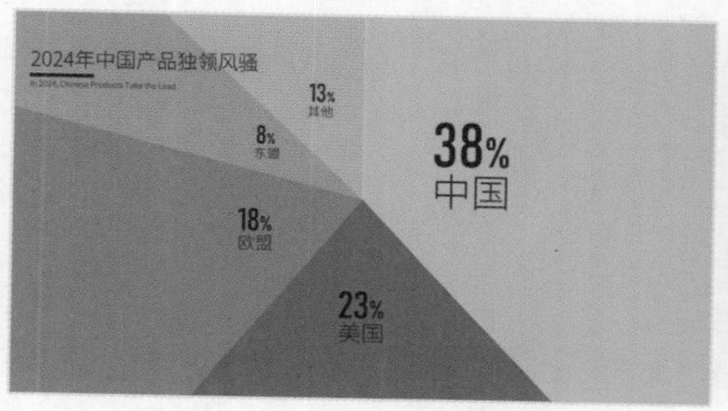

把饼图置于屏幕中心，向四周等比例放大饼图，直至覆盖整个屏幕，再根据各区域面积调整标签字号，这样的饼图干净、有力。

把条形图置于屏幕中心，等比例放大，直至覆盖整个屏幕，再添加大小不一的标签，这样的图表别具一格。

第11章 调色彩

色彩，是演示中最容易被感知的属性。

只需要掌握一个秘诀、八条规则，就能让配色精美绝伦。

01
配色的一个秘诀

为什么很多PPT的配色都不尽如人意?

原因在于自行配色。由于缺乏色彩搭配的天赋或专业背景，以及缺乏足够的实践经验，依靠经验、感觉搭配出来的颜色难以达到理想的效果。

那么，配色的秘诀到底是什么呢?

我的答案是：吸色。

无数的平面设计师，已经为各行各业、各类场景创作了无数的优秀作品，这些作品的色彩搭配都非常优异。作为PPT制作者，最取巧的方法是借鉴那些杰出设计师的作品，直接吸取他们已经验证过的成熟配色方案。

但吸色也不是随心所欲的，关键是找到吸色的依据。具体有哪些依据呢?

品牌色

如果PPT用于对外介绍企业，为体现品牌形象，吸取品牌色是最稳妥的方案。一般情况下，企业都会有自己的企业视觉识别系统（VI），其中都会约定自己的品牌色彩和使用规范，我们只需要吸取VI的颜色，有时甚至只吸取其Logo中的颜色，PPT

就会具备强烈的辨识度。

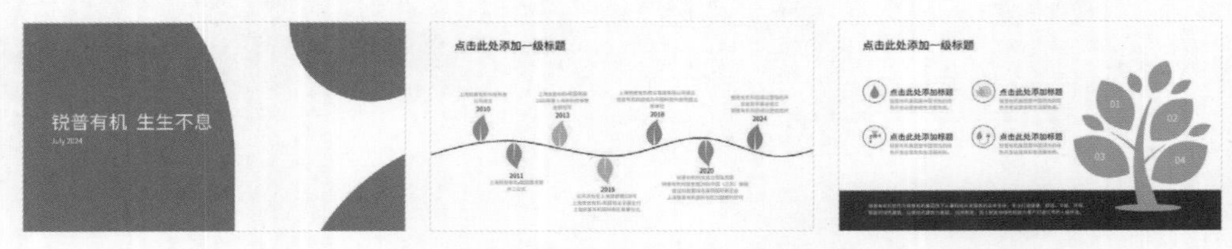

这是某绿色科技公司的PPT，以灰色为主色调，辅以橙、黄、蓝、绿等色块，配色既普通又杂乱，也缺少个性。

设计师收集了该公司的视觉识别系统，可以看到其Logo和配色规范，主要色彩为绿色，辅助色为深灰色，并且有一系列由深到浅的绿色变体。

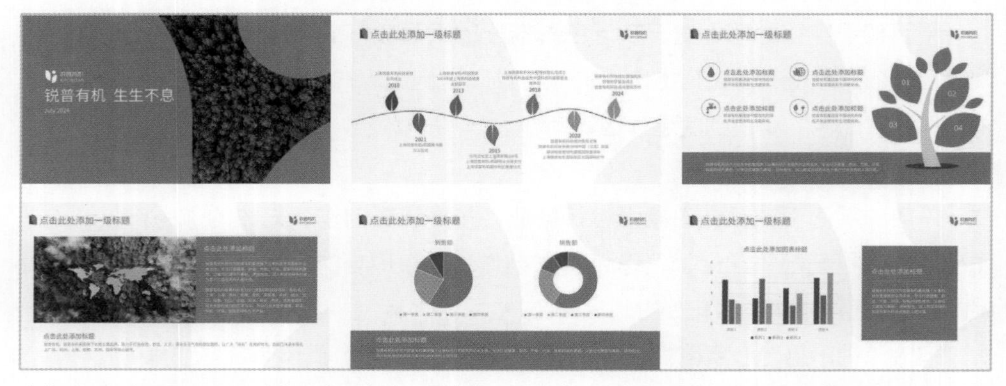

在每页PPT中添加Logo，并将标准配色截图放在每个页面旁，选择图形、文字、线条等，分别吸取标准配色，一套完全符合该公司品牌的配色就完成了。这种配色看起来统一、美观，能很好地体现绿色科技公司的特征，并拥有独特的气质。

行业色

有些初创企业或者个人还没有建立整套的企业视觉识别系统，而要进行的演示又有明确的行业特征，吸取行业色就是比较便捷的方式。行业色是指在某个特定行业或领域中普遍使用的一组颜色。这些颜色可能由于行业的传统、标识、产品、文化或其他因素而在该行业内得到广泛应用。应用行业色可以塑造演讲者在行业的专业形象。

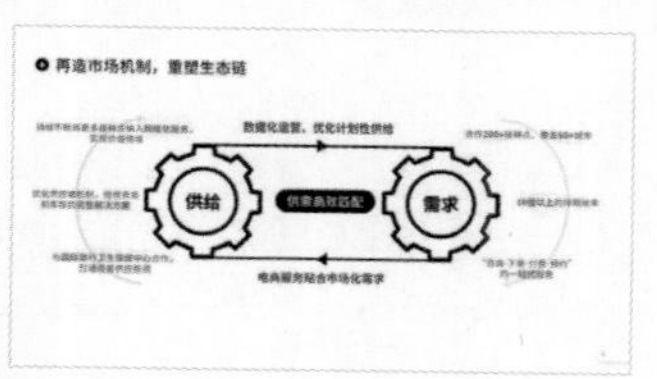

这是医疗健康相关行业的招商PPT，因为是一家初创企业，还没有明确的品牌色，PPT的配色就比较随意，白色背景、黑色文字、蓝色图片、红色强调字，看起来很简陋，不够专业。

根据行业主题，可以在百度、花瓣、Pinterest、Freepik 等网站搜索“ 医疗 ”+“ 网页 ”或“ 医疗 ”+“ 海报 ”等关键词，即可得到相关行业的图片，可以初步判断医疗的行业色总体偏蓝色、绿色。

这张图片无论是布局还是色彩，与上述PPT都比较吻合，于是，将这张图片下载到电脑中。这张图片的配色规律：背景色为白色或蓝色渐变，图形为蓝色，普通文字为黑色，强调文字为蓝色。把这张图片放在PPT中作为参考，直接按照图片中的色彩规则来进行配色即可。

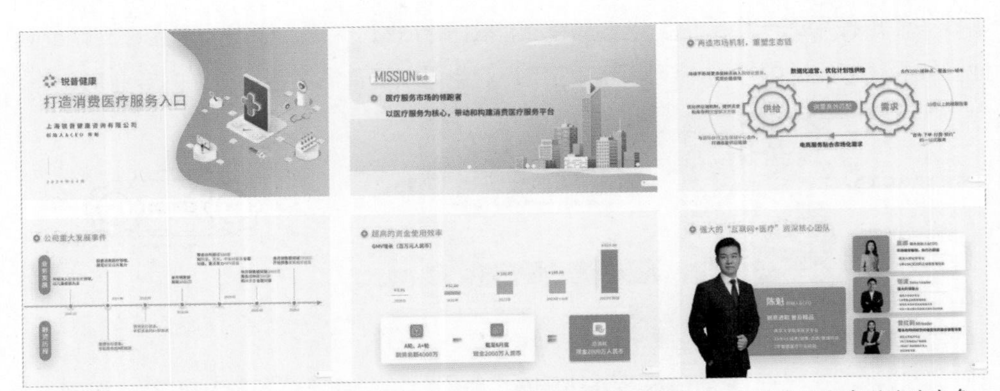

背景采用蓝色渐变或极浅的蓝色，标题统一采用黑色，强调性文字吸取蓝色，不重要的文字则改为灰色，色块吸取蓝色，看起来很有医疗行业的属性，同时显得更为专业和统一。

主题色

当我们在论坛或课堂上进行分享，或者对某个研究成果进行汇报时，我们的PPT会聚焦在某个特定的主题上，这是比行业更聚焦、更细分、更具体的类型，在制作PPT时就要寻找这类主题专用的配色。很多主题并没有那么明确的颜色，我们需要找到相应的主视觉素材，并吸取素材中的颜色。

提升客户服务
效率经验分享
上海锐普广告有限公司

主要内容
01 全球客户服务市场分析
02 优化服务流程
03 培训与发展
04 技术工具的应用
05 有效的沟通与解决问题
06 结论与讨论

01
全球客户服务
市场分析

这是一个关于客户服务经验的分享PPT，原稿只有黑色、白色，看起来单调，较难引起观众的共鸣。这个主题比较抽象，也很难想到合适的颜色。

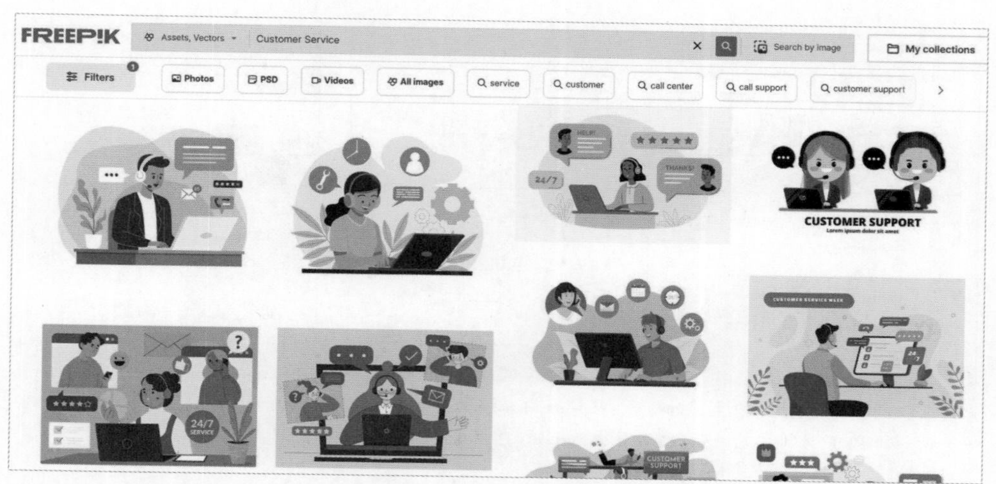

这时，可以在设计素材网站搜索“客户服务”（Customer Service）关键词，可以得到各种相关的素材。总体来看，这个主题色彩各种各样，以蓝色、紫色、橙色、红色等为主。选择其中一张图片（如最右侧第二行图片）作为配色的基础。

通过搜索同一作者所提供的图片，还可以找到一系列的图片，这会让配色更有依据、素材更丰富。这些图片整体上以浅紫色为背景，紫色为主色，红色为强调色，一些紫色的装饰，看起来层次分明，能很好地体现客户服务的商务感和紧张感。

背景吸取浅紫色，文字吸取主要的紫色，强调性内容吸取艳红色，再添加相关的主视觉图案和装饰素材，一个精彩的PPT就制作完成了，画面层次感很强，色调也很协调。

流行色

社会的审美在快速迭代，新的风格、新的潮流层出不穷，用新的流行色来装饰PPT，往往能给观众带来眼前一亮的感觉。这里的流行色，不仅限于当前正流行的色彩，即便是曾经流行过的具有独特个性的色彩，也能给观众带来强烈的冲击。

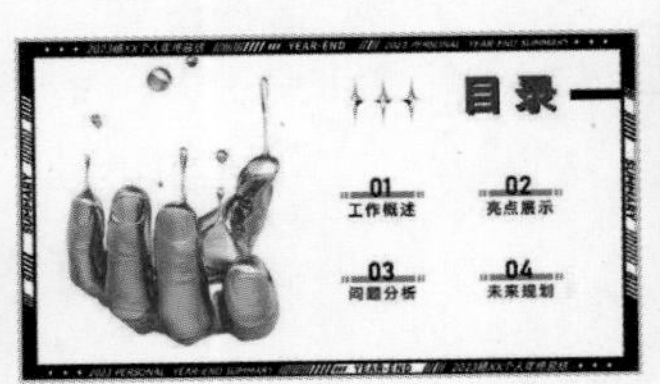

这是某广告公司年终总结PPT。黑色、白色、灰色作为主色调，深蓝色作为强调色，看起来有些压抑，不够年轻化，缺乏活力与跳跃感，不符合创意从业者的格调。

通过在一些设计网站中搜索“酸性设计”的风格，可以发现这是一种非常大胆、个性而且流行的视觉风格，通常由鲜艳、高饱和度的渐变色、霓虹色和荧光色组成，加上黑色背景的衬托，画面具有很强的冲击力。这样的风格和配色更能体现创意人的个性。

最后，选中其中一张黑色底、荧光绿色和渐变紫色搭配的海报作为参考。绿色和紫色是一组互补色，在PPT中并列放置，会带来强烈的反差，能带来极强的吸引力和冲击力。

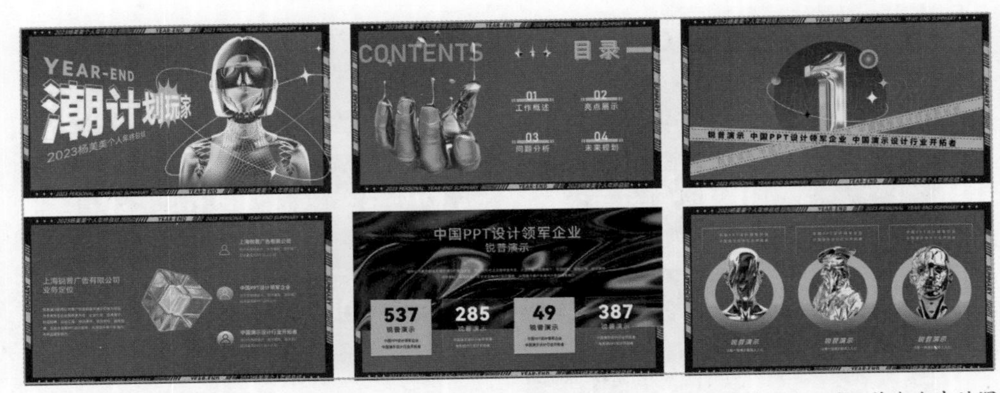

四周的边框背景吸取海报中的黑色，中心背景吸取海报中的紫色。为了让背景更重一些，将渐变中的深紫色改为深蓝色，文字、图形和装饰吸取海报中的亮绿色，这样紫色和绿色的对比非常强烈，能够让演讲者脱颖而出。

这些漂亮的流行色到哪里去找呢?

这里推荐一些平面设计师经常访问的网站，有空去翻翻，会找到很多灵感的。

dribbble	dribbble	全球顶级设计师和创意交流平台
Bēhance	behance	全球最大的设计作品交流平台
Pinterest	pinterest	全球最大的创意采集平台
shutterstock	shutterstock	全球最大的图片素材网站
FREEPIK	freepik	火爆的创意素材网站
花瓣 huaban.com	huaban	中国创意采集平台
ZCOOL站酷	zcool	中国最大的设计师交流平台

偏爱色

这是一种特殊的配色依据。有时候，领导或演讲者有自己独特的色彩偏好，比如，有些男领导会更喜欢商务蓝色、环保绿色等冷色系，有些女领导更喜欢红色、橙色、紫色等暖色系，尽管这个色彩可能与品牌色、行业色、主题色有出入，我们还是要在给予充分建议的基础上，尊重领导的指示。

扫码观看示例操作

吸取偏爱色的方式，就是把领导或演讲者认可的配色方案拿过来，参考吸取就可以了；有时领导并不能提供特定的参考，这时就根据领导平时的穿着、办公装饰等进行判断，找对应的色彩给领导参考。

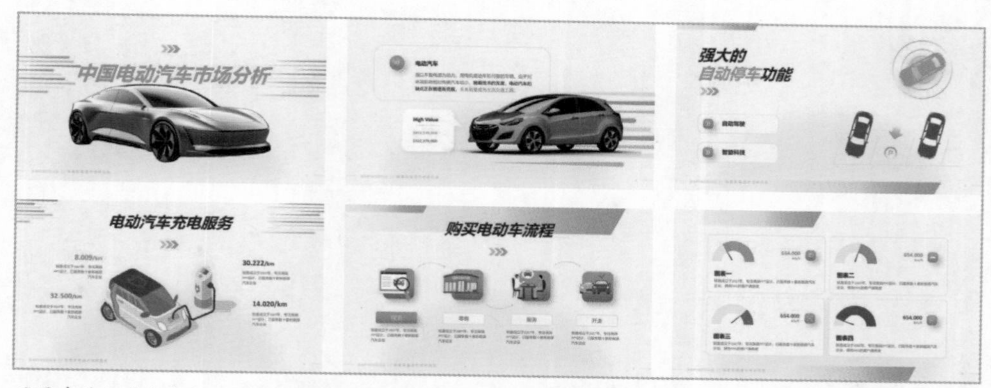

这是有关电动汽车主题的PPT，采用的是电动汽车相关的行业色绿色，能很好地体现电动汽车的环保性，但演讲者是一名女性，不喜欢这种冷色调，希望让画面更暖一些，更有亲和力。

于是，找到各种暖色的样例——红色、橙色、紫色、粉色等，演讲者觉得这种红色调比较好。因此就从这张图片里吸取颜色。

封面采用了大红色调，看起来更加醒目，更有冲击力；内页背景采用弥散性的浅红色渐变，文字以深灰色为主，强调色用的是艳红色，同时把图片的色彩也改为红色，整体色调更协调，很符合女性演讲者的气质。

02

配色的八条基本规则

在吸取别人成熟色彩的基础上，我们还要了解PPT配色的基本规则，这可以让我们的配色更游刃有余。

色彩分层

观众对PPT信息的感知是分层次的，而色彩是区分层次的关键属性。观众通过分析色彩的明暗、轻重、清浊、冷暖、异同来确定每个元素所代表的内涵及重要程度，在此基础上感知演讲者希望传递的信息。元素的色彩务必要符合它在PPT中所扮演的角色，不能出现错位。同一层次的元素，在色彩的亮度、纯度、透明度等方面也要保持一致。

背景性元素用单调的色彩。背景色往往决定了PPT的主色，也就是给人的主要印象。一般采用满屏的色块、纹理、图片等，衬在画面的底层，背景性元素一般采用接近黑色的深色或接近白色的浅色，在个别页面也会采用大面积的鲜艳颜色，用以调节观众的情绪，但无论选用哪种背景，都不能太复杂、不能影响内容的呈现。

强调性元素用醒目的色彩。强调性元素是PPT中最重要的内容，包括观点、数字、图表、图示、箭头、线条等，是演讲者最希望让观众聚焦的元素，所以要用最鲜艳、最醒目的颜色。

衬托性元素用暗淡的色彩。这是用来衬托强调性元素的元素，包括不重要的观点、解释性的文字、对比性的图表和图形、分割性的线条等。这类元素一般采用黑白灰等无彩色，或者比强调色纯度、明度更低的颜色。

装饰性元素用隐蔽的色彩。在PPT中还有一些辅助性的文字、图形，主要起到渲染主题、提升氛围、强化品牌等作用。这类元素若隐若现，几乎不会被观众所察觉，所以在颜色上一般用黑白灰等无彩色，并且通常添加半透明效果。

例如：下面两页PPT，背景采用的是白色和浅灰色，强调性元素是从Logo中吸取的艳红色，衬托性和装饰性元素则采用了较弱的颜色。

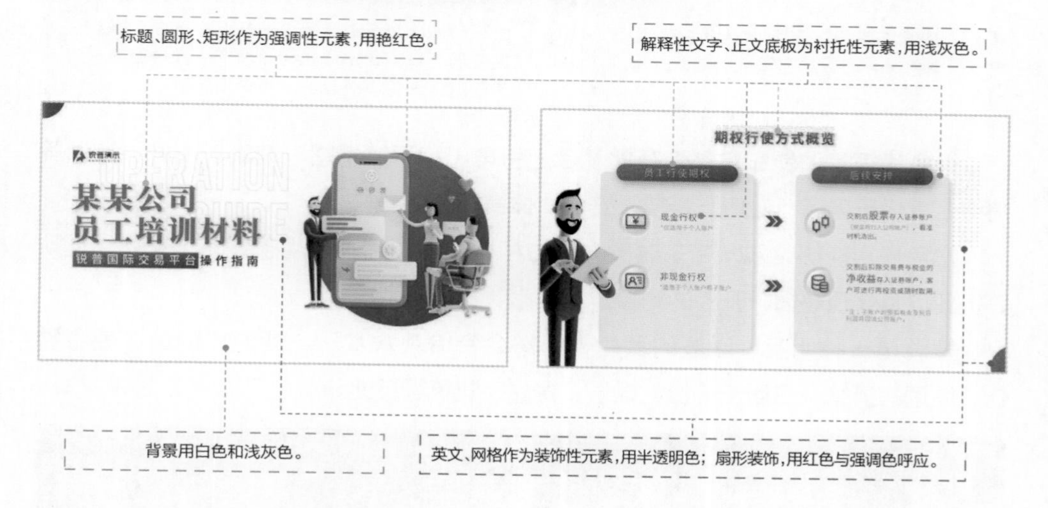

符合情绪

每种色彩都有约定俗成的情感属性，我们要顺应这个情感属性进行配色，否则会弱化信息传达的力量，也会给观众造成困惑。

红色是一种引人注目、充满活力的颜色，能够传递激情、活力、紧张的情绪。红色在PPT中的主要用途包括：强调关键信息（如标题、数据、强调性文字等），传达紧迫信息（如促销、活动通知、警告等）；表现党政主题（如党建、政府汇报等）；庆典和喜庆（如年会、颁奖、庆典等）。

蓝色代表了冷静和安宁，在此基础上引申出专业、权威、可靠、沉稳等情绪，常用于商务、政府、科技、咨询、法律、信息等行业，也是男性演讲者比较喜欢用的一种颜色。

这是某公司有关政治思想宣传的PPT页面，以红色为强调色，再配上红色五角星元素，能渲染战斗的激情。

同样的画面，主题改为企业战略，就把背景调整为浅蓝色，强调性元素改为深蓝色，装饰性元素也用蓝色调，更符合理性、商务的氛围。

绿色代表了清新和自然，在此基础上引申出和平、希望、健康、友好、和谐等情绪，常用于环保、健康、科技、安全、体育等行业。

橙色通常能够给观众带来温暖、活力和积极的情绪，多用于食品、餐饮、运动等行业以及体现热情、开心的场合。

黄色是一种明亮、活泼的颜色，通常会带给观众欢乐、活力、创造，或者警告、注意的情绪，多用于广告、娱乐、食品、建筑等行业。

这是某胶水公司的企业介绍PPT，起初的配色为深蓝色，看起来商务、稳重，但比较沉闷。

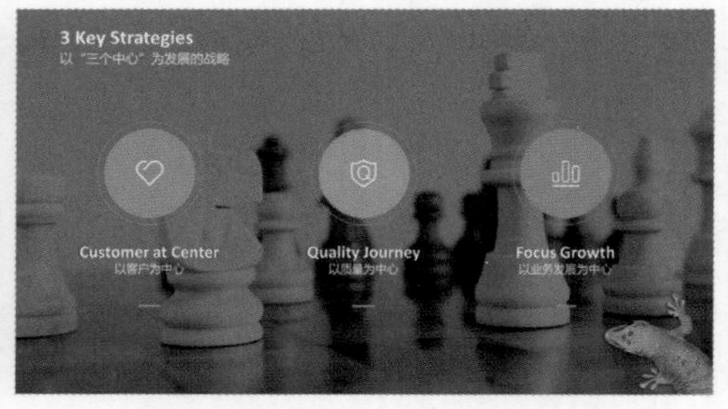

将其替换成更明亮的绿色、橙色、蓝色，分别体现环保、活力和科技，画面更加年轻、时尚，有吸引力。

紫色在自然界中比较少见，所以充满了神秘和高贵，通常会给观众带来优雅、奢华、梦幻、未来的感觉，多用于政府、美容、医疗、健康、香薰、艺术设计、科技、科幻等行业，也是成年女性比较钟爱的色彩。

粉色是一种温柔、柔和的颜色，通常会给观众带来温馨、浪漫、纯真、轻松的情绪，多用于女性产品、儿童产品、食品、纺织等行业。

青色是一种介于蓝色和绿色之间的颜色，也是一种比较流行的颜色，能够传达平静、清新、安宁的情绪，在医疗健康、现代科技、艺术设计等领域应用广泛。

棕色在自然界中很常见，木头、枯叶、土壤、岩石、动物皮毛、咖啡等比较原始的物品都表现为棕色，所以棕色常代表自然、舒适、稳定、传统、朴实、保守的情绪。棕色及与其相近的咖啡色、褐色多用于自然、食品、手工艺、建筑、养老等主题。

这是表现丰富多彩女性生活的PPT模板，红色、橙色、粉色、绿色、紫色等各种鲜艳颜色相互叠加，营造了热闹、丰富、欢快、自由的氛围。

金色通常能够带给观众豪华、高贵、神圣、繁荣的氛围，多用于商业、酒店、金融、庆典、表彰、政府、奢侈品等行业和场合。其中，黑色和金色是一组经典搭配，可以营造奢华、高档、厚重、高贵的感觉。

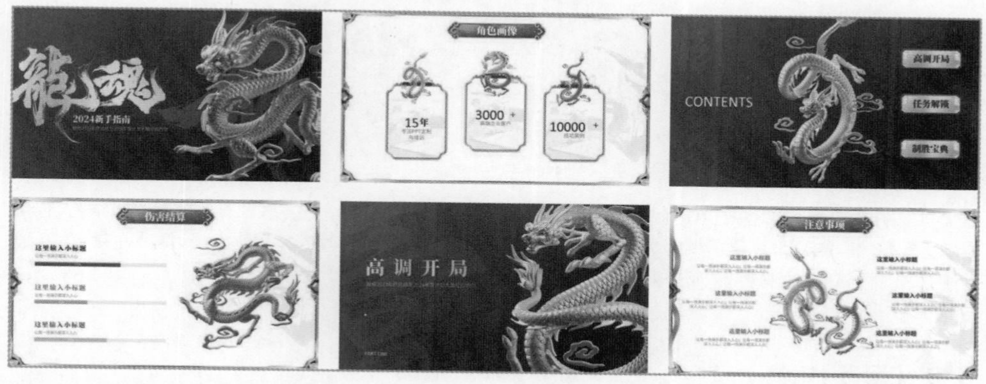

这是龙年主题的PPT模板，金色与红色、白色的搭配，可以营造吉祥、繁荣、热烈的情绪，用在年会、工作总结、党政汇报中可以带来很好的效果。

银色也是一种贵金属颜色，但却更加中性和冷静，带给观众科技感、现代感、厚重感和高级感，多用于电子科技、医疗卫生、工业制造等行业。

这是商务科技类的PPT模板，银色营造了很强的高级感，与灰蓝色搭配，很适合用在工业、科技、商务等领域。

色不过三

在PPT制作中，我们要尽量限定色彩的数量，一般是在主色调的基础上添加1种或两种辅助颜色，主要色彩一般不超过3种，这样的画面看起来简洁清晰、重点突出。每增加一种颜色，就增加了一种被解读的对象，增加观众理解的负担，也会让画面显得杂乱。

这是某医疗机构临床报告的PPT页面，为区分3组数据，用黄、橙、红3色，为强调增长用红色……页面中至少有7种彩色，画面杂乱，让人抓不住重点。

鉴于医疗行业的特点，选取青绿色作为强调色，背景色为浅灰色，加上深灰色的文字，配色干净，焦点突出，特色鲜明。

强烈对比

信息是通过色彩的对比传达的，没有对比，色彩搭配就没办法让观众感知或者感知较弱。深浅色对比可以营造强烈的立体感；冷暖色对比可以营造强烈的矛盾感；互补色对比可以营造很强的活力感；彩色与黑白色的对比可以营造出古典和现代的反差，让画面更有艺术感。

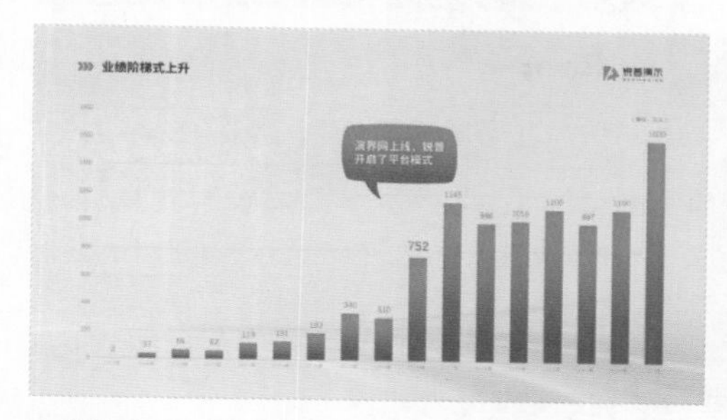

这是某设计公司业绩增长图表，图表中所有的柱形都采用了该企业的标准色，缺少对比，观众很难感知演讲的重点。

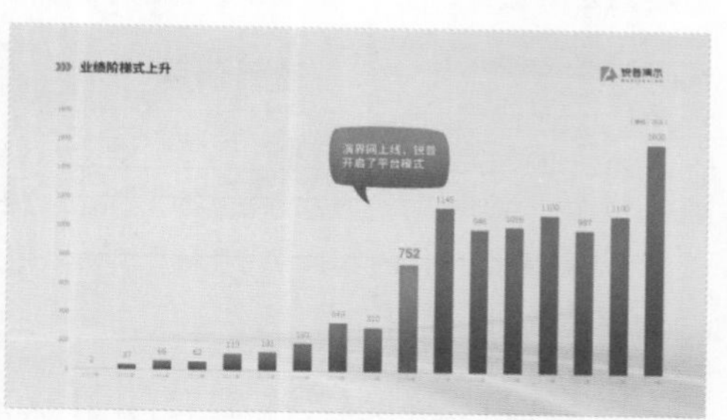

将衬托性的元素改为与背景接近的深蓝色，只有关键性的柱形和文本框采用了鲜艳的标准色，焦点更突出，观众更容易理解。

越是强烈的对比，越能引起观众的注意，信息传达也更有力。如果画面中只有深色，则会让人觉得压抑、沉闷、有窒息感。如果画面中只有浅色，则会让人感觉太轻飘、不稳重。只有深浅色平衡，才能使画面更有节奏感和空间感。

这是某科技公司企业介绍的PPT页面，橙色背景乍一看很吸引观众，但仔细观看，图中的饼形、人物等元素和背景混在一起，看起来很吃力。

将背景换成更有科技感的深蓝色，深色背景与主视觉中的白色、橙色、红色等元素形成强烈对比，让观众聚焦在主视觉上，主题突出。

慎用高亮色

在一个相对黑暗的演示环境里，特别是采用LED大屏进行演示时，一定要避免采用高纯度、高亮度的背景色。满屏的、高纯度和高亮度的红、绿、黄、橙、青、紫、白等会非常刺眼，给观众带来极强的视觉刺激和不适感。

这是现代科技主题的PPT模板，满屏的青绿色背景，虽然看起来现代、时尚，但在LED大屏上演示会非常刺眼，让观众不忍直视。

对于全屏高亮度背景，主要有两种处理方法。

第一种，调整背景的亮度和饱和度，让背景看起来不那么刺眼。

把背景的饱和度（纯度）从255降低到120，画面就没那么刺眼了，同时把背景亮度从128提高到200，以增加背景和内容的对比度，让内容更醒目。

第二种，在高亮背景上添加白色、灰色或黑色色块，以中和背景的冲击力。为了调节观众情绪，在封面、章节页也可以保留高亮背景。

在背景上添加银灰色的色块，可以弱化背景的冲击力，同时银灰色也为PPT赋予了工业属性，强化了主题。

忌用常规色

PPT软件本身提供了多种预设的主题色，特别是默认的“Office”以及“Office 2007-2010”主题色，由于这些配色在各种场合和应用中频繁出现，人们早已对它们产生了审美疲劳，这种配色的PPT难以引起观众的注意；这些配色也缺少专业度，让观众感觉这个PPT太敷衍了事。

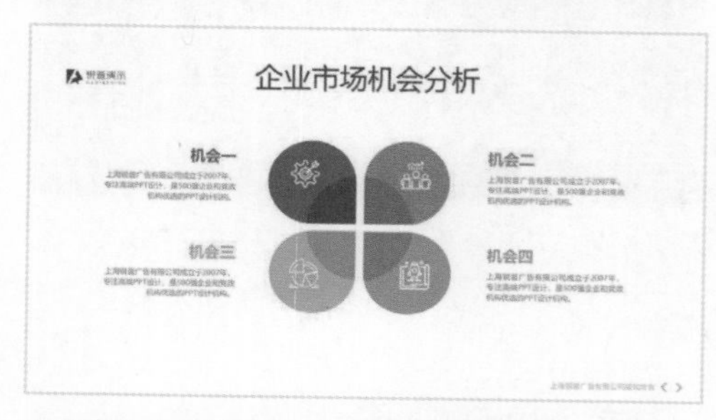

这是某企业市场机会分析的PPT页面，采用了Office默认主题色，四种颜色有冷有暖还有无彩色，配色平庸，灰色与彩色并列也让人感到困惑。

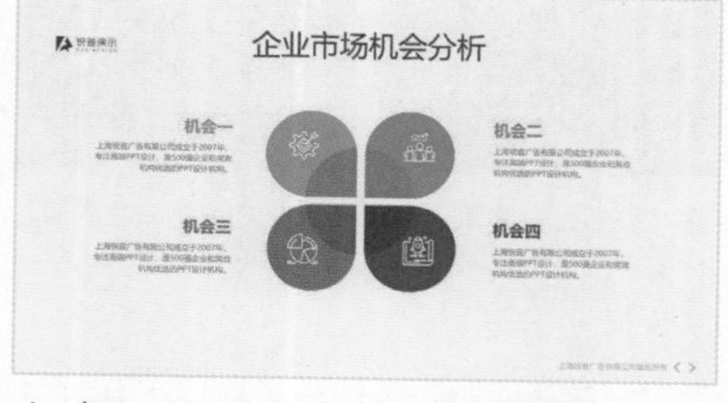

把4色统一换成冷色调，色彩平等、协调，看起来也很舒服，带给观众理性、商务的感觉。

同时，PPT软件还提供了红、橙、黄、绿、青、蓝、紫等一整套的标准色，这些标准色纯度高、色彩鲜艳，普普通通很常见，会让PPT缺少美感。

这是某医院医生介绍的PPT页面，采用默认的红色，颜色饱和度达到了255%，虽然能体现医疗，但色彩过于刺眼，容易喧宾夺主。

把红色换成珊瑚红色，色彩柔和，赏心悦目，也能让医生更有亲和力。

文字黑白灰

在PPT中，特别是在彩色背景上，文字应该以黑色、白色、灰色等无彩色为主，这是因为，黑色或白色文字在大多数背景上都具有良好的对比度，更清晰易读；灰色是弱化的黑色，在白色等浅色背景上，灰色看起来更柔和、更舒服、更有现代感。

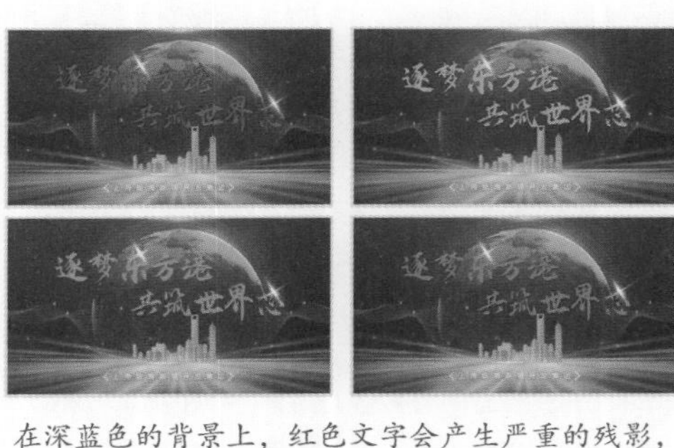

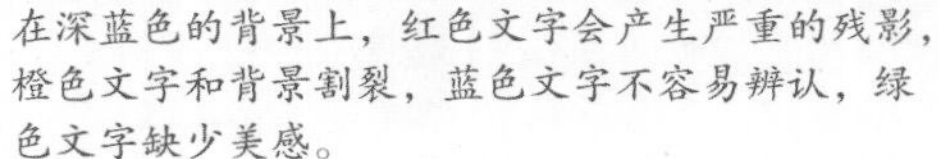

在深蓝色的背景上，红色文字会产生严重的残影，橙色文字和背景割裂，蓝色文字不容易辨认，绿色文字缺少美感。

把文字的颜色改为白色（加了一点深蓝色渐变），画面干净、精美，文字与背景融为一体，同时也容易识别。

文字要慎用彩色，一般在以下几种情况下才能使用彩色。

（1）大标题。一些封面、过渡页及重点页面的标题，为了渲染情绪和氛围，可以用彩色文字。例如，使用橙色文字可以传达活力与温暖；使用绿色文字可以传达平静与和谐；如果PPT的内容是关于环保的，则标题可以选择绿色；如果PPT的内容是关于喜庆活动的，则标题可以选择红色。只是在使用彩色标题时，要避免与背景色相冲突。

某钢铁公司的PPT页面，整个画面的色调是浅蓝色的，所以标题采用了深蓝色，既清爽又能表达主题，与浅蓝色的天空背景也能融为一体。

某互联网公司的品牌PPT页面，为体现该品牌的年轻、时尚、科技属性，在深灰色背景上采用了从红色到蓝色的炫彩渐变，醒目而动感。

（2）强调性文字。在一组黑白色的文字中，可以为某些文字添加彩色，以突出重点，吸引观众的注意。例如，用红色文字表示重要信息，用蓝色文字表示链接或引用等。

这页PPT的背景为浅灰色，文字主要采用深灰色，强调性文字和图表采用艳红色，非常突出。

强调色不是只能用红色，在这样一个浅蓝色的背景上，数字用蓝绿色渐变更协调，在深蓝色和灰色文字的衬托下也很醒目。

（3）与图片、图形呼应的文字。解释性文字的颜色可以直接从对应的图片和图形中吸取，这样文字与图片或图形就能融为一体了。考虑到PPT配色的整体性，这一配色依据通常在封面中使用，吸取的文字颜色往往决定了整个PPT的配色。

某科技工程公司的PPT封面，主视觉是绿色的地球、树木等元素组成的图片，所以标题的绿色是直接从图片中吸取的，与主视觉相呼应。

右侧配图是紫、红、绿3色，左侧的图表也相应吸取这3个颜色，画面看起来很协调。

一统遮千丑

PPT之所以显得混乱，不一定是因为使用了过多的颜色，而是因为在色彩运用上缺乏统一性。

统一的原则是从头到尾只用一套配色方案。确定好一套配色方案，包括背景色、强调色、衬托色、装饰色等，一旦确定，就要在整个PPT中一以贯文。例如，所有标题要用同一种颜色，所有正文也要用同一种颜色，所有强调文字也要用同一种颜色，不可随意改变。

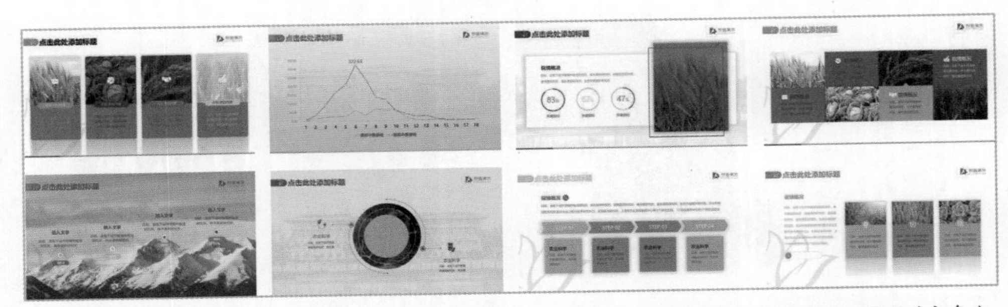

这个PPT色彩杂乱。标题的颜色各种各样，背景的颜色随意变换，文字的颜色随心所欲，图形的颜色也十分杂乱，图片的颜色在亮度、饱和度方面也不一致，这会增加观众的理解难度，画面也不美观。

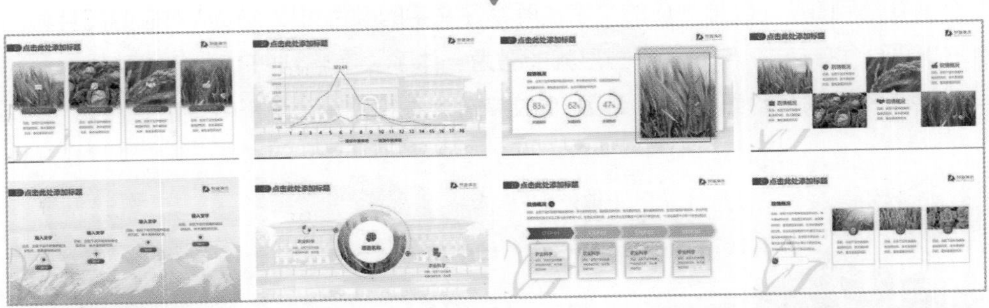

把标题、正文、注释、图形、图片等元素的颜色统一后，背景清爽、逻辑清晰、重点突出，画面也赏心悦目。

统一并不是说色彩必须完全一样，只要色彩变化的规律是一致的，即便色彩不完全一样，也不会给人杂乱的感觉。

这个PPT中，每页的背景色彩不同，但色彩的亮度、饱和度是一致的；每页PPT中圆形的装饰不同，但这些圆形的色彩渐变规则是一致的；每页PPT中图片的色彩不同，但图片处理的方法是一致的；文字的色彩、字号、比例一致。整个PPT看起来比较协调。

所以，只要做到色彩统一，PPT就不会显得过于难看。

第12章

排版式

排版，就是文字、图片、图形、图表等各元素在PPT页面中的排列组合。

本章总结了锐普设计师在排版中遵循的12个法则，掌握这些法则，你的PPT排版就能胜人一筹。

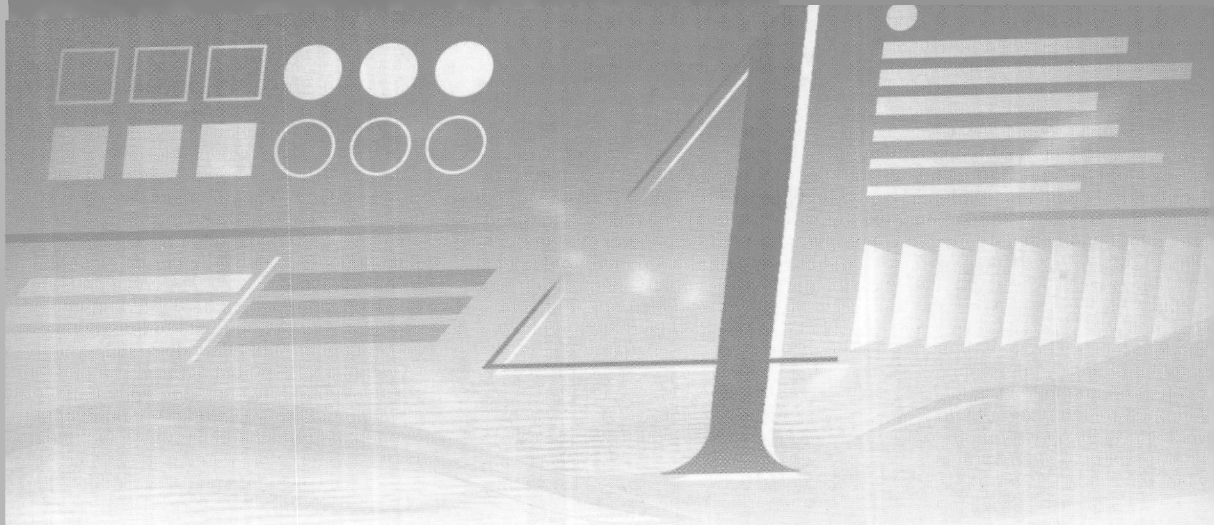

01 四大排版基本法则

本节介绍PPT制作人员务必遵守排版的基本法则。若能遵循这些基本法则，你的PPT版式就能达到基本合格的标准。

整齐

没有什么比元素不对齐更能让PPT看起来敷衍和业余了。

整齐，就是将页面或布局中的各个元素按照一定的直线排列，以创造出有序、平衡、安全的感觉，同时也有利于提升观众理解信息的效率。

PPT中的对齐，可以分为以下几种方式。

左对齐——最常规的对齐方式。

因为我们的阅读习惯是从左向右的，左边的元素会首先被观众注意到。所以，让文本左对齐，并把说明性、衬托性的视觉元素放在右侧，是最普遍的一种做法。左对齐更易于阅读，看起来也更规整。

这是某公司企业介绍的 PPT 封面。主视觉（建筑和字母）在右侧，标题、Logo 和口号采用了左对齐，看起来很规整。

这是其中一张内页，建筑在右侧，大标题和正文文字靠左对齐，延续了封面的左对齐，更容易阅读和理解。

右对齐——最个性的对齐方式。

如果主视觉在左侧，文字就采用右对齐。主副标题也经常采用右对齐，更能强化它们的整体感。与左对齐相比，右对齐更少见，所以更加与众不同，更能彰显演讲者的个性。

这是某保险集团的PPT封面。主视觉在左侧，于是中英文标题、演讲者身份等靠右侧对齐，营造整体感。

这是杭州某公司对外宣传的PPT封面，主视觉在左侧，主标题、副标题、公司名称靠右侧对齐，彰显了该公司的个性。

居中对齐——最规矩的对齐方式。

居中对齐是一种非常醒目的对齐方式，对于标语、大标题或需要强调的文本，通常采用居中对齐。这种对齐方式会给人留下四平八稳、中规中矩的印象，在党政机构、国有企业中用得较多。

这是某政府机构在大会演讲的PPT页面。无论是Logo、主标题、副标题、单位，还是主视觉，都居中对齐，大气、庄重，很符合政府气质。

这是某公司欢迎客户来访的PPT页面，卷轴构成的主视觉居中排列，所以大标题、单位、日期等都居中对齐，更醒目、更正式。

两端对齐——最绝对的对齐方式。

强制让长度不同的文本两端对齐，创造出一种整洁和规范的外观，通常在长文本、主副标题、多元素中使用。但要注意，过度使用两端对齐可能会导致阅读困难，因为它会使字间距和元素间距参差不齐。

这是某公司业绩发布用的PPT封面。整体上采用居中对齐，但单位、标题、英文看起来长短不一。

因为主标题和英文关系更密切，所以把英文设置为与标题左右两端对齐；避免字间距过大，两端用两根渐变线条补齐，看起来更规整。

依附对齐——最严密的对齐方式。

当解释性文字和图片并排摆放，构成依附关系时，文字可以沿着图片的边缘对齐，整体感更强。

这是某产品介绍的PPT页面。左侧是手机图片，右侧的相关说明文字采用了居中对齐，这样手机和文字之间就存在较大的空隙，画面很分散。

让文字靠左对齐，图片和文字之间的距离缩小，构成了一个整体，强化了文字对图片的说明关系。

四周对齐——最方正的对齐方式。

当很多小文本对一个对象进行解释时，让这些文本沿着PPT的四周对齐，这些文本和对象就共同构成了一个矩形，方方正正、更有美感。

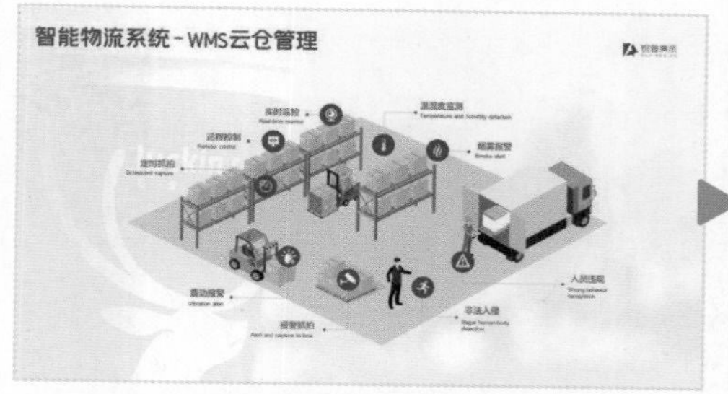

这是介绍某物流仓库的PPT页面。在介绍其仓库各部分时，把相关文字标注在各部分旁边，在仓库外围形成大量的空白区域，缺少美感。

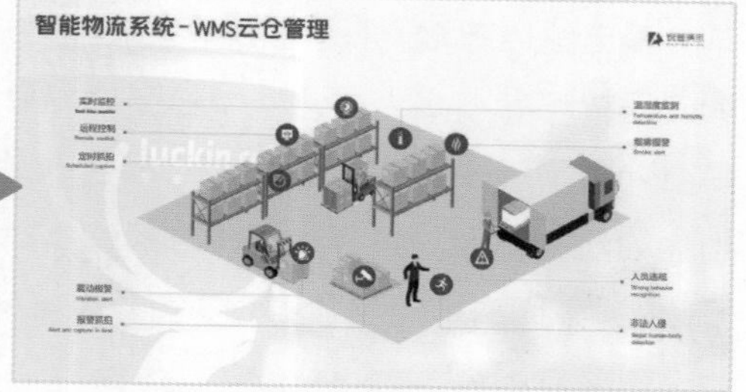

从各部分拉出线条，线条终点及文字构成一个矩形，与整个PPT的矩形一致，画面更规整、更饱满、更有美感。

补位对齐——最圆满的对齐方式。

当很多对象进行排列时，因为数量的限制，并不一定能撑满一行，这时看起来会不整齐。我们可以添加空白图形，让对象铺满屏幕。

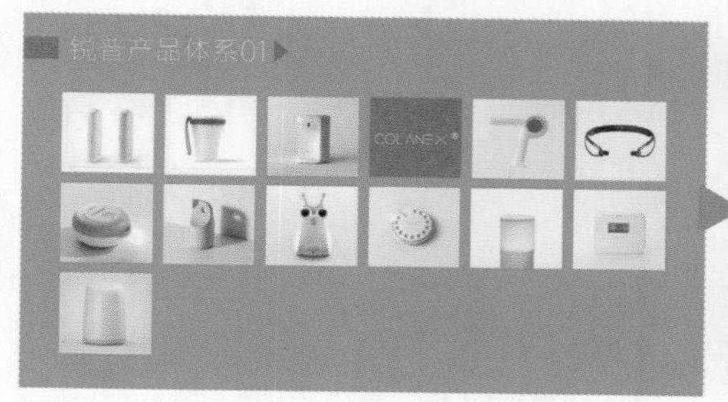

这是某公司产品介绍的PPT页面。前两排产品图片对齐，但第三排的图片只有一张，就会在后面空很多，显得不规整。

在图片之间随机补充了一些矩形，并添加内阴影，这样的构图让上下左右都对齐，看起来规整，有创意。

还可以调整对象尺寸，让对象相互交错，以铺满屏幕。

这是某公司案例展示的PPT页面。图片的长度和宽度都有不同，第一行和第二行的数量也不同，看起来就有些杂乱。

根据图片的尺寸和建筑特点，对图片进行裁剪和排列，虽然大小不等，但互相交错，填满了整个屏幕，看起来也很规整。

对齐不能靠眼睛，还要充分用好以下工具。

一是参考线。

单击鼠标右键，在下拉菜单中选择“网格和参考线”命令，在弹出的“网格和参考线”对话框中勾选“屏幕上显示绘图参考线”复选框，单击“确定”按钮（或按Alt+F9组合键），即可调出横竖两条参考线。当移动对象，靠近参考线时，对象就会自动被吸附到与参考线对齐。按下Ctrl键，同时拖动参考线，即可复制参考线；把参考线拖到画面外，即可删除参考线。

扫码观看示例操作

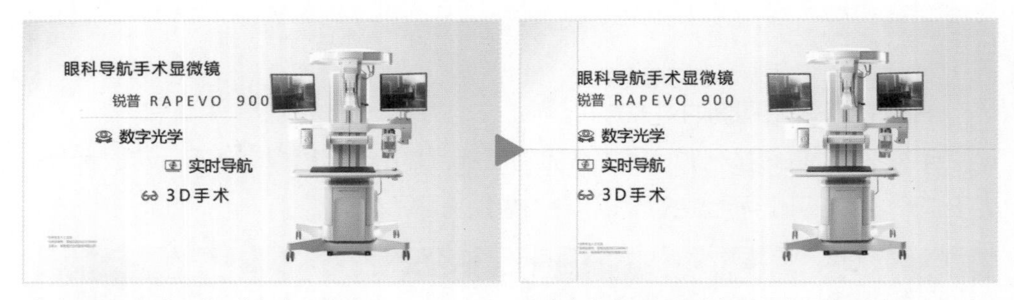

文字、图标参差不齐，看起来很杂乱。

调出参考线，把竖线拉到距左侧边2厘米处，让文字和图标以竖线为参考对齐，马上就很整齐了。

二是对齐和分布按钮。

选中对象，在相应的“格式”选项卡中，单击“对齐”命令，在下拉菜单中可以看到各种对齐和分布按钮，一共8个选项，利用它们就可以快速实现特定的对齐效果。

扫码观看示例操作

一堆图标，虽然大小相同，但摆放很无序，看起来很杂乱。

先固定4个角部的图标，分别选中一定数量的图标，单击“顶端对齐”“底端对齐”“横向分布”，再单击“左对齐”“右对齐”“纵向分布”等按钮，即可精准对齐。

三是图片版式工具。

图片版式、SmartArt等工具可以快速实现图片、文字的对齐。比如，选中一组图片，在“图片格式”选项卡中选择“图片版式”命令，即可看到各种各样的排版样式，排列后再取消组合，即可实现快速对齐；比如，插入某种SmartArt图表，再分别键入文字或复制文字进去，这组文字自动按照特定的样式排列，再取消组合，也能快速实现对齐。

扫码观看示例操作

这组图片，图片的长度、宽度及位置都不同，很杂乱。

选中所有图片，单击“图片格式→图片版式→蛇形图片半透明文本”命令，再取消组合即快速实现这样的整齐版式。

统一

统一是指在整个PPT中，保持风格、质感、颜色、排列、字体、图形、图片、动画等各种属性和元素的一致性。遵循统一的法则，观众会把PPT看作一个整体，强化对整个PPT的印象和记忆；可以保持连贯性，同样格式的内容不需要重复理解其地位和作用，更容易理解。

最基本的统一，只需要把各个元素的属性做到一致即可。

多张图片的排版，图片的尺寸、形状、质感不同，文字的色彩、大小、位置不同，文字底部色块的色彩、大小也不同，画面杂乱。

图片尺寸统一，文字和底部色块的色彩、位置、大小都做了统一，画面看起来就很舒服，观众更容易理解主题。

为了提升美感，还需要选择合适的图片、图标，并对这些图片、图标进行处理。

这是介绍某手机拍照功能的PPT页面。图片的调性、视觉中心不同，图标有线性、面性，色彩和位置也不同，文字色彩也不同，看起来很杂乱。

修改后，选用同一风格的图片，图片视觉中心都在右侧，左侧添加统一的黑色半透明蒙版，图标和文字也保持一致，看起来很清晰。

我们还可以借用表格、SmartArt图表等方式，实现版式的快速统一，事半功倍。

Logo的排列是普遍的难题，不同的颜色、尺寸、形状、风格，往往让观众眼花缭乱，也不利于识别。

最快捷的方法：按Logo的数量插入一个表格，把表格的底色改为白色，边框改为与背景接近的蓝色，瞬间就统一了。

层次

所有对象不能杂乱无章地摆放，我们要按照它们之间的关系分组、分层次地摆放，并通过色彩、大小、位置等属性刻意引导观众按顺序观看，以体现它们的地位和彼此的逻辑关系。

一般来说，观众观看的基本顺序是主视觉>观点>证据>说明>装饰>背景，PPT在设计中也要适应这个顺序进行分层。

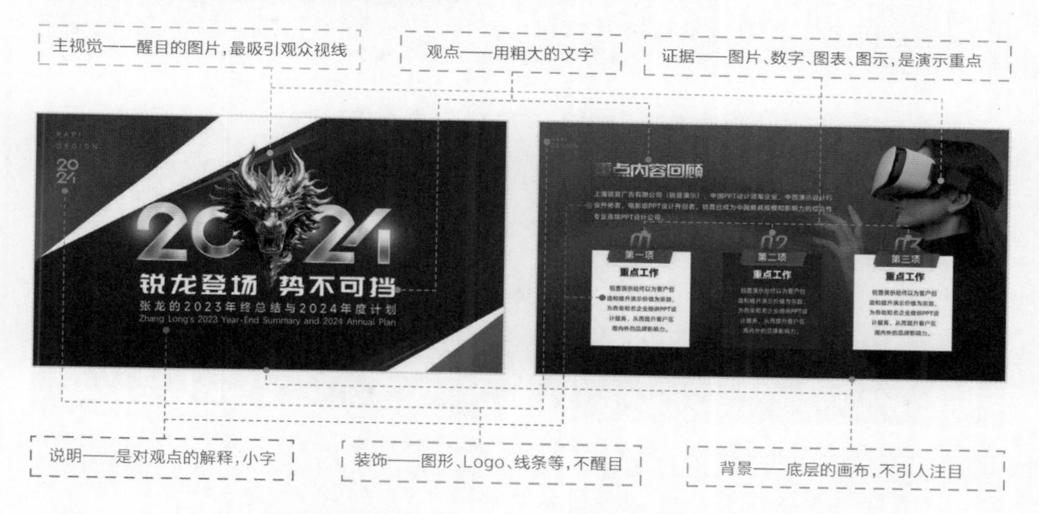

一个PPT中，虽然每页的内容不同，但同一层次的元素需要在设计上保持一致。

这是某企业介绍的两页PPT。主视觉都是绿色调，占据三分之一版面；观点采用醒目的黑色文字，置于顶部；证据分别添加了紫色和青色圆形以引导逻辑；说明文字用浅灰色小字；装饰为浅灰色Logo；背景为纯白色；每页还添加了白色漆渍以统一风格。

主视觉并不是只能用图片，色块、图形也可以作为主视觉，用以吸引观众的注意力。

这是某金融企业的两页PPT。这里将该公司的辅助图形——三角形引申为每页的主视觉，填充醒目的红色，很能吸引眼球；装饰性元素采用了模糊化的辅助图形，与主视觉相互呼应，营造了丰富的层次感。

没有层次或层次太少的画面，单调、不耐看，缺少吸引力。

这是某企业发展历程介绍的原始PPT页面。画面中没有主视觉，缺少吸引力；标题、证据、说明等元素没有拉开层次；线条过于粗重，干扰了画面。

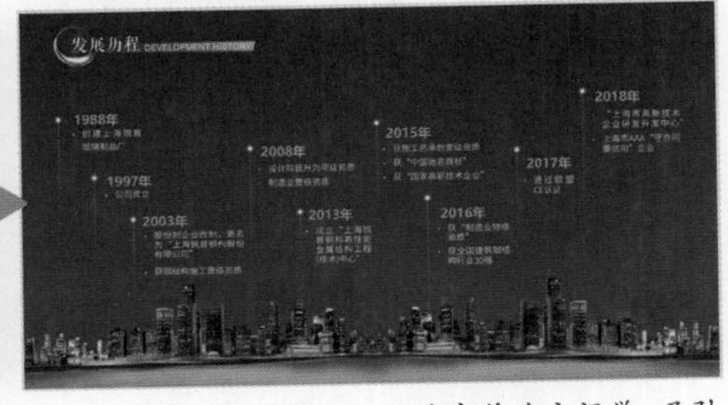

修改后的页面更有层次：用楼宇作为主视觉，吸引眼球；标题与正文拉开层次；白点和绿色日期很醒目，引导观众视线；解释性文字则适当弱化。

我们还需要仔细分析各层次之间的关系，确保逻辑准确；太多的层次也会干扰观众的视线，影响对内容的理解。

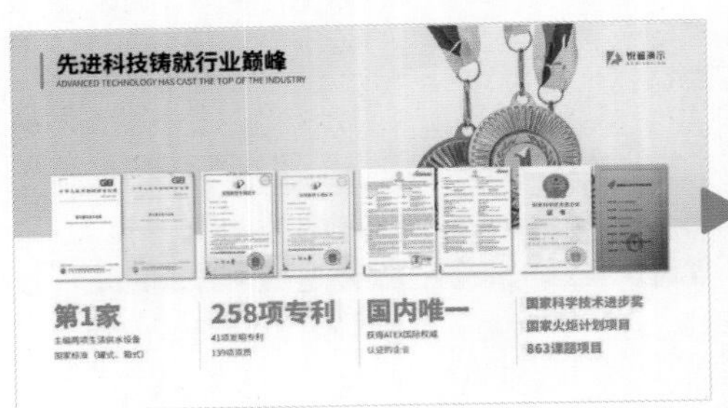

这是某企业的荣誉列表的PPT页面。顶部的奖牌过于显眼，反而干扰了对证书的关注；标题的黑色文字与整体不协调；所有证书并排摆放，分类不清晰。

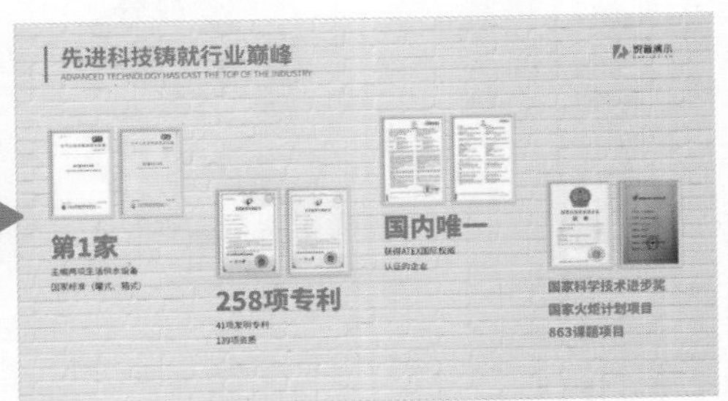

修改后。去掉顶部的奖牌；标题采用蓝绿色的渐变，更协调；证书分类摆放，拉开距离；背景使用墙壁图案，证书加上了相框，更有场景感。

对比

如果两个对象不同，就应该让它们截然不同。

所谓对比，就是通过给对象赋予冷暖、大小、前后、明暗、虚实、方向等不同的属性，强化对象之间的差异。对比的作用，一是突出对象，引起观众的注意；二是强化冲突，以突出主题，并调动观众的情绪。

内容和背景要形成对比。

这是某酒店形象宣传的PPT页面。文字和图标直接放在图片上，因为图片上颜色杂乱，所以文字看不清楚。

修改后，在文字下添加了从0%透明度到100%透明度的深紫色渐变，这样背景与浅色的文字、图标就形成了对比，文字和图标更清晰。

关键文字和说明文字要形成对比。

这是某企业发布会的PPT页面。只有一段文字，大小没有区分，观众只能逐字阅读，并从中寻找重点。

修改后，把最关键的数字放大到240号，处于画面的中心，与18号的说明文字形成强烈对比，画面既有冲击力，又容易记忆。

同组对象和其他组对象要形成对比。

这是某汽车产品介绍的PPT页面。汽车和文字之间的摆放比较松散，难以区分各组对象的边界，缺少冲击力。

在同一组对象下加了醒目的蓝色四边形，让文字、汽车之间形成一个整体，更能吸引观众的注意力。

相互比较的对象要形成对比。

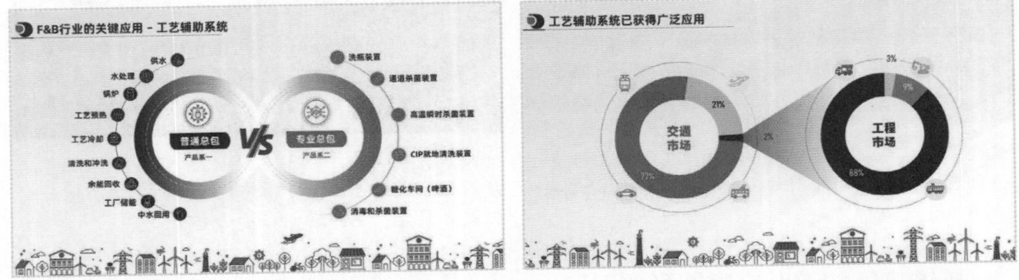

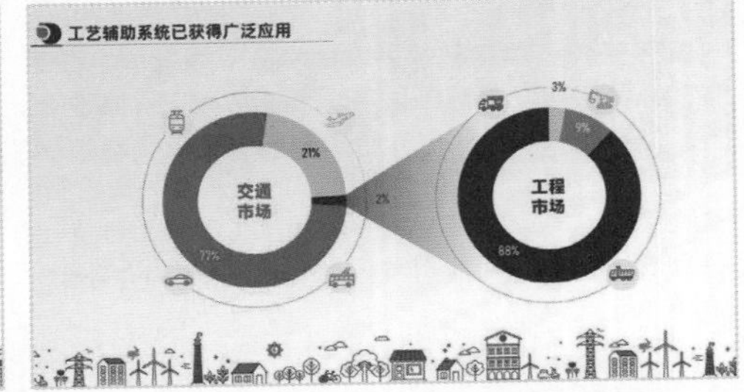

这是某装备公司产品介绍的PPT页面。根据该公司的VI，主视觉主要采用蓝色和红色。当两组数据对比时，则用蓝色和红色进行对比，次要元素则采用浅红色、浅蓝色、灰色等色彩作为补充。画面对比强烈，重点突出。

边界模糊的对象要形成对比。

某企业员工照片墙的PPT页面。都是白色背景，边界模糊，观众很容易把5个头像当作一个整体，而很难把照片和名字当作一个整体。

在每个头像下添加一个竖条矩形，直通到顶，这样名字和头像一一对应，形成一个整体，5个人之间就区分开了，更容易理解。

冲突双方要形成对比。

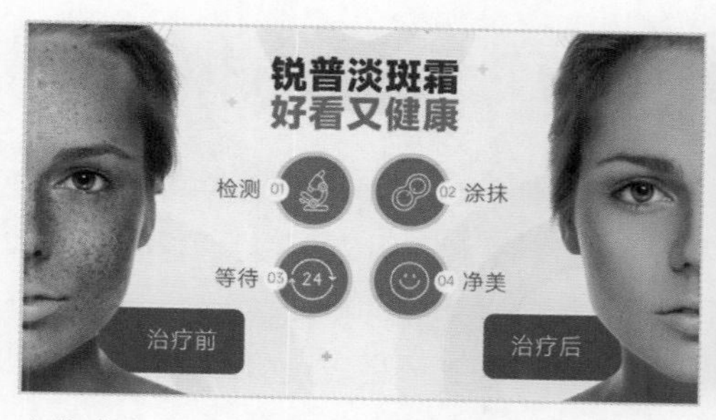

比较某种淡斑霜使用前后的效果。把使用前和使用后的面部图片分别置于两侧，左侧不忍直视，右侧美丽动人，形成强烈反差。

狗熊和鲨鱼分别是陆地和海里的猛兽，露出利齿、相互咆哮的画面可以营造强烈的冲突感，借用文字形成立体效果，更有冲击力。

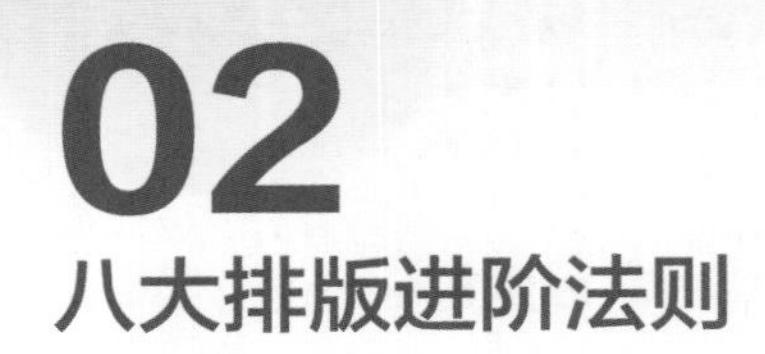

02 八大排版进阶法则

一、场景

普通的PPT一般采用纯白色、纯黑色、渐变色作为背景，这就相当于观众在看黑板、白板，画面单调，也会给观众带来压迫感。有设计感的PPT，往往会给页面添加符合主题的情景，提升PPT的氛围和感染力，也能让观众更好地理解和记忆所传递的信息。

在介绍储能的5大应用场景时，背景是蓝天绿草，近处是风力、光伏、储能设备，远处是城市楼宇，能带给观众更真实的应用场景。

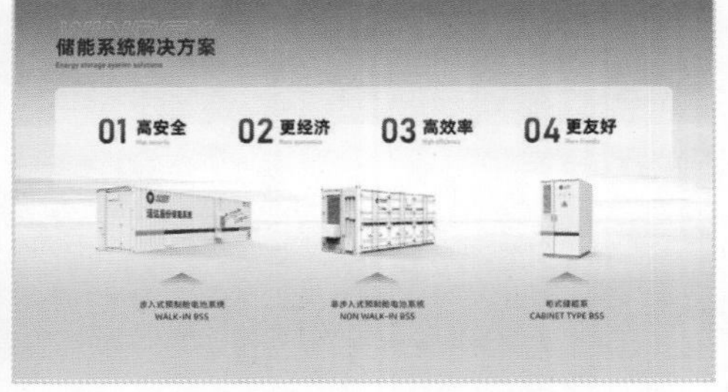

在介绍其产品和特点时，将其置于一张蓝天白云的科技背景中，能赋予产品更强的科技感和现代感。

需要注意，场景千万不可喧宾夺主。增加场景，不是为了弱化焦点，反而是为了渲染氛围，突出焦点。优秀的场景设计往往是潜移默化的，不需要让观众刻意关注，却能很好地强化主题和焦点。

这是某机械公司介绍产品的PPT页面。虽然也用了场景化背景，但天空的颜色太鲜艳，抢了主题，中部背景色又太浅，导致文字看不清。

修改后，降低背景亮度和对比度，并添加深色蒙版，这样就把产品和文字给凸显出来了。

焦点

每个页面只能有一个中心，这就是焦点。

把那些可有可无的信息删除，把无关紧要的信息弱化，把不同的主题内容分成多页展示……让观众第一眼就看到最重要的内容。关键词、数字、人物、动物、色块、物品特写等，都可以成为焦点。

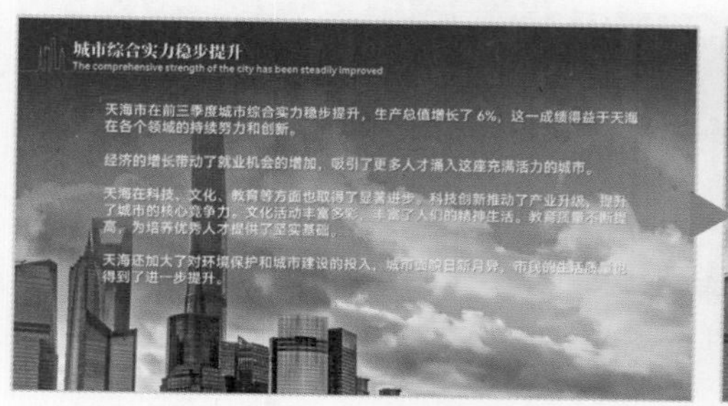

某城市推介的PPT页面，一页中展示了大量的内容，画面没有了焦点，没办法吸引观众的注意力。

抓取“全市生产总值增长6%”这个最重要的信息，把它放大，再放大，特别是数字6%，放大到成为画面的焦点，让观众过目不忘。

给画面添加一个主视觉，是制造焦点的有效方式。

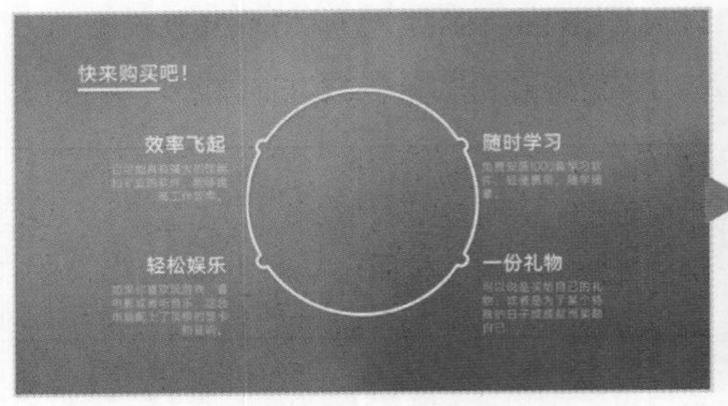

这是某产品购买理由的PPT页面。4条理由分布在圆环四周，虽然圆环起到一定的整合作用，但不足以聚焦观众的视线。

在圆环正中添加一个手持该产品的职业女性奔跑的画面，立即就会成为整页PPT的焦点，并给观众带来更多想象空间。

每页一个焦点，意味着可能需要分页。制作PPT不要在乎页数多少，最重要的是每页都要讲清、讲透、讲出彩。分页，可以让每个页面的内容更精练、观点更清晰。

这页PPT列举了众多的数据，但这些数据分散在页面中，很难让观众抓住重点。

将这页PPT分解为3页，每页都用超大的文字，一次只强调一个或一组数据，每个/组数据都是焦点，清晰明了，带给观众极强的冲击力。

平衡

在长期的生活中，人们已经形成了基本的平衡美感，只有符合这些规则的画面，人们看起来才会觉得安全和协调，这些规则包括上轻下重、左右平衡、均匀分布、色彩一致等。平衡首先取决于画面的主视觉，主视觉一般在左侧、右侧或中间，此时，文字、图形、Logo等元素就需要跟主视觉形成平衡。

下方的主视觉是以大楼为中心左右平衡的画面，把数字和图标放在右侧就破坏了画面的平衡。

修改后，根据主视觉的构型特点，把数字和图标分别放在大楼的左右两侧，就构成了重心在下、左右平衡的画面，看起来比较协调。

当主视觉偏向一侧时，我们就要把元素放在另一侧以平衡画面。

主视觉有点偏向右下方，大标题却居中摆放，整个画面的重心都偏右，看起来不平衡。

修改后，把标题放到左侧，高度与主视觉的焦点（人物）处相同，Logo也移到了左侧，这样左上方与右下方就形成了一定的均衡。

在设计中创造视觉平衡感，并不一定要完全对称。不同形状的元素相互补充和呼应，也可以营造一种非对称的稳定和结构化。

左侧一个白色框，右侧是红色和灰色框，看起来明显右边重左边轻，特别是左下方很空，画面不平衡。

修改后，在左下方添加一个蓝色的圆弧形，与右侧的深色相呼应，就实现了左右平衡，看起来很协调。

穿插

将文字、图形、图片等不同元素相互交错、穿透，打破固定的层次，可以营造更强的整体感和立体感，带来很强的视觉冲击力。

图片与屏幕、窗户、大门、书籍、Logo等形成的边界进行穿插，可以创造裸眼3D般的效果。

这是某手机产品介绍 的PPT页面。为凸显其屏幕的大尺寸和生动性，让宇航员从屏幕中穿插而出，同时碎石块和线条都烘托了这个效果。

这是某物流公司对外介绍的PPT页面。一艘巨轮从Logo中穿插而出，能很好地渲染轮船的力量和速度，带给观众很强的冲击力。

文字与图片的穿插，可以让文字更立体，更有艺术感和冲击力。

本来是一个普通的体操动作，但让人物在字母之间穿插，则能渲染这个动作的难度，也增加了体操的艺术感。

为了衬托文字之大、屏幕之大，把4个大字投射到天空里，并让一个手持帆板的人站在大字面前，形成鲜明的对比。

有时，图片和表格、图表之间也可以制造穿插效果，让严肃的数据和图表变得更生动。

这是某公司产品策略的表格。上面的产品、头像、喇叭等图片超出了边框，让表格更生动。

这是某市场报告的图表。分别用房子、人物、钥匙等图片表现3类市场，这些图片突破了饼图的边界，营造很强的立体感。

留白

在PPT设计中，有意保留一些未被文字、图片或其他设计元素占据的空间，可以让画面更透气，也能营造一种高档的感觉。

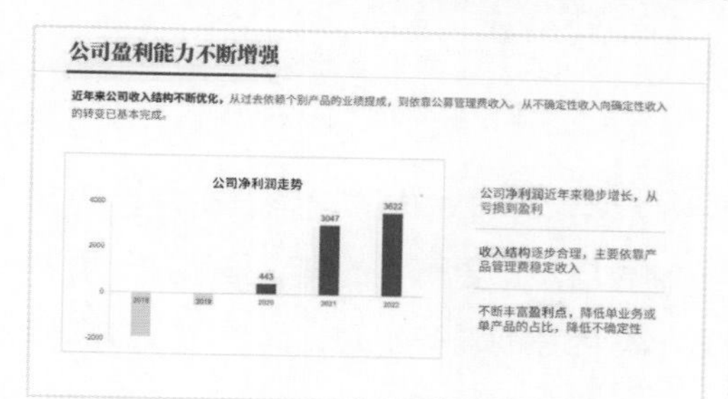

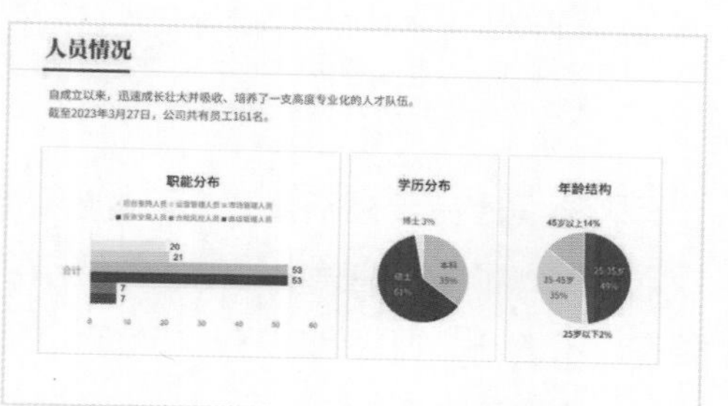

这是某金融公司的介绍PPT，尽管文字很多，但画面四周及元素之间都留有足够的空白，看起来简洁、商务、高端。

在PPT设计中，留白的基本做法：页面四周1cm留空；一组元素与另一组元素之间保持1cm距离；如果画面有空白区域，那就空着。

这是一家科技司企业介绍的PPT页面。文字又大又满，每个空间都不舍得浪费，看起来土气且廉价。

将内容重新梳理，整体缩小，并按照整齐、层次等原则进行排列，画面四周就有了更多留白，看起来很高端、很现代。

凌乱

凌乱排版，是一种故意打破常规对齐和统一布局的设计方法。通过不规则的元素摆放、大小不一的字体、不对称的图形布局等方式，创造视觉冲击力和美感，以营造自由、随性、动态、多样的效果。这种方法在证书、照片、贴纸、Logo、标签等版式设计中会被采用。

这是某公司的经营理念PPT页面。图片大小不一、文字长短不一，用杂乱的排版体现丰富和个性，配上左右走动的动画，很有视觉冲击力。

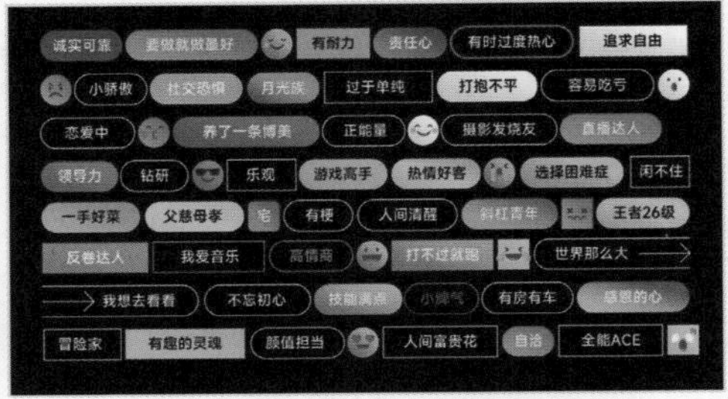

这是自我介绍的PPT页面。整体上分成了8行，但元素的形状、颜色都是随机的，纵向也没有对齐，塑造了随意的性格和多彩的效果。

这种设计在看似不整齐或混乱中蕴含着美感，它是对传统规整、有序美的反叛，它找到了在不完美中的魅力，展示了一种更自然、更真实的美。虽然猛一看不整齐、不统一，但仔细观察，仍然可以发现一些内在的对齐规则，元素的分布总体也是比较均匀的。

某人自我介绍的PPT页面。把各种贴纸随意地贴在照片上，给人一种随心所欲、丰富多彩的感觉。看似随意，但贴纸的分布是比较均匀的。

某企业展示外籍团队的PPT页面。其本意在于强调外籍专家又多又强，所以照片相互叠加、随意摆放，给人一种实在太多了的暗示。

凌乱的排版，只能在极少数页面中使用，起到画龙点睛或调节情绪的作用。过度的使用会给观众造成混乱，反而影响信息的传递。

混搭

混搭，就是将不同风格、元素、材质、色彩等进行组合搭配。它打破了传统的设计规则和界限，通过创新的组合方式，营造超现实的画面效果，能展现出独特的个性和风格，更有吸引力。

混搭常用的方式有实景与手绘的混搭、立体与平面的混搭、复古与现代的混搭、彩色与黑白的混搭、照片与贴纸的混搭等。

实景与手绘的混搭，一般用于娱乐、教育、生活等相对轻松、自由的场合。

这是某教育机构课程介绍的PPT页面。分别把实景的小朋友照片和手绘的宇宙、音乐等素材相结合，一方面体现了儿童教育的轻松、欢乐；另一方面也能激发观众的想象空间，提升课程的吸引力。

立体与平面的混搭，一般用于科技、体育、制造业等现代和动感的场合。

某手机产品介绍的PPT页面。3D的手机效果和二维的文字及背景形成对比，带给观众较强的视觉冲击。

某公司对外介绍的PPT页面。巧妙利用该公司的Logo形似跑道的特点，把奔跑的人物放在跑道上，构成了超现实的画面，很有吸引力。

复古与现代的混搭，一般用于家具、奢侈品、城市等兼具传统和现代多重气质的场合。

需要提醒的是，像这种混搭的风格，一般只有设计高手才能驾驭，新手需谨慎使用，以避免画面过于杂乱。

这是某城市推介的PPT页面。该城市是一座拥有悠久历史的中国江南城市，所以整体采用了水墨江南的写意风格，但在水墨中又透出该城市的现代建筑和风景，形成古代与现代交织的画卷，让城市更有魅力。

节奏

如果每页PPT的背景、色调都一样，页面布局也雷同，观众就像在笔直的高速公路开车，很容易感到疲惫。所以，要营造一些节奏感，让画面的疏密、对象的大小、色彩的明暗、排列的秩序、视觉的方向等持续变化，以调节观众的情绪，让PPT更有感染力。

一般情况下，封面页、章节页、重点页、封底页会特别设计，其他内页则保持相对统一。

这是某农业科技公司的PPT原稿。每页都是大面积白色背景，长时间观看会有审美疲劳；每页的文字和图片布局也比较雷同，观看动线单一；色调、文字大小也缺少变化，难以激起观众的情绪变化。

重新设计时，根据每页的内容对布局进行重新设计。封面和封底更有趣味，符合峰终定律；白色背景和深色背景间隔变化，带动观众的情绪变化；左右、上下版式交替，会让观众的阅读动线不断变化。这些都能不断给观众带来情绪刺激，避免观众产生审美疲劳。

如果PPT的页数较多，一般还会为每个章节赋予一种专属色彩。

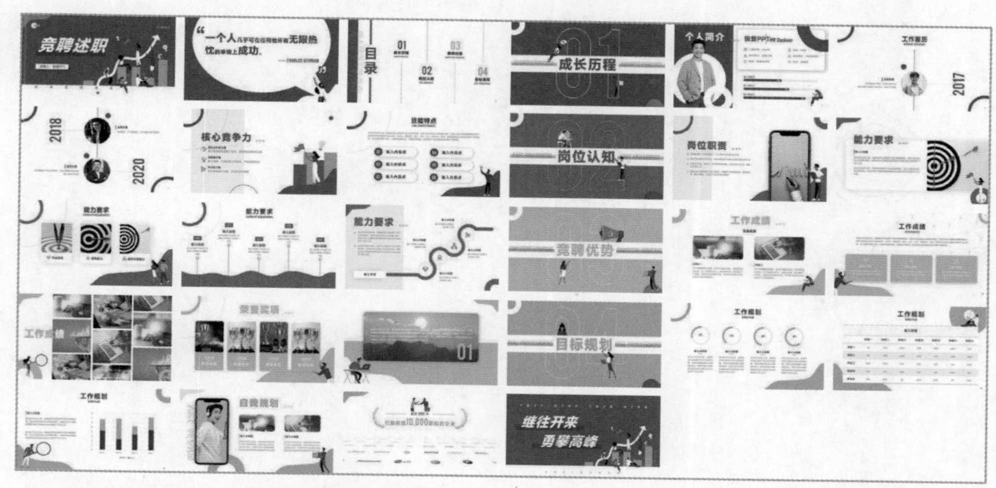

这是某员工竞聘述职的PPT。该PPT用色调和版式的变化来调动观众情绪。4个章节分别采用蓝、红、橙、青4个颜色，区分明显；每个篇章页都采用了满屏彩色，能给观众带来显著的情绪变化；每页的装饰元素也都会有区分，避免雷同。

第13章 添动画

PPT要添加动画吗？

很多人的答案都是否定的。

别再守着陈旧的思维了！

掌握PPT动画的秘籍，可以让你的PPT如虎添翼。

01 动画五功能

动画是PPT中最具有争议的一个功能。喜爱动画的人，可以把PPT制作得如同动画片；不喜爱动画的人，则可能对PPT中的动画效果深恶痛绝。

其实，动画只是PPT的一个功能，用好了是利器，用不好就是画蛇添足。

PPT动画的本质，在于它能够让PPT从二维演示变成三维演示。

没有动画的PPT，就是平面的、静止的，看完一页，再看下一页，在观众的印象里就是一张张的画面。但加入动画的PPT，特别是加入三维动画效果的PPT，一方面让PPT突破了二维的限制，可以使观众从多个角度观察对象；另一方面，通过控制对象的进入、强调、路径、退出，给PPT演示赋予时间维度，从而为观众提供了一个可以随意在时空中穿梭的体验。

具体来说，卓越的动画在PPT中具备5个功能。

吸引观众

从动物的本能来说，运动的物体可能代表着潜在的威胁或机会，我们的大脑会更快地做出反应，所以运动的物体天然地更容易引起人们的注意。动画可以让观众始终保持对PPT的关注，提升PPT的吸引力。

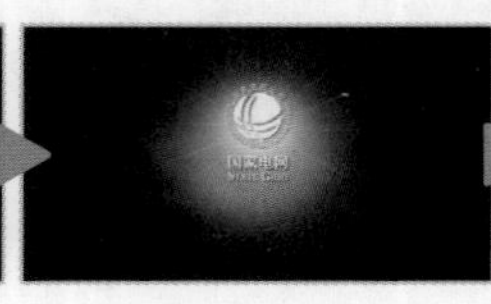

这是某电力公司汇报PPT的开场动画。在黑暗的星空里，线条汇聚，引出一束光，该公司Logo出现，随后画面由暗到亮，一座繁华的都市映入眼帘，并展现出汇报的标题等相关信息。用一个简短的动画快速把观众带入演讲的主题。

聚焦重点

人在同一时间看到的信息越多，注意力就越分散。通过PPT动画，可以把信息逐个放大展示，确保观众在同一时间只关注一个焦点。

这是某城市推介的PPT。在介绍“1+2+7+9”战略时，逐条放大显示，当一条介绍完后，数字缩小到左侧，再介绍下一条……最终画面定格为4个数字。每次只呈现一条关键信息，只保留一个焦点，避免了其他信息的干扰。

表现逻辑

动画的根本目的是服务于逻辑表达。我们可以通过动画的形态、顺序、方向、节奏快慢、重复次数等，把对象的逻辑关系充分展现出来。

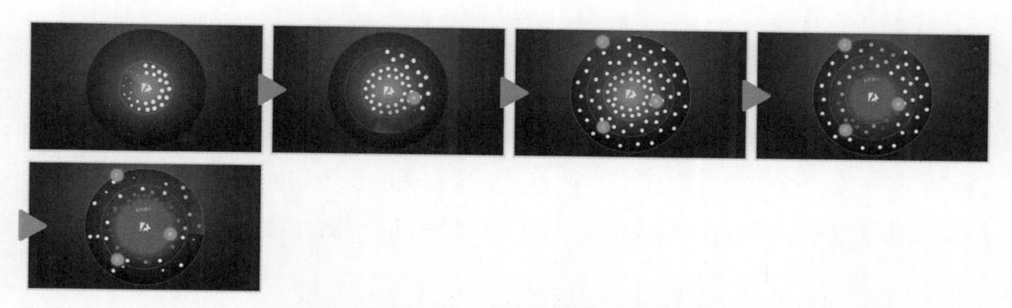

这是介绍某企业用户运营机制的PPT。雷达扇面持续旋转，层层扩大搜索范围，寻找到更多用户，这些用户不断从外围向中心移动，并最终转化为橙色的黏性用户。通过这样的动画演示，生动地展示了该公司采用“推”“拉”“扩”3种手段转化用户的机制，远非静态图片所能表达。

PPT动画不仅用于表现逻辑关系，而且可以用于表现工程、机械、生物、化学等原理。

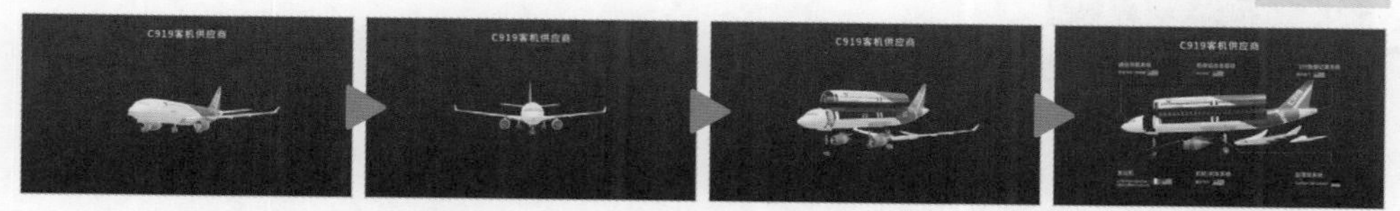

这是某客机介绍供应商情况的PPT。使用3D模型进行演示，先让观众看到侧面、正面的全貌，随后飞机旋转并分解，展示出飞机的主要结构，并分别出现线条和文字说明这些部件的供应商。

渲染氛围

没有人能够长时间盯着一张静止的图片看，动画却能带来持续的吸引力。我们常常给云朵、流水、光晕、线条、符号等背景性元素添加循环动画，虽然这些动画看起来不起眼，却能让画面处于持续的运动中，让观众目不转睛。

这是某计量院的企业介绍的PPT封面。这4张截图看似一样，仔细观察，就会发现有细微的差别，云朵是走动的，刻度尺是转动的，化学图标是闪烁的，它们看起来若隐若现，却渲染了环保、精确、科技的氛围，强化了主题。

 连贯画面

PPT最典型的特征就是一张张翻页，但是每翻一次，观众的思路就会被打断一次，这会分散观众的注意力。采用合适的页面切换动画，不但能让页面切换无声无息，还能更好地强化PPT的逻辑，让演示尽享丝滑。

扫码观看示例操作

这是介绍某产品特点的PPT。标题和解释性文字制作成导航在左侧排列，右侧是对应的场景图片。详细介绍某个特点时，标题上移，解释性文字出现，箭头方向变化，右侧对应的图片从下方滑上来，整个过程一气呵成。这组动画与逻辑完美契合，有助于观众理解内容，丝毫不会突兀。

如果一个动画不能承担上述5个功能中的任何一个，那么这个动画就是多余的，宁可不加。

02

典型动画三十例

PPT的动画形态千变万化，下面介绍精选的30个典型示例，使读者能够掌握“大神”级的PPT动画技巧。

基本动画

下面的PPT包含了基本的动画技巧，比如添加动画（进入动画、强调动画、退出动画、路径动画等）、调整效果、调整速度、调整延时、更换动画、切换动画等。

标题从顶部飞入，解释性文字淡出；两个装饰性圆盘依次缩放进入；中心照片缩放进入，两侧的头像从两侧飞入；红色圆点伴随头像飞入，烘托氛围。所有动画都“同时”进入，并让动画进入时间交错和重叠，营造随机的美感。

跨页视差

扫码观看示例操作

从观众的角度来看，不同距离的物体移动速度是不同的，远处的物体看起来移动缓慢，近处的物体看起来移动更快。在页面切换时，把不同层次的对象错位摆放，再为其添加平滑切换动画，就可以营造神奇的视差效果。

首图为前一页，尾图为后一页。第一页中，距离观众近的标题、话筒、“2024”移动速度最快，图片移动速度稍慢，底层的色块移动速度最慢；第二页中，距离观众近的小图片、标题、文字移动速度最快，大图片移动速度稍慢，底层的色块移动速度最慢，这样就形成了神奇的视差效果。

将同一个对象分别放置在两个页面上，并添加平滑切换动画。同一个对象，距离画布越远，移动速度越快；距离画布越近，移动速度越慢。

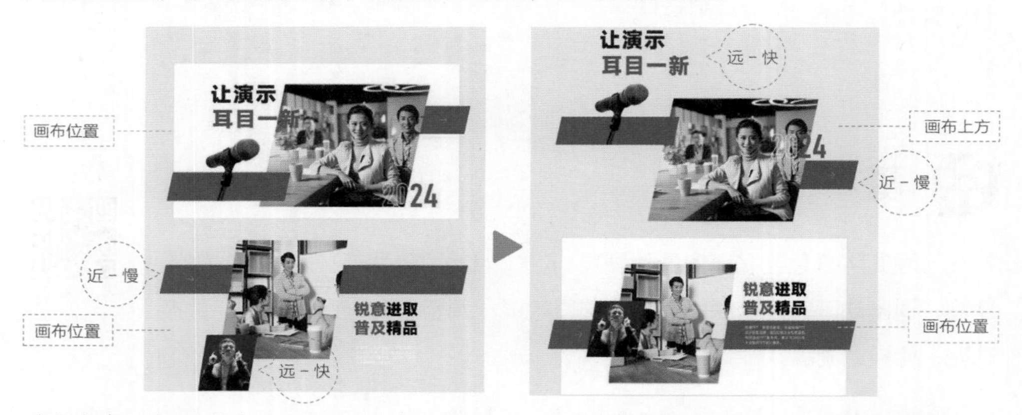

左侧为前一页，右侧为后一页，通过前后对比，可以看到对象在页面中的上下位置有明显的变化。希望哪个对象的移动速度快，则把它向画布外拉，例如第二页“让演示耳目一新”标题相对于第一页已经跑到画面最上方了，它的速度就会很快；希望哪个对象速度慢，则把它拉近画布的方向，例如第一页横放的色块则靠近画布，它的移动速度就会很慢。

场景变幻

扫码观看示例操作

通常，我们都是给PPT中的对象添加动画效果，而不是背景。在一个固定的画布上，不同对象进入、退出，背景不变。这种动画略显呆板。实际上，电影级的PPT，往往会让场景随主题进行变换。添加一个远大于屏幕的场景画布，通过平滑切换功能，让屏幕在大画布上移动，可以带给观众更震撼的体验。

封面是山顶视角，标题与层峦叠嶂的大山交错；运用平滑切换的动画效果，让整个画面向上移动，看起来镜头顺着山向下扫描；直到下一页的内容逐渐露出，好像内页的元素是放在山坡上一样；从封面到内页的变化连贯、新颖，带给观众很强的镜头感。

无缝衔接

通过给PPT添加动画效果，可以打破传统PPT“翻页”的卡顿感和割裂感，让PPT更加连贯和顺滑。以往，这主要是通过添加烦琐的退出动画、路径动画来实现的，对技术和逻辑的要求很高；现在，只需要使用平滑切换功能，就可以轻松实现。这种效果看起来非常震撼，实现起来却相对简单。

扫码观看示例操作

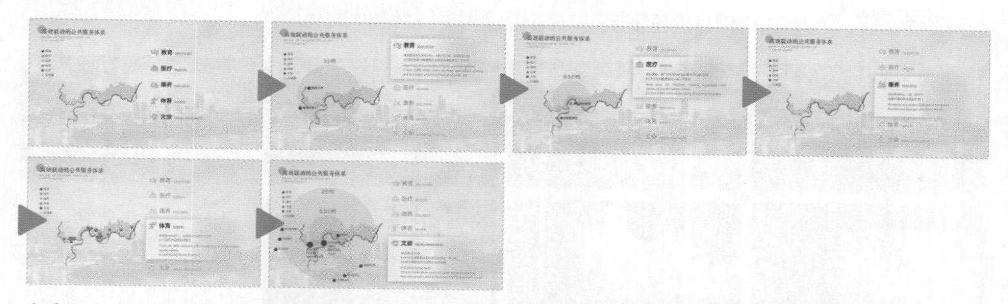

这是一个产业分布的PPT。第一页总览，后面几页分别介绍各个产业的分布情况。当讲到某个产业时，左边呈现产业分布的圆点，右边对应标题突出，并在标题下出现详细文本框进行说明。一个产品介绍完毕后，切换下一个产品的介绍。其实，就是将各页的内容排列好，将页面切换效果设为平滑就会完美衔接了。

背景微动

在背景里添加一些微动画，比如辅助图形的浮动、夜空的星星闪烁、天空的云朵飘动、水面波纹的晕动、阳光的照射、雪花的飘落、线条或网格的流动等。这些微动画若隐若现、不易察觉，却可以渲染氛围，持续调动观众的情绪。这种效果一般通过添加路径、脉冲、放大/缩小、陀螺旋、跷跷板等动画来实现。

扫码观看示例操作

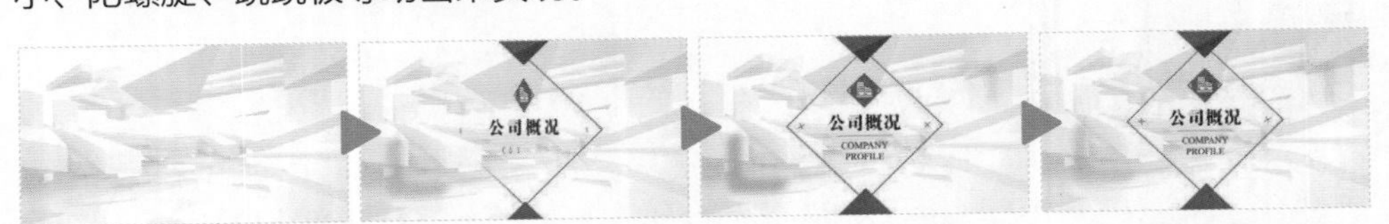

这是一个PPT中的章节页，内容较空，所以添加了一些微动画。左下角和右上角的辅助图形进行了模糊化处理，并添加了路径动画（从角部向中间移动），自动翻转，同时加上脉冲动画以强调效果；标题旁的两个小十字添加了陀螺旋动画；这些动画都设置了循环播放，营造持续的动感。

缩放定位

这是PPT中的一个很强大的动画功能，给页面中的某个对象添加缩放定位功能，可以对特定内容进行放大展示（定位到某个特定的页面），然后平滑地返回到原始视图。它特别适用于强调或详细解释幻灯片中的某个部分。缩放定位的基本做法：在某个页面插入一个缩放定位，然后选择定位的页面，在设置中调整缩放的样式、是否返回以及动画时间等。

扫码观看示例操作

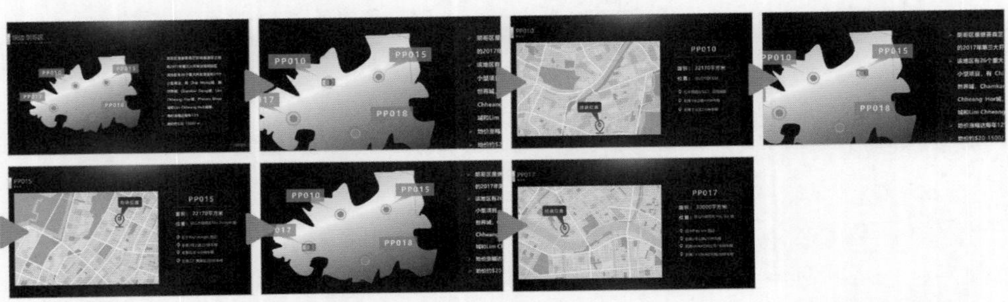

这是某地项目分布及详情介绍的PPT。先整体展示分布情况，单击某个点，即会放大该地区（缩放到对应的页面）；再单击鼠标，则缩小画面，返回到首页，继续查看其他项目。

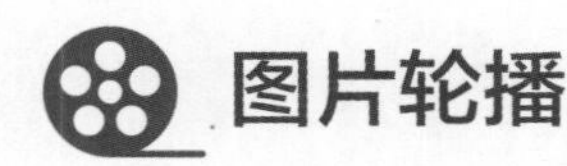

图片轮播

多张图片轮流展示时，建议采用轮播动画，即将一张图片放大展示后再缩小，之后按顺序放大下一张……既能展示整体，又能放大局部，详略俱佳、切换自然。传统的图片轮播要采用路径+缩放动画的方式来实现，比较复杂，现在主要采用平滑切换功能即可。

这是某产品介绍的PPT。产品图片依次由右向左移动，逐个放大强调，放大后缩小并最终消失。切换丝滑，一气呵成，观众丝毫不会感觉到PPT在换页播放。

扫光标题

模拟灯光在大标题或关键文字上扫过的场景，能给文字带来动态的视觉感受。在PPT里一般是通过添加遮罩的方式来实现的，即让背景与文字进行剪除操作，在背景里会镂空并透出文字，然后在背景下层添加一根光线，用路径或飞入动画的方式就可以实现了。

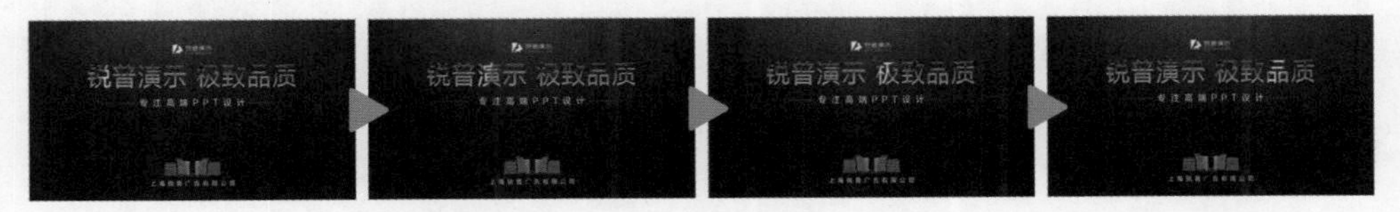

这是某企业介绍的PPT封面。金属质感的大标题是强调的重点。在背景和文字之间添加一个白色矩形，沿着文字从左向右飞入，并把时间设为重复，这样就能营造出光线从左向右扫过的效果了。

这个示例的分层情况如下。

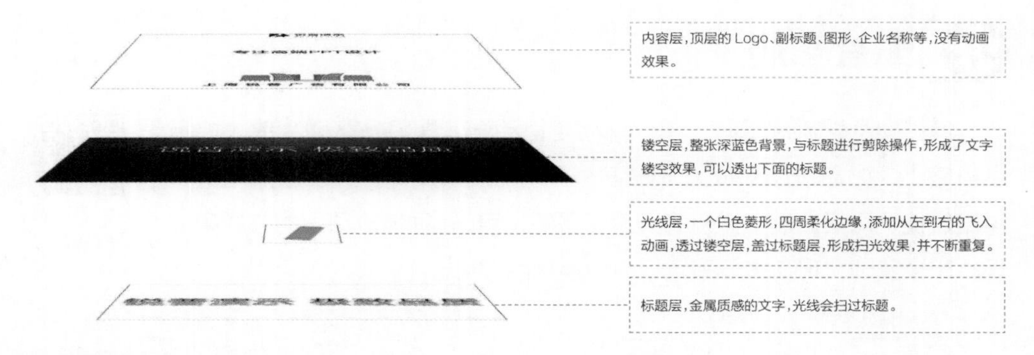

数字跳动

为了强调数字的快速变化，可以给数字添加跳动动画。数字跳动的动画效果一般可以用3种方式实现：①用文本框+闪烁一次（PowerPoint 2007及以前的版本才有）的动画，这个比较麻烦；②用长文本路径动画+遮罩；③用长文本+平滑切换，跨页实现，更简单。以下示例体现了后两种动画效果。

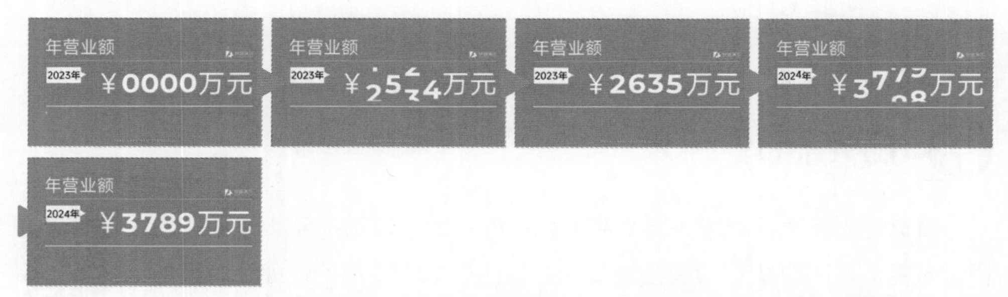

这是介绍某公司营业额变化的PPT。2023年，营业额从0000开始，4位数字上下跳动，最终定格在2635；单击鼠标，来到2024年，数字继续跳动，最终定格在3789。基本做法：4个数字是4个文本框，每个文本框中都是10行数字，每行分别是0、1、2、3、4……直到9，添加路径动画，路径有的自上而下，有的自下而上，形成对冲的效果。数字的上方和下方都添加了矩形遮罩，观众只能看到镂空矩形内的数字变化。

钟表转动

钟表不仅能代表时间，还能体现流程。用圆形作为表盘，用菱形作为指针，在指针下添加一个透明圆盘，与指针组合，再给这个组合添加陀螺旋的强调动画，就可以实现指针的旋转了，旋转一周是360°，时针走1小时旋转30°，走2小时旋转60°，分针走5分钟旋转30°，走10

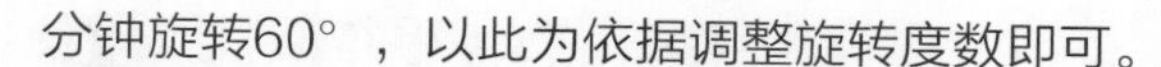
分钟旋转60°，以此为依据调整旋转度数即可。

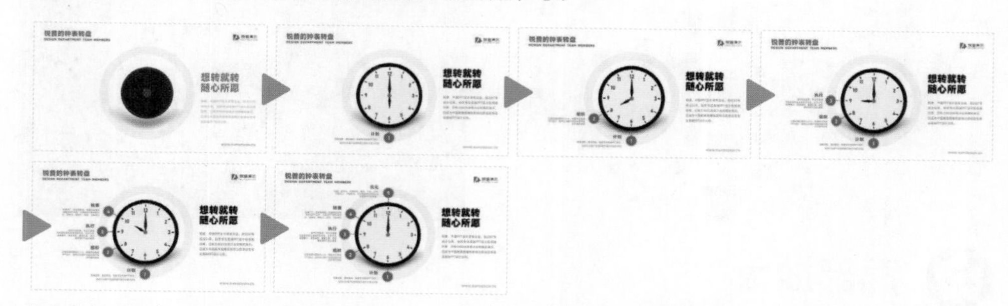

这是介绍某业务流程的PPT。钟表采用回旋效果的进入动画，然后用陀螺旋动画进行旋转。第一步，将起始时间定格在6点，时针指向6，分针指向12；第二步，时间定格在8点，时针旋转两个刻度60°，分针旋转两圈720°；第三步，时间定格在9点，时针旋转30°，分针旋转360°；第四步，时间定格在10点，时针旋转30°，分针旋转360°；第五步，时间定格在12点，时针旋转60°，分针旋转720°。

图片汇聚

大量的图片飞入并拼接成特定的图形，如Logo、心形、五角星、感叹号、问号、字母、汉字等，可以表达汇聚、团结、力量等内涵，并能带来震撼性的效果。最逼真的效果是通过基本缩放+飞入+淡化的组合动画来实现的，但操作比较复杂。

扫码观看示例操作

无数的头像从画面外飞入，逐步缩小、淡入，最终汇聚成一个心形。基本做法：把图片拼接成心形；给所有图片添加基本缩放动画，并在“效果选项”下拉菜单中选择“放大”命令；给所有图片添加飞入动画，并根据图片的位置，把飞入方向改为“从左侧”“从右侧”“从底部”等；给所有图片添加淡化动画；把所有动画时间设为“与上一动画同时”，并调整动画的延时，让它们陆续并错位进行。

平滑切换功能也可以实现类似的效果。在上一页中把图片分散到画布外部，并拉大图片；在下一页中把相同的图片拼接成一个形状；将页面切换效果设为平滑。

局部放大

扫码观看示例操作

放大镜、望远镜、屏幕、窗口等物品能够聚焦观众的注意力。我们在PPT里经常用放大镜来展示对象的细节。局部放大的基本做法是，在底图上叠加一张图片并放大，将其裁剪成圆形，放置在放大镜中。复制一页，并在放大的图片上进行裁剪，将图片移动到合适的位置，将页面切换效果设为平滑。

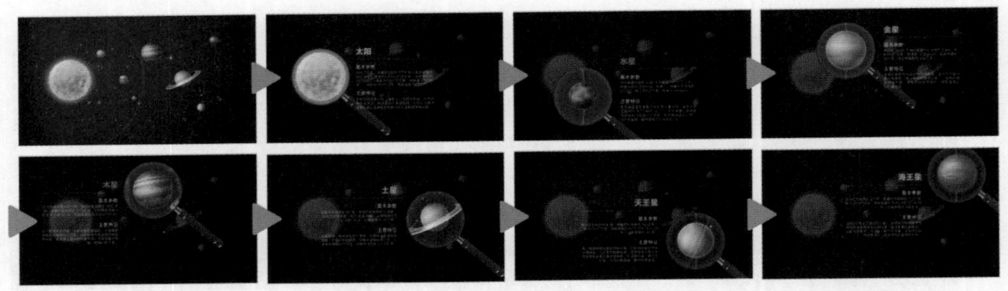

太阳系浮入画面，放大镜从右下侧滑入，镜片内的太空图片与底部的太空图片同步，并一直处于放大状态，最终停在太阳上，营造出强调太阳的效果，文字出现；当切换到下一页时，放大镜也随之移动到水星，并介绍水星的情况；然后是金星、地球、木星等。

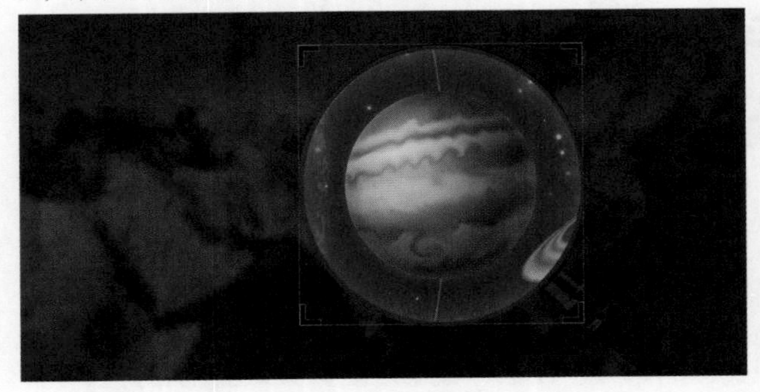

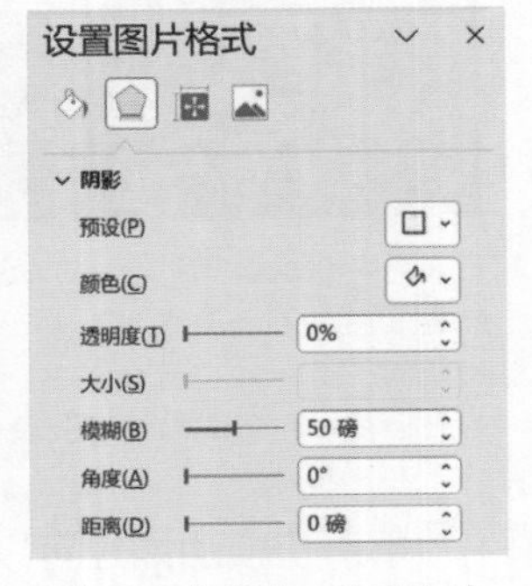

放大镜内的星球是放大并裁剪的，当平滑移动时，星球也会一直保持放大状态并同步移动。为了达到逼真的效果，我们给这个裁剪的图片添加了白色内阴影效果，并把模糊设置为50磅。

手写签名

以往，要在PPT里制作手写签名的动画，就需要把签名拆开，变成线条，再添加擦除动画，操作非常烦琐。自从PPT里有了绘图功能，要实现这种动画就变得易如反掌了。只需选择“绘图”选项卡，就可以用鼠标或手写笔在PPT页面里随便写字（推荐在平板上用手写笔书写），写出的字粗细有别，个性十足。选择写好的文字，在“动画”选项卡中单击“重播”命令即可实现手绘的动画效果了。

扫码观看示例操作

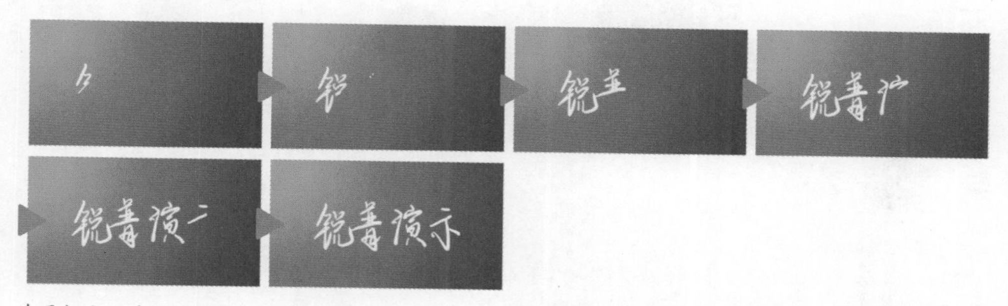

在平板上用手写笔写出“锐普演示”4个字，在“动画”选项卡单击“重播”命令就自动添加了书写动画。连在一起的笔画就是一组动画，根据笔画多少调整动画的时间，笔画多的动画就慢一些，笔画少的就快一些，既自然又顺滑。

穿越标题

标题与大图或视频的结合，可以带来很强的视觉冲击力。穿过标题，透出大图或视频，可以打造很强的空间感。穿越标题动画的基本做法：让满屏矩形与标题进行剪除操作，形成镂空文字，给镂空文字添加“放大/缩小”的强调动画，把缩放的比例调整为50倍以上，直至文字完全消失在画面里。

扫码观看示例操作

由红色到粉色的蒙版绚丽多彩，“SHANGHAI”的镂空字透出下面的城市景观。随后“SHANGHAI”快速放大，拉近镜头，穿过“N”字的窗口，直至露出整个城市的航拍视频，给人较强的空间感和视觉冲击力。

水墨晕染

水墨是中国最具特色的风格，用水墨笔刷引出图片、文字，可以带来更纯粹的水墨风格和艺术调性。水墨晕染动画的基本做法：给水墨笔刷添加淡化效果的进入动画+放大/缩小效果的强调动画+淡化效果的退出动画，同时给图片添加淡化效果的进入动画即可。也可以为笔刷填充图片，并给图片添加擦除效果的进入动画，更简单。

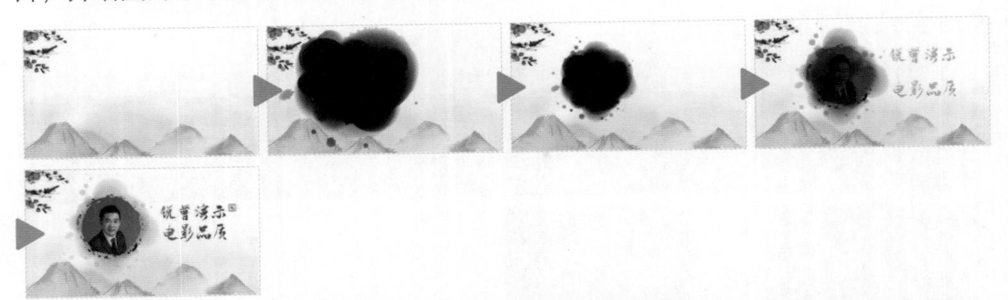

在一张水墨背景图上，两个墨滴图形采用淡化进入+放大/缩小的强调+淡化的退出动画，放大和缩小的比例根据图形大小来决定，在它们淡出的同时，图片采用淡化进入动画，标题采用浮入进入动画。

柱图生长

图表所采用的动画取决于图表的形状和含义。柱图要体现从下而上的生长状态。柱图生长可以有3种方式：①采用擦除效果的进入动画，从底部开始擦除；②采用飞入效果的进入动画，方向也是自底部开始的；③采用伸展效果的进入动画，在“效果选项”的下拉菜单中选择“自底部”命令。

推荐采用第③种方式，制作方法简单，效果好。同时，图表动画都有序列选项，分别为“作为一个整体”“按系列”“按类别”“按系列中的元素”“按类别中的元素”。如果希望动画简洁，就选择第一个选项；如果希望突出具体某些元素之间的差异，则选择后面几个选项。一旦选择后面几个选项，就等于打散了动画，可以任意设置各个元素的动画方式、时间、效果等。

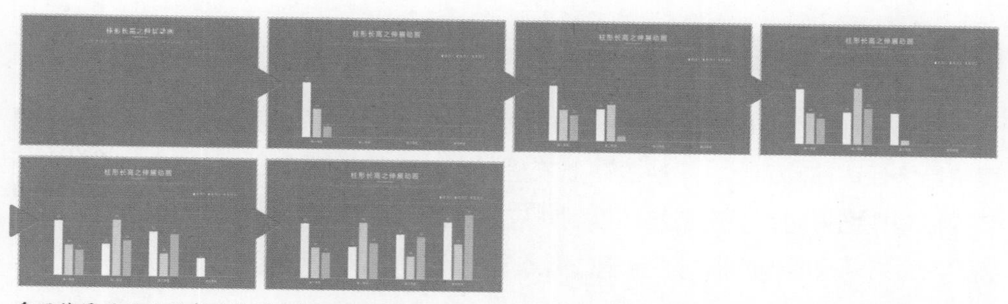

采用伸展动画效果表现柱图生长，首先标题从左右两侧飞入，然后背景淡化进入，第一组柱形陆续从底部伸展进入，之后是第二组、第三组、第四组。可以看出，在伸展过程中，数字会有明显的折叠效果。

一般不建议给柱图直接添加擦除动画，因为在顶部会出现明显的淡化痕迹，会使图形缺少力量感。

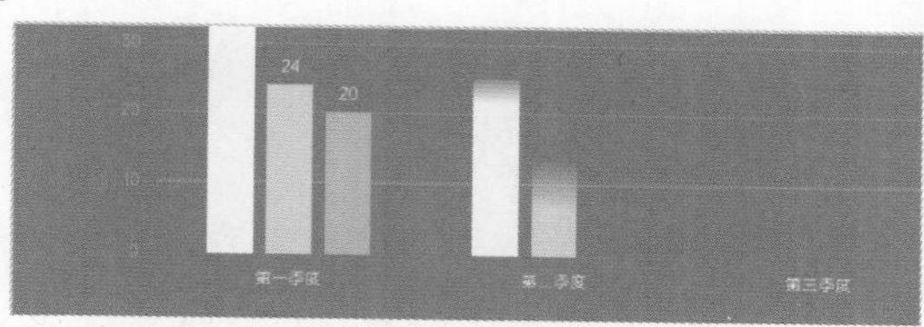

如果柱图采用飞入效果的动画，则需要在底部另外添加一个矩形色块、一根横坐标线和一个标题，覆盖在图表的底部，以遮盖从画面外飞入的印迹。

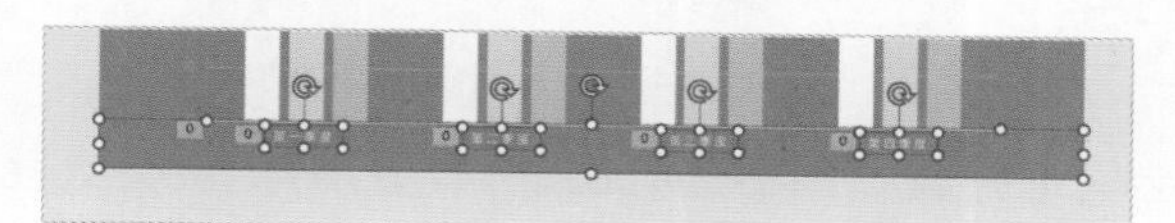

图表灌水

我们常常为图表填充水、油、饮料、水银、涂料等，这些液体的上升就能把图表的变化栩栩如生地演绎出来。图表灌水动画的基本做法：先添加一个镂空的容器（人、试管、温度计等图形），在底层添加矩形，并添加向上的路径动画。为了使效果更细腻，可以给形状添加波浪形边缘。

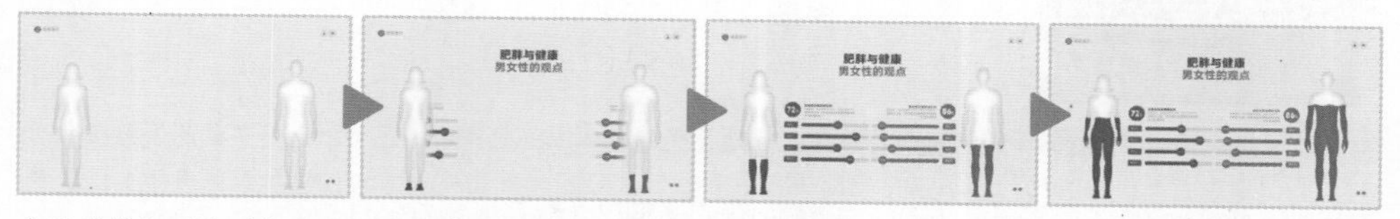

先用满屏矩形分别与男女两个轮廓进行剪除操作，制作镂空效果，添加波浪形并置于底层，给波浪形添加向右上方的直线路径，这时透过镂空看到的波浪形就会一边走一边上升，形成给镂空人灌水的效果，最后让波浪形在水平线上来回移动。

菜单操控

我们还可以借鉴网页的菜单模式制作PPT。带有章节标题或图形的菜单始终保留在画面上，一般放在上下左右的边缘，当鼠标单击某个章节的标题或图形时，页面直接切换到对应的页面，并且该页面的标题高亮显示，给观众明确的指向。其制作要点是“超链接+平滑切换”。

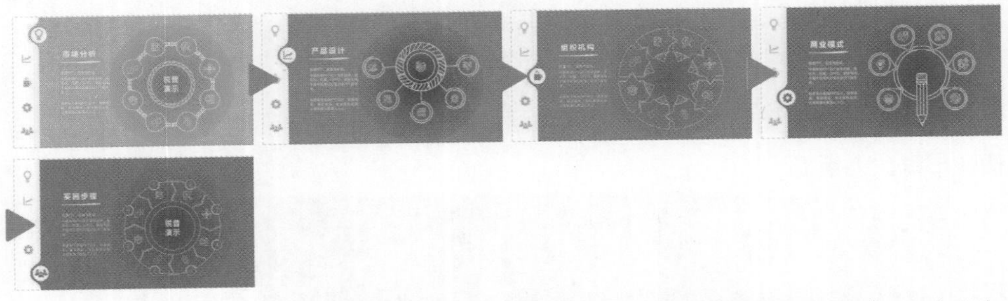

左侧摆放各章节的图标，当前页的图标切出一个缺口并且显示为彩色，其他的图标则为灰色。给各页的灰色图标添加超链接，第一个链接到第一页，第二个链接到第二页……将页面切换效果设为“平滑”，并把所有彩色图标放在每页左侧，讲哪个页面就单击哪个图标，页面平滑切换。

开门大吉

大门关闭，会营造神秘、期待的氛围；大门打开，会让人豁然开朗。开门动画的基本做法：在前一页PPT中放置大门图片，需要两边对称；在后一页PPT中放置主题和封面；将后一页的页面切换效果设置为“门”即可。

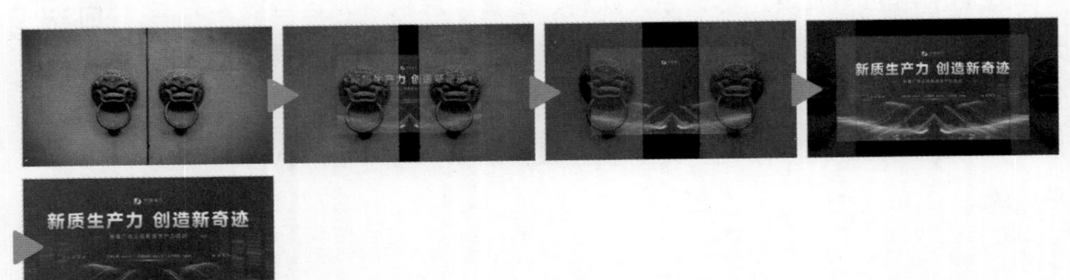

这是某政府演讲的PPT封面。因为是科技相关的主题，所以整体上采用蓝色调，大门也用了蓝色。大门向两侧折叠，徐徐打开，后页的内容从门中缝隙逐步展开，当大门完全打开后，整个封面就展示出来了，效果很震撼。

书本翻页

翻书或翻杂志是最传统也是人们最习惯的阅读信息的方式。在PPT中模拟翻页效果，可以吸引观众的注意力。PPT中的翻页动画有两种做法：第一种做法相对复杂但更逼真，把书籍沿正中间裁剪开，右侧要翻过去的页面采用层叠效果的退出动画，在“效果选项”下拉菜单中选择“到左侧”命令，左侧要展示出的页面采用伸展效果的进入动画，在“效果选项”下拉菜单中选择“自右侧”命令，第二个动画紧跟着第一个，即可实现翻页的效果。

扫码观看示例操作

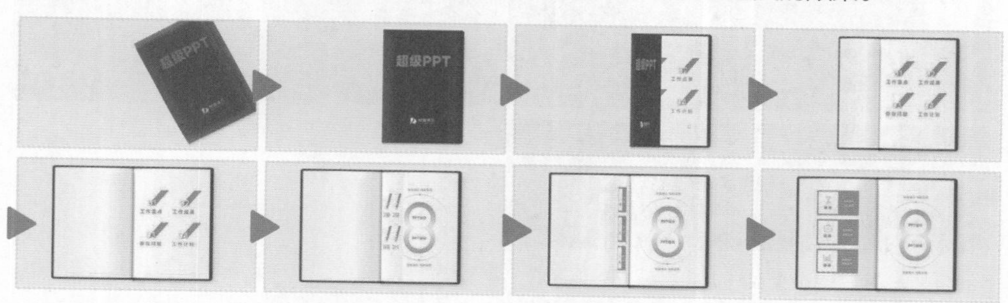

封面采用“浮入”效果的进入动画，定格后目录页淡入在封面背后（在页面中看不出来）。封面采用层叠的退出动画，向左侧折叠退出；随后，左侧的空白页采用“伸展”效果进入动画，向右侧伸展进入，与封面的退出动画无缝衔接，并露出右侧的页面，同理可以实现连续的翻页效果。

另一种做法比较简单，把上一页的内容和下一页的内容分别放在两页中，在页面中心添加一个类似书籍中缝样式的渐变色，将上下页的切换效果设为“页面卷曲”就可以了。

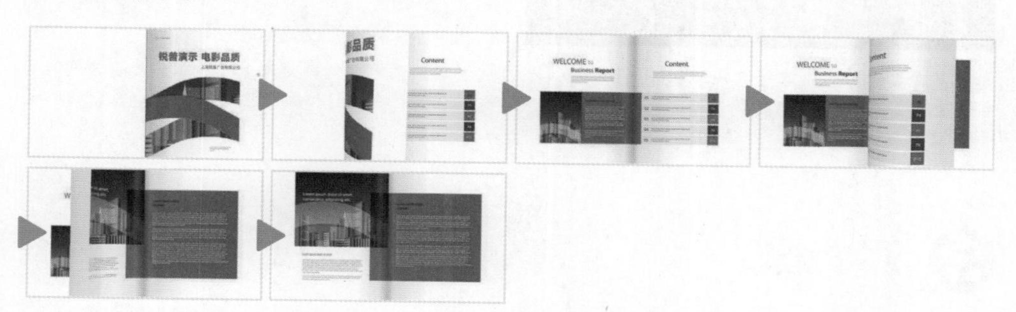

只要将页面切换效果设为“页面卷曲”，PPT就会形成翻页的效果。在翻页过程中，会自动卷曲页面，就像真实的翻书效果，很生动。

炫彩流动

绚丽的色彩、流动的画面，能给观众带来梦幻、热闹和新奇的体验。这种动画在PPT里是很容易实现的。炫彩流动动画的基本做法：在背景中添加各种颜色的彩色渐变图形（随机的不规则图形），并添加柔化边缘效果，然后给图形添加陀螺旋、路径、放大/缩小等动画，使背景流动起来，并让这些动画时间错位、不断重复，其原理类似万花筒，越是随机，越是千变万化。

本示例中共添加了4个多边形，其颜色分别是粉色、紫色、蓝色、红色，几个色块不断旋转，放大缩小，移动位置，从而看起来万紫千红，非常适合氛围烘托。

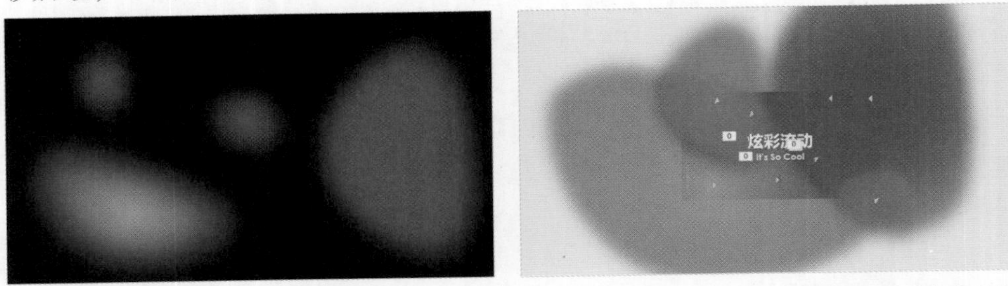

当把几个色块缩小摆放时，其样式就一目了然了。都是不规则三角形，调整为平滑顶点，并添加绚丽的渐变色彩、柔化边缘。在动画方面，添加了陀螺旋、放大/缩小的强调动画以及路径动画，并让这些动画有快有慢、无限循环。

逐个强调

当展示一个系列的内容时，我们可以在前面做一个导航，把该系列的缩略图或标题都放在导航里，把这个导航延伸到每个页面，页面切换效果设为“平滑”，在展示某个页面时，对应的索引放大，给观众以逐个强调的感受。页面连贯，逻辑清晰。

在首页引入一个并列关系的图示，几个色块分别填充对应的图片。把封面的图示复制到各个页面，调整角度，使强调的色块对应当前页，并等比例放大，页面切换效果设为“平滑”。左侧的导航就像指南针，随着内容的切换，导航条也按顺序旋转并放大对应的色块。

齿轮转动

齿轮是精密机械的象征，齿轮转动不仅可以表现工业原理，也能表现流程的环环相扣、功能之间的相互协作等。齿轮转动动画的基本做法：让齿轮的齿紧扣，给齿轮添加陀螺旋效果的强调动画，并设置为循环播放。

扫码观看示例操作

这里需要注意两点：①齿轮转动的方向要对，两个相扣的齿轮转动方向是相反的，一个为顺时针另一个就为逆时针；②齿轮的转速取决于齿轮上齿的数量，与齿轮大小无关，齿的数量越多，则转速越慢，如果其中一个齿轮上有10个齿，另一个齿轮上有5个齿，则前者的速度是后者的一半，换算成时间，前一个齿轮转一圈用时2秒，后一个齿轮转一圈则只要1秒。

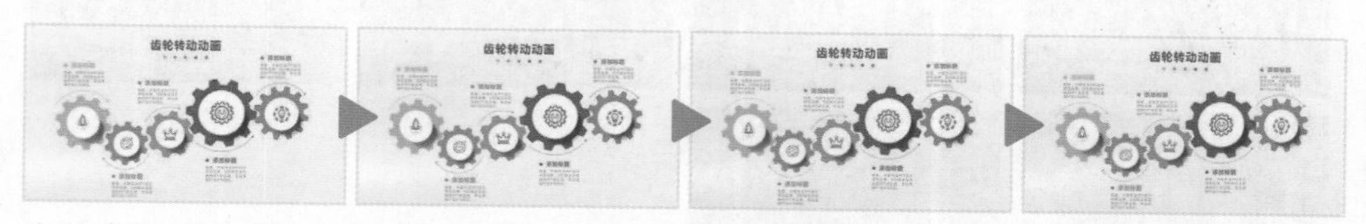

这5个齿轮大小和齿数不同，第 1 个齿轮10个齿，速度设为5秒；第 2 个齿轮虽然小，但也是10个齿，所以也是5秒；第 3 个齿轮8个齿，速度设为4秒；第4个齿轮最大，有10个齿，所以速度也设为5秒；第5个齿轮12个齿，齿更多，速度更慢，速度设为6秒。只有时间设置精准，才能保持同步。

花瓣飘落

鲜花总给人以美好的感觉。花瓣飘落的动画，可以营造浪漫、欢乐、轻松的氛围。花瓣飘落动画的基本做法：选中花瓣，添加自上而下的自定义路径，同时再添加旋转效果的进入动画以及陀螺旋效果的强调动画。雪

扫码观看示例操作

花、树叶、羽毛、碎屑等大量小元素的运动，都采用类似效果。

在两棵樱花树周围，隐藏了很多单独的花朵和花瓣。给这些花朵和花瓣添加路径+陀螺旋动画，分别调整它们的持续时间为4秒至14秒不等，并设置循环播放直到幻灯片末尾，让这些花朵和花瓣持续飘落，营造浪漫的气氛。

扩散飞出

扫码观看示例操作

随着标题的出现，各类图片（如产品、人物、风景等）从中心放大并飞散到画布四周，最终飞出画面，这是一种煽情型的动画，能营造开心、感动、悲愤等情绪。这类动画看起来很炫，制作起来很简单，只需要把图片放到画面四周，给它们添加基本缩放效果的进入动画，并在“效果选项”的下拉菜单中选择“从屏幕中心放大”命令。

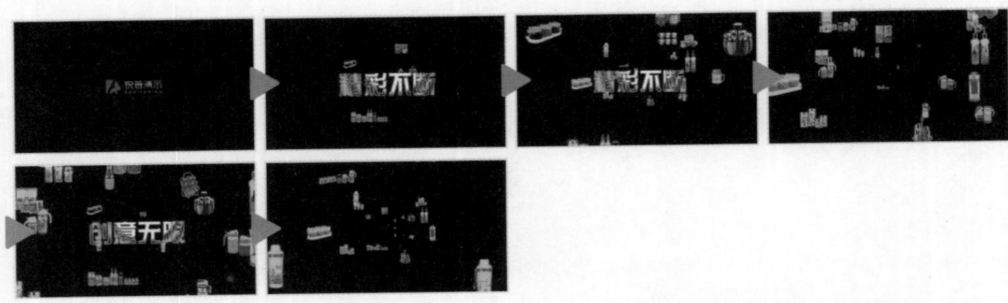

这是介绍某家居产品的PPT片头。在星空背景里，Logo闪现，公司口号“精彩不断”缩放到画面中心，该公司产品从屏幕中心向外围放大扩散；“精彩不断”口号缩小并变成口号“创意无限”，产品持续扩散，用大量产品的扩散表达产品又多又好。这个动画很好地展示了该公司的理念和产品。

云层飘动

扫码观看示例操作

云在中国传统文化中意味着吉祥和飘逸，同时能勾勒出天高云淡、大气磅礴的壮丽景象。云层飘动动画的基本做法：导入矢量或.png格式的云层图片，将其放在画面边缘，添加直线路径动画，设置好速度并循环往复。云层飘动动画有几个基本要点：①层次分明，近大远小；②速度错开，近快远慢；③循环往复，持续不断。

金色的龙和书法字“辰”从水中升起，一朵朵云陆续向左走动，时而重叠、时而分开，并从龙的前后飘过，下方的海水和山川也同步向左移动，营造出龙不断向右飞腾的效果。

本书附赠精美的云层图片，足以满足大家的需求。

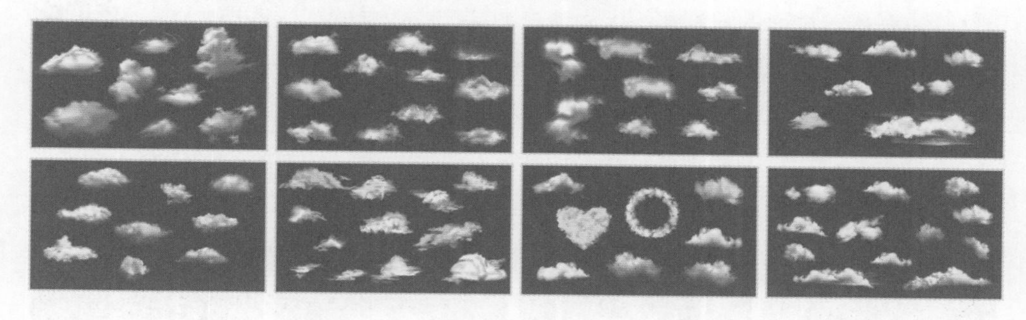

冲击叠影

让标题、图片、图形等撞击到画面上，并带来层层重影向外扩散。这是一种极具冲击力的动画效果。冲击叠影动画的基本做法：制作两层同样的元素，顶层元素的透明度设为30%~60%，给底层元素添加基本缩放效果的进入动画，并在“效果选项”下拉菜单中选择“从屏幕底部缩小”命令，给顶层元素添加出现效果的进入动画+放大/缩小效果的强调动画+淡化的退出动画，其放大/缩小的比例调为200%以上，3个动画效果同时开始。

扫码观看
示例操作

大标题从底部缩放进入，就在大标题撞到屏幕时，又一个大标题采用“放大200%+淡出”的动画，形成了类似冲击波的效果：同样的原理，我们给副标题、3颗星星也制作一组这样的动画，形成3组冲击波，更加震撼。

轰然坠落

对于标题、价格、产品等简短而有力的对象，可以设计成让它们从天而降，在接触地面的一刹那，因为冲击力会产生明显的扬尘效果。这个效果在Keynote里被称作“轰然坠落”。轰然坠落动画的基本做法：背景要有空间感，地面要明显，文字要厚重、立体；文字采用飞入效果的进入动画；找一张烟雾图片，并添加缩放效果的进入动画+放大/缩小效果的强调动画+淡化效果的退出动画。与前面冲击叠影动画不同的是，要放大到500%以上，淡化效果的退出动画延时更多、持续更长，这样能营造尘土飞扬的效果。

在一个未来感的空间里，立体而厚重的“隆重登场”大字通过飞入动画坠落到地板上，在文字接触地板的一刹那，烟雾图片缩放进入，并快速淡化和放大，像烟尘一样弥散在空气中，最终散去，文字清晰呈现。

三维动画

扫码观看
示例操作

三维动画和二维动画是有本质区别的。与二维动画相比，三维动画可以多角度展示对象特征，能够随意拉大、缩小画面以看到对象的全局和细节，还能深入对象内部展示对象的结构，它大大拓展了对象的深度和空间感。PPT所支持的三维模型包括.obj、.glb、.3mf、.ply、.stl等格式，其中，使用较多的是.glb和.obj格式。三维动画的基本做法：插入三维模型，通过手柄可以随意调整模型的角度，除了像二维对象一样添加动画，还可以添加专门的三维动画，如进入、转盘、摇摆、跳转、退出等。

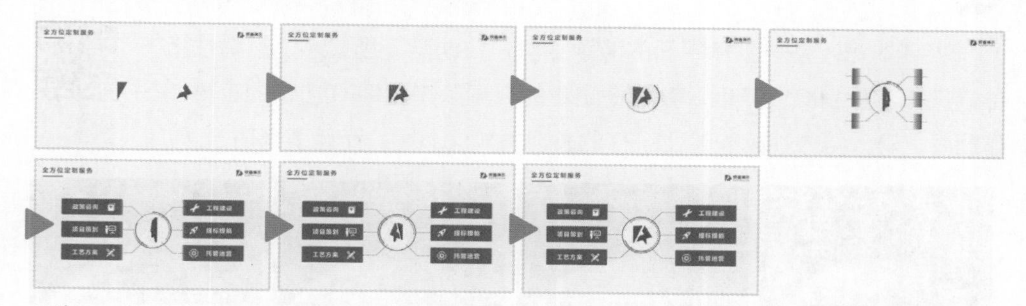

锐普Logo的两个部分分别从两侧飞入，汇聚成完整Logo后，开始三维旋转，并引出6根辐射线，以及对应的色块、标题、图标，此后Logo一直保持三维旋转状态，以吸引观众的注意力。

这种简单的三维模型，用Windows 10系统自带的图画3D就可以轻松制作。

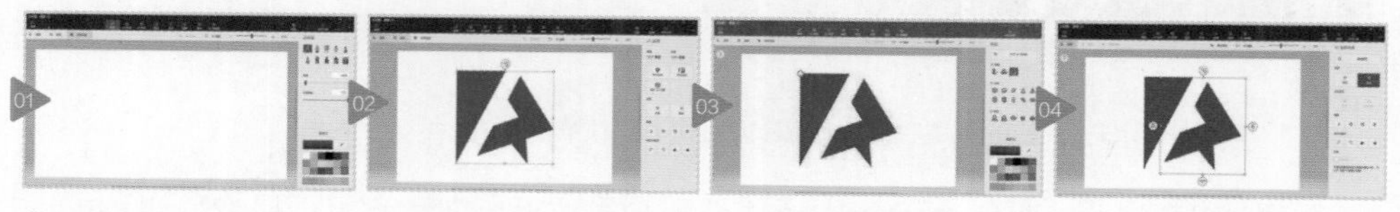

打开图画 3D。

把平面的 Logo 图片复制到图画 3D 的空白页面。

选择“3D 形状 →3D 涂鸦→锐边”命令，沿着 Logo 边缘绘制即可。

因为 Logo 是由两部分组成的，所以分别绘制出两个多边形。

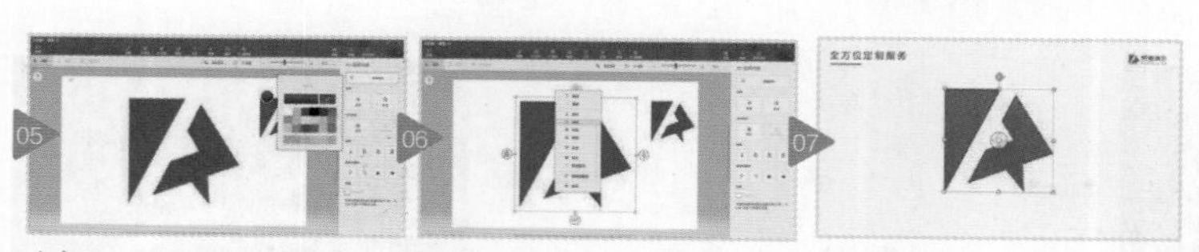

选择绘制好的立体图形，在编辑颜色里选择合适的颜色或者用吸管工具吸取Logo的颜色。

选中两个图形，单击鼠标右键，在下拉菜单中选择“复制”命令。

打开PPT中的相应页面，单击鼠标右键，在下拉菜单中选择“粘贴”命令，将三维模型复制到PPT中，然后进行调整。

有时候，我们还可以用别的软件，如3ds Max、C4D、Blender等制作更复杂的3D模型，或者在网上下载更逼真的模型，随心所欲制作出我们想要的酷炫效果。

这是某汽车的介绍PPT。在一个现代而唯美的空间里，一辆三维立体汽车从远而近开入画面。汽车正面镜头时，展示第一组基本数据；随后车辆继续前开，略微侧倾，展示第二组数据；然后更加侧倾，展示第三组数据。在展示数据时，车辆也在移动，能够让观众从多角度了解汽车的样貌。

特效视频

扫码观看示例操作

PPT毕竟还是一款偏平面的演示工具，在动画、场景感、震撼性上都远远比不上视频。所以，我们一定不能只局限于用PPT自带的工具制作动画，导入特效视频能够让PPT的表现力如虎添翼，而且事半功倍。

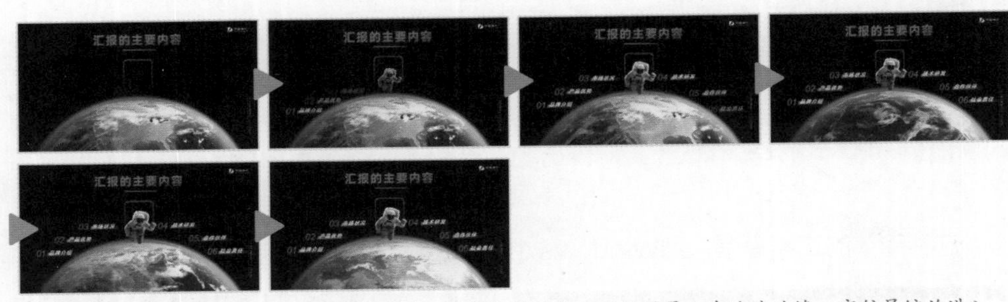

这是某科技公司的PPT目录。用星空、地球、宇航员展示该公司的愿景。在地球边缘，宇航员缩放进入，并持续上下浮动；地球自西向东旋转，从美国，到太平洋，到中国，再到中亚……周而复始。这里插入的就是一个地球旋转的特效视频，这种立体动画在PPT中是很难做到的。

将视频插入PPT时有一个超级技巧：在视频上方添加一个透明度为100%的矩形，就可以完全隐藏视频的播放进度条了。如果把视频的开始时间设为自动，视频就和图片、文字一样，自动展示和播放，和PPT能够完全融为一体。

将视频插入PPT后如果不进行处理，在播放时就会出现这样一个进度条，影响画面美感。

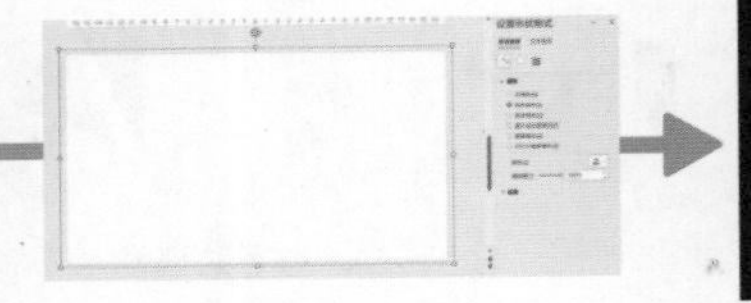

在视频上方添加一个矩形，覆盖整个视频，把透明度设为100%。

在播放时就看不到进度条了。

01.

有些重要的演示，可能会决定一个人或一家企业的命运。

02.

普通的人，
把PPT当作办公工具；
优秀的人，
把PPT当作营销道具。

03.

新手制作PPT的第一步是找模板，高手制作PPT的第一步是找思路。

04.

了解你的观众，远比找到一套漂亮的模板更重要。

05.

每个标题都应该传达明确的观点。

06.

文字的数量与力量是成反比的。

07.

字体是有性格的。

08.

一份PPT中的字体不要超过3种。

09.

错字就是PPT里的“老鼠屎”。

10.

如果一个元素或效果与主题无关，那就删除它。

11.

图片越大，冲击力越强。

12.

屏幕越宽，
沉浸感越强。

13.

背景变化，能够带动观众情绪的变化。

14.

每个画面只能有一个中心。

15.

元素要么很大、要么很小，平均用力就是最无力。

16.

一图胜千言。

17.

故事是封面设计的根本。

18.

开场8秒可能就决定了整场演示的成败。

19.

重要元素不要放在页面下1/3处。

20.

素材是否合适的标准不是美丑，而是能否支持你的观点。

21.

借鉴是最快的创新途径。

22.

创意的本质：情理之中，意料之外。

23.

没有人希望被说服，但人人都愿意被感动。

24.

把人物、产品、建筑的背景都抠掉。

25.

想让你的PPT更高端，就多一些留白。

26.

配色的秘诀就是不要自己配色。

27.

逻辑是PPT动画的灵魂。

28.

只要能用平滑动画实现的效果，就不要用别的动画。

29.

最好的动画，是观众不会刻意看的动画。

30.

站着演示PPT，是基本礼仪。

31.

反复排练，
是成功演示的关键。

32.

结尾不要使用“谢谢聆听”。